烟草大分子物质检测技术及应用

主　编 ◎ 刘泽春　张建平　李　栋　谢　卫
副主编 ◎ 刘秀彩　叶长文　黄华发　郑泉兴
蔡继宝　苏明亮　贺　琛　黄延俊
毕庆文
主　审 ◎ 李跃锋

中国 · 武汉

内容简介

本书综述了烟草大分子的定义、组成、感官相关性及研究现状，详述了以两步酸解法为核心的烟草大分子含量检测方法，^{13}C CP/MAS NMR 波谱在烟草纤维素、果胶含量检测、结构分析中的应用，烟草大分子的提取纯化、分析表征、热解特性和产物分析及其采用热解特征产物对大分子物质进行模拟预测的数学模型。

本书内容丰富、立意新颖、技术应用实例详尽，具有较强的科学性、知识性和实用性，是帮助读者正确理解和掌握烟草大分子分析技术及应用的科普教材和工具书。

图书在版编目(CIP)数据

烟草大分子物质检测技术及应用/刘泽春等主编.—武汉：华中科技大学出版社，2023.9
ISBN 978-7-5680-9950-9

Ⅰ.①烟…　Ⅱ.①刘…　Ⅲ.①烟草-化学成分-化学分析　Ⅳ.①TS424

中国国家版本馆 CIP 数据核字(2023)第 178109 号

烟草大分子物质检测技术及应用　　刘泽春　张建平　李　栋　谢　卫　主编
Yancao Dafenzi Wuzhi Jiance Jishu ji Yingyong

策划编辑：张　毅
责任编辑：张会军
封面设计：孢　子
责任校对：阮　敏
责任监印：朱　玢
出版发行：华中科技大学出版社(中国·武汉)　　电话：(027)81321913
武汉市东湖新技术开发区华工科技园　　邮编：430223
录　　排：华中科技大学惠友文印中心
印　　刷：武汉市洪林印务有限公司
开　　本：787mm×1092mm　1/16
印　　张：11.75
字　　数：302 千字
版　　次：2023 年 9 月第 1 版第 1 次印刷
定　　价：88.00 元

本书若有印装质量问题，请向出版社营销中心调换
全国免费服务热线：400-6679-118　竭诚为您服务

《烟草大分子物质检测技术及应用》

编　委　会

主　编：刘泽春　张建平　李　栋　谢　卫

副主编：刘秀彩　叶长文　黄华发　郑泉兴　蔡继宝　苏明亮　贺　琛　黄延俊　毕庆文

主　审：李跃锋

编　委：张鼎方　刘江生　龙　腾　吴清辉　鹿洪亮　杨　俊　王德超　陈伟珠　郭　磊　李巧灵　唐　杰　陈星峰　徐　达　张廷贵　邓其馨　叶仲力　郝　辉　蔡国华　林　艳

前　言

近年来，随着烟草行业高质量的发展，尤其是数字化辅助设计、生物技术和新型烟草的兴起，烟草行业对烟草大分子的认识和研究也进入了一个新的阶段。

烟草大分子主要包括纤维素、半纤维素、木质素、果胶、淀粉、蛋白质等，占烟叶重量的30%左右。烟草大分子影响烟叶品质、加工制造和烟气改善，对其含量、结构及热解燃烧的研究能为卷烟数字化辅助设计、香味前体物调控、生物技术应用、烟草多用途利用、新型卷烟开发等技术的突破提供有力支撑，是烟草行业化学研究的难点、热点。

福建中烟工业有限责任公司近年来围绕烟草大分子含量检测、提取纯化、结构表征、热解燃烧、模拟预测等做了大量研究工作。为了使烟草行业、质检系统、高等院校等相关人员能够更加深刻、全面地理解与应用烟草大分子分析表征技术及研究进展，福建中烟工业有限责任公司组织相关人员编写了本书，以供大家学习参考。

本书共分 7 章，第 1 章为绪论；第 2 章为烟草大分子物质的含量检测方法；第 3 章为烟草大分子含量与结构核磁共振表征新技术；第 4 章为烟草大分子的提取纯化与分析表征；第 5 章为烟草大分子的热解特性及产物分析；第 6 章为烟草大分子的热解模型构建及验证；第 7 章为烟草秸秆纤维素的中试提取与表征。

本书内容丰富，技术应用实例详尽，所引用的标准皆为现行使用的最新标准，具有较强的科学性、知识性和实用性，是帮助读者正确理解与掌握烟草大分子分析技术及应用的科普教材和工具书。

本书在编写过程中查阅并参考了大量国内外相关领域的论文、论著和研究成果，在此谨表谢意。此外，本书还得到了中国科学技术大学、厦门大学、郑州烟草研究院、国家烟草质量监督检验中心、中国烟草标准化研究中心等单位的大力支持和帮助，在此表示衷心的感谢！

由于时间仓促及编者水平有限，本书难免有不当之处，恳请读者给予批评指正。

编　者

2023 年 12 月

目　　录

第1章 绪 论

一、烟草中的纤维素和半纤维素

纤维素、半纤维素是植物细胞壁的主要组成成分。有研究表明,各等级烟叶总细胞壁物质含量在20%~30%,在烟梗和烟草薄片中甚至占到总质量的三分之一以上。纤维素是由几百至上千个D-葡萄糖基经β-1,4糖苷键连接而成的大分子多糖,其基本单位是纤维二糖,链沿长轴组合在一起形成微晶纤维束,具有高度的稳定性和抗化学降解能力。半纤维素成分较为复杂,包括多聚戊糖、多聚己糖等很多高分子糖,半纤维素也不溶于水,但是与纤维素不同,半纤维素在稀酸和稀碱条件下易水解。

烟草纤维对于烟叶的燃烧性能和烟丝的填充值以及卷烟的香味都有很直接的影响,例如纤维素会对卷烟燃吸品质产生副作用,会产生一种强烈的刺激性气味和一种"烧纸"的气味。蒲俊等人的研究结果表明,纤维素含量与烟叶杂气呈正相关,与香气质、香气量、余味、刺激性、燃烧性、灰色等其他指标呈负相关;半纤维素含量与烟叶的杂气、余味呈正相关,与其余感官指标都呈负相关。纤维素和半纤维素含量高的烟叶具有强烈的刺激性气味,余味、燃烧性和香气质均较差。刘晓冰等考查了武陵山区烤烟上部叶片纤维素含量与质量指标间的相关性,结果显示纤维素对烟叶外观质量油分的影响显著,纤维素含量高,则烟叶油分少,易破碎;同时,随着纤维素含量升高,烟叶香气质、余味变差,香气量降低,杂气加重,刺激性增强,灰色变黑,烟叶整体感官质量降低。

纤维素、半纤维素的分析测定方法有三类:粗纤维法、纤维洗涤剂法和酶法。粗纤维法只能粗略地检测出生物质中的纤维,无法分离出纤维素、半纤维素。纤维洗涤剂法于1967年由美国人Van Soest提出,该方法基于酸性和中性洗涤剂的方法来分析纤维的组成,采用酸、碱与样品依次共煮后用有机溶剂处理,再采用烘干称重的方式进行测定,将残留的不溶解物质定义为中性洗涤纤维(NDF,主要包括几乎全部的纤维素、半纤维素、木质素和少量的蛋白质),在酸性洗涤剂的作用下,半纤维素亦被除去,得到酸性洗涤纤维(ADF),后经过72%硫酸酸化得到的不溶物即为酸洗木质素(ADL)。烟草行业基于Van Soest纤维洗涤剂法的原理于2010年制定了《烟草及烟草制品 中性洗涤纤维、酸性洗涤纤维、酸洗木质素的测定 洗涤剂法》(YC/T 347—2010)。该标准首先对样品采用加热回流脱脂,后用中性洗涤剂、酸性洗涤剂和72%浓硫酸溶液去除样品中的可溶性物质,最后通过干燥、灰化、称重得到中性洗涤纤维、酸性洗涤纤维和酸洗木质素的含量。

两步酸解法是近年来发展起来的纤维前处理方法,浓硫酸在常温下将纤维解离为低聚糖，低聚糖通过稀释并在高温加压条件下被进一步酸解为单糖，单糖经离子色谱分离检测后可计算纤维素、半纤维素的含量。该方法操作简便，被国际上各研究机构广泛采用，国家农业农村部 2019 年发布实施的标准《农业生物质原料　纤维素、半纤维素、木质素测定》(NY/T 3494—2019)就是基于这一方法起草制定的。此外，国内外很多专家也开展了两步酸解法在各个领域中的应用。

二、烟草中的木质素

木质素是植物细胞中由苯丙氨酸、酪氨酸代谢途径产生的重要的次级代谢产物之一，填充在烟草细胞壁的微纤丝之间，与纤维素、半纤维素共同构成烟草植株的骨架，起到抗压和提高烟叶组织的机械强度的作用。同时，烟草木质素与半纤维素以共价键结合，具有加固细胞壁机械强度，提高细胞运输能力，增强烟株抗倒伏性以及抵御病原菌微生物侵害等生物学功能。

木质素由苯丙烷衍生物单体(如香豆醇、松柏醇和芥子醇)构成，是一种具有高度支链的酚类三维网状高分子聚合物，其分子量大，结构复杂、稳定，是构成植物细胞壁的主要成分之一。木质素结构上由三种单体类型，即愈创木基(G 基)、紫丁香基(S 基)、对羟苯基(H 基)经酶脱氢聚合形成，同时，其内部含有各种不同的官能团，含量比较多的有羟基、羧基、甲氧基和芳香基团等，这些不同的官能团之间直接或者间接地耦合和加成，形成许多无规则的、不同种类的化学键。在烟草植物体内，纤维素与木质素之间的氢键、纤维素与半纤维素之间的氢键、纤维素与木质素之间的共价键(主要是醚键)等化学键的复杂形式相互结合，使得对木质素的分离和准确测定极具挑战性。

木质素的测定方法有 Klason 法、紫外分光光度法、红外光谱定量分析法和核磁共振法等。烟草行业采用的标准《烟草及烟草制品　中性洗涤纤维、酸性洗涤纤维、酸洗木质素的测定　洗涤剂法》(YC/T 347—2010)是改进后的 Klason 法，该方法先用酸性洗涤剂去除糖类、蛋白质、半纤维素及脂肪等成分，再以 72%的硫酸处理，最后测定酸不溶木质素的含量。Klason 法及其改良法属于化学分析中的灰分分析法，操作步骤多，比较费时，所得到的仅是酸不溶木质素含量，无法测得酸溶木质素含量。红外光谱定量分析法和核磁共振法，操作步骤较少且省时，适用于大量样品的快速检测。但红外光谱定量分析法、核磁共振法需要用其他方法得到木质素检测结果再对其进行校正。而紫外分光光度法是利用羟基——木质素中除了苯环以外含量最高的官能团之一，在紫外光区的强吸收峰进行测量的。通过紫外分光光度法测定酸溶木质素已被国内外广泛采用。

三、烟草中的果胶

果胶属于天然杂多糖，是植物细胞壁的重要结构组成，由多达 17 种不同的单糖且通过 20 种以上的不同连接键构成，是具有高度结构多样性的极其复杂的生物聚合物。它主要由多聚半乳糖醛酸聚糖(PGA)、鼠李糖半乳糖醛酸聚糖Ⅰ型(RG-Ⅰ)和鼠李糖半乳糖醛酸聚糖Ⅱ型(RG-Ⅱ)以及木糖半乳聚糖四个结构单元组成。果胶分子的结构通常分为光滑区和毛状区。PGA 代表光滑区域，由 α-1,4 糖苷键连接的 D-半乳糖醛酸(D-GalA)残基组成的线性链构成了果胶的主要骨架；鼠李糖半乳糖醛酸聚糖(RG-Ⅰ和 RG-Ⅱ)代表毛状区域，其中 RG-Ⅰ代表果胶分子中的主要分支结构。PGA 占整个果胶分子的 65%，RG-Ⅰ约占 20.35%，其余的则由半乳糖组成。

不同种类的烟草中果胶含量通常在 6%～12%。果胶具有亲水性，通过渗透吸收水分，对烟草保湿能力和柔韧性有着重要作用。果胶含量低的烟叶在包装盒中运输时容易因变硬变脆而破碎；果胶含量高的烟叶在空气相对湿度较高时容易吸湿变软，甚至发热、发霉，非常影响烟草的吸味。烟草中的果胶类物质含量过高会使烟草在燃吸时燃烧不完全，分解产生有毒物质甲醇，甲醇再进一步氧化为甲醛、甲酸等成分，给烟气带来刺激性，不利于吸烟安全，同时较高的果胶质含量还会导致卷烟焦油量升高。因此无论是从卷烟的感官质量还是从烟草制品的安全性评价等角度出发，准确测定烟草中的果胶含量都具有重要现实意义。

果胶分析时通常先用热酸法、微波法、超声波法、酶解法或复合水解法进行提取或解离后，再进行仪器测定。果胶分析方法主要有两大类：一类是直接测定果胶酸含量，果胶含量以果胶酸计；一类是通过酸解或者酶解将果胶水解，采用现代分析仪器测定水解产物半乳糖醛酸含量，果胶含量以半乳糖醛酸计。第一类方法中，以重量法、容量法为主，通过对果胶皂化处理，使果胶转化为果胶酸，使用氯化钙沉淀或者 EDTA 滴定果胶酸，测定果胶酸含量。这类方法操作步骤复杂且重复性差，目前已较少采用。第二类方法中，主要有比色法、色谱法等，其中比色法主要有咔唑比色法、间-羟基联苯比色法，其原理是在强酸条件下将果胶水解成半乳糖醛酸，半乳糖醛酸进一步降解，通过咔唑或间-羟基联苯与半乳糖醛酸降解产物的衍生化反应，进行比色测定半乳糖醛酸含量。虽然比色法对半乳糖醛酸有一定的选择性，但是中性糖对测定结果有干扰。除了中性糖的干扰之外，游离态或结合态半乳糖醛酸与显色剂之间的反应也存在差异，会导致采用比色法测定半乳糖醛酸的含量结果偏高。色谱法测定半乳糖醛酸的方法主要有气相色谱法、液相色谱法、离子色谱法等，其中气相色谱法测定需要衍生化，操作复杂，较少采用。

两步酸解法也被应用于果胶检测的前处理。先采用高浓度硫酸在常温下破坏烟草的细胞壁结构，稀释后再在高温条件下将果胶酸解为半乳糖醛酸，酸水解液采用离子色谱电化学检测器或示差折光检测器检测。两步酸解法操作简便且结果准确，是目前生物质的主流检测方法。

四、烟草中的淀粉

淀粉是烟草最主要的能量储存物质，广泛存在于烟草的茎叶中，新鲜烟叶中淀粉的含量可达 40%。在烘烤调制的过程中，经过一系列复杂的反应，烟草中大部分淀粉会被降解为还原糖等小分子化合物，其化学成分与外观物理结构都会有很大改变，但处理后的烟叶仍残留一定量的淀粉。由淀粉降解产生的小分子化合物在燃吸过程中会热解产生酸性物质，这些酸性物质在中和含氮化合物燃烧过程中产生的碱性气体方面有着重要作用。要提高烤烟的质量水平，必须平衡好烤烟烟叶中淀粉含量与烟碱、含氮化合物含量之间的关系，适宜的淀粉含量是提高卷烟香吃味质量的重要指标，但较高的淀粉含量会影响烟草的燃烧性能，产生刺激性气味、焦煳气味和杂气等，对烟草的色、香、味有不良影响。

目前，烟草中淀粉的分析方法主要有酸水解法、酶水解法和比色法。酸水解法原理是将样品用乙醚除去脂肪及可溶性糖类后，样品中的淀粉用酸水解成具有还原性的单糖，然后测定还原糖并折算成淀粉。用酸水解法不易去除还原糖，且酸易使高分子碳水化合物（如半纤维素）水解，对结果造成较大的干扰。酶水解法原理是将样品用乙醚除去脂肪及可溶性糖类后，样品中的淀粉用淀粉酶水解成双糖，再用盐酸将双糖水解成单糖，最后测定还原糖并折算成淀粉。酶水解法不易去除还原糖，同时酶的种类多且作用专一，难以使淀粉完全水解。比色法主要有碘显色法和蒽酮比色法。比色法的原理是在酸性条件下，碘或蒽酮与淀粉反应生成不同程度的蓝色化合物，用分光光度计在对应波长下测定吸光度。张峻松等通过碘显色法对烟草中淀粉检测的结果表明，该方法淀粉的回收率为 96.8%，CV=0.97%，方法的重复性较好。目前烟草行业标准《烟草及烟草制品　淀粉的测定　连续流动法》(YC/T 216—2013)就是基于该原理制定的。

目前，除了高氯酸，能同时溶解直链、支链淀粉的溶剂主要有碱液和二甲基亚砜(DMSO)。淀粉在低浓度碱液中溶解不佳，在高浓度碱液中又易发生降解，从而导致淀粉的结构分析不准确。有机溶剂 DMSO 能够充分分散、溶解淀粉分子，是目前淀粉溶解、精细结构分析中使用最普遍的溶剂。王瑞研究发现，当用 DMSO 溶解淀粉时，淀粉易发生快速溶胀，形成表面凝胶层，阻止 DMSO 穿透淀粉颗粒，影响溶解效果，因此可通过加入水以阻止淀粉颗粒的快速溶胀。不同 DMSO/水溶液中淀粉的最大溶解性分别为 91.5%(100% DMSO)、97.1%(90%DMSO)、68.97%(80%DMSO)、2.35%(70%DMSO)，且在放置过程中未见淀粉含量发生明显变化，可见 90%DMSO/水溶液具备较好的淀粉萃取、保存性能。

五、烟草中的蛋白质

氨基酸是组成蛋白质的基本单位，它通过脱水缩合连成肽链。同时，蛋白质也是由一条或多条多肽链组成的生物大分子，每一条多肽链有二十至数百个氨基酸残基(—R)不等，各种氨基酸残基按一定的顺序排列。蛋白质分子中氨基酸的序列和由此形成的立体结构构成了蛋白质结构的多样性。

烟草中蛋白质对烟叶品质具有两方面影响。第一，蛋白质是烟株生长所需的主要营养物质，亦是烟株生长发育过程中维持机体活力的重要物质基础。烟叶中的蛋白质功能分为结构蛋白和酶蛋白，二者在烟株的生长发育阶段，对烟叶有机营养物质的代谢转化与积累具有重要的影响。第二，蛋白质是烟叶中的重要化学成分，其含量的高低与烟草的品质息息相关，成熟新鲜烟叶中含氮化合物占 15.5%，其中蛋白质含量约为 12.2%。烟叶中蛋白质降解主要集中在烘烤程序中的变黄期，优质烤烟烤后蛋白质含量在 7%～10%。烟叶中蛋白质的含量不能过高或过低，过高会导致烟草在吸食时产生苦涩、辛辣味，过低又会使香气不够浓重。烤烟在烘烤过程中，蛋白质在蛋白酶的作用下部分降解生成短肽和游离氨基酸，同时在美拉德反应过程中糖与蛋白质、氨基酸发生复杂反应生成抗氧化活性物质和香味物质。除此之外，烤烟中的蛋白质还能与酚类、色素、脂类、离子、水分结合，从而影响烟叶调制过程中其他化学物质的变化，改善烤烟的吸食品质。烤烟蛋白质的水解、氨基酸的氧化分解致使烟叶中氨的浓度上升，在陈化阶段烟叶中的氨不断挥发散失，但过程中也有氨的生成。烟叶中残留的氨在烟草吸食时几乎全部进入烟气中，产生浓烈的辛辣和刺激味，但是氨的含量过低烟气劲道就不足，显得平淡无味。在烤烟吸食时，蛋白燃烧产生的碱性物质与水溶性糖燃烧时产生的酸性物质共同影响烟叶吃味，对烟叶评吸等级有重要影响。

常用的测定蛋白质的方法主要有以下 4 种。

1. 凯氏(Kjeldahl)定氮法

样品与浓硫酸共热，含氮有机物即分解产生氨(消化)，氨又与硫酸作用，变成硫酸铵，经强碱碱化使之分解释放出氨，借蒸汽将氨蒸至酸液中，根据此酸液被中和的程度可计算得样品之氮含量。为了加速消化，可以加入 $CuSO_4$ 作催化剂，加入 K_2SO_4 以提高溶液的沸点。收集氨可用硼酸溶液，滴定则用强酸。计算所得结果为样品总氮量，如欲求得样品中蛋白含量，应用总氮量减去非蛋白氮即得；如欲进一步求得样品中蛋白质的含量，即用样品中蛋白氮乘以 6.25 即得。

2. 双缩脲法(Biuret 法)

双缩脲是两个分子脲经 180 ℃左右高温加热，放出一个分子氨后得到的产物。在强碱性溶液中，双缩脲与 $CuSO_4$ 形成紫色络合物，称为双缩脲反应。凡具有两个酰胺基或两个直接连接的肽键，或能过一个中间碳原子相连的肽键，这类化合物都有双缩脲反应。紫色络合物颜色的深浅与蛋白质浓度成正比，而与蛋白质分子量及氨基酸成分无关，故可用来测定蛋白质含量，蛋白质含量测定范围为 1～10 mg。干扰这一测定的物质主要有硫酸铵、Tris 缓冲液和某些氨基酸等。此法的优点是较快速，不同的蛋白质产生颜色的深浅相近，以及干扰物质少；主要的缺点是灵敏度差。因此双缩脲法常用于需要快速出结果，但结果并不需要十分精确的蛋白质测定。

3. folin-酚试剂法(Lowry 法)

这种蛋白质测定法是最灵敏的方法之一。过去此法是应用最广泛的一种方法，由于其试剂乙的配制较为困难(现在已可以订购)，近年来逐渐被考马斯亮蓝法所取代。此法的显色原理与双缩脲法是相同的，只是加入了第二种试剂，即 folin-酚试剂，以增加显色量，从而提高了检测蛋白质的灵敏度。此法显色反应呈深蓝色，其显色原理为在碱性条件下，蛋白质中的肽键与铜结合生成复合物。folin-酚试剂中的磷钼酸盐-磷钨酸盐被蛋白质中的酪氨酸和苯丙氨酸残基还原，产生深蓝色(钼兰和钨兰的混合物)。在一定的条件下，蓝色深度与样品中蛋白质含量成正比。

folin-酚试剂法最早由 Lowry 确定了蛋白质浓度测定的基本步骤。以后在生物化学领域得到广泛的应用。这个测定法的优点是灵敏度高，比双缩脲法灵敏得多，缺点是费时较长，要精确控制操作时间，标准曲线也不是严格的直线形式，且专一性较差，干扰物质较多。对双缩脲反应发生干扰的离子，同样容易干扰 Lowry 反应，而且对后者的影响还要大得多。酚类、柠檬酸、硫酸铵、Tris 缓冲液、甘氨酸、糖类、甘油等均对 Lowry 反应有干扰作用。此法也适用于酪氨酸和色氨酸的定量测定。此法最低的蛋白质检测量为 5 mg，通常测定范围是 20～250 mg。

4. 考马斯亮蓝法(Bradford 法)

双缩脲法(Biuret 法)和 folin-酚试剂法(Lowry 法)的明显缺点和许多限制，促使科学家们去寻找更好的蛋白质溶液测定方法。1976 年由 Bradford 建立的考马斯亮蓝法(Bradford 法)，是根据蛋白质与染料相结合的原理设计的。它具有超过其他几种方法的突出优点，是目前灵敏度最高的蛋白质测定法，正在得到广泛的应用。考马斯亮蓝 g-250 染料在酸性溶液中与蛋白质结合，使染料的最大吸收峰的位置(λ_{max})由 465 nm 变为 595 nm，溶液的颜色也由棕黑色变为蓝色。经研究认为，染料主要是与蛋白质中的碱性氨基酸(特别是精氨酸)和芳香族氨基酸残基相结合，在 595 nm 下测定的吸光度为 A_{595}，与蛋白质浓度成正比。

考马斯亮蓝法有以下突出优点。

①灵敏度高，比 folin-酚试剂法约高四倍，其最低蛋白质检测量可达 1 mg。这是因为蛋

白质与染料结合后产生的颜色变化很大,蛋白质-染料复合物有更高的消光系数,因而光吸收值随蛋白质浓度的变化比 folin-酚试剂法要大得多。

②测定快速、简便,只需加一种试剂,完成一个样品的测定,只需要 5 min 左右。染料与蛋白质结合的过程大约只要 2 min 即可完成,其颜色可以在 1 h 内保持稳定,且在 5～20 min 之间颜色的稳定性最好。

③干扰物质少。如干扰 folin-酚试剂法的 K^+、Na^+、Mg^{2+} 离子以及 Tris 缓冲液、糖和蔗糖、甘油、巯基乙醇、EDTA 等均不干扰此测定法。

综合以上论述,基于湿化学法进行大分子的检测均有较深入的研究。但检测过程通过使用大量试剂进行洗涤、分离和解离的步骤烦琐,往往需要操作人员与流程反复磨合若干时间,才能获得较为理想的数据结果。此外由于前处理过程反应剧烈,无法为研究人员提供大分子物质功能作用所依赖的结构信息。

此外,还可用核磁共振法测定烟草大分子的含量和结构。与湿化学法相比,核磁共振(Nuclear Magnetic Resonance,NMR)波谱分析具有以下几个特点:第一,NMR 谱图中信号峰面积与自旋核数成正比,因此不需要引入任何校正因子就可进行定量分析;第二,对样品基本无特殊要求,只需样品中含有 C、H 等同位素即可进行定量计算;第三,NMR 试验信噪比与灵敏度可跟随实验扫描次数的改变而增加;第四,对样品的预先处理少,分析检测速度快,仪器操作简便;第五,不破坏样品化学结构,多数样品可进行回收。因此,NMR 波谱技术为烟草大分子含量和结构研究提供了强大的技术支撑。

热解产物是开展烟草大分子作用机理研究的重要环节。纤维素除了改变烟草的燃烧状态,其热解产物如糠醛、5-羟甲基糠醛还可为烟气带来焦甜的气味;木质素的热解产物如愈创木酚、紫丁香酚、苯酚为烟气带来烟熏的气味;果胶在燃吸过程中可产生甲醇,甲醇再进一步氧化为甲醛、甲酸等成分,会给烟气带来刺激性;蛋白质在热解过程中所提供的杂环化合物可丰富卷烟香气,但过量热解却会带来烧羽毛的气味。随着烟草技术的发展与新型烟草的不断涌现,烟草大分子物质的精确热解行为与产物性质等信息也为新型烟草产品的精准开发提供了参考。

第2章　烟草大分子物质的含量检测方法

2.1　烟草及烟草制品纤维素、半纤维素的测定离子色谱法

2.1.1　引言

纤维素、半纤维素是烟草细胞壁的主要成分，占烟叶、梗丝质量的10%～20%，同时也是再造烟叶的基片骨架，影响烟叶品质、加工性能和燃烧吸味。因此，无论是从烟叶质量评价、加工制造，还是从卷烟的烟气改善、降焦减害，甚至从加热卷烟设计、制备等角度出发，准确测定烟草中的纤维素、半纤维素含量都具有十分重要的意义。

烟草中的纤维主要包含纤维素、半纤维素，两者的结构组成存在较大差异。纤维组成的分析方法大致有三类，即粗纤维法、纤维洗涤剂法和两步酸解法。

本节研究建立基于两步酸解法中的离子色谱法，其原理为采用浓硫酸在常温下将纤维解离为低聚糖，稀释并在高温加压条件下将低聚糖进一步酸解为单糖，单糖经离子色谱分离检测后计算纤维素、半纤维素的含量。农业行业标准《农业生物质原料　纤维素、半纤维素、木质素测定》(NY/T 3494—2019)基于两步酸解法，可以准确测定农作物秸秆纤维素和半纤维素含量，操作简单、环保安全；但由于烟草中的淀粉含量较高(10%左右)，在酸解过程中也会水解出与纤维素酸解一样的单糖，干扰纤维素的准确测定，因此该标准不适用于烟草基质。

基于NY/T 3494标准的方法原理，优化改进的实验流程如图2-1所示。在超声条件下，烟草样品依次采用乙醇或饱和食盐水溶液去除糖、二甲基亚砜水溶液去除淀粉等烟草干扰物质；滤渣采用浓硫酸在常温下将纤维解离为低聚糖，稀释并在高温加压条件下将低聚糖进一步酸解为单糖，单糖经离子色谱电化学法分离检测，以葡萄糖浓度计算纤维素含量，以半乳糖、甘露糖、木糖和阿拉伯糖的浓度计算半纤维素含量。在此基础上建立的烟草基质的纤维素、半纤维素含量测定方法经实验验证，满足检测要求，且具有使用试剂少(二甲基亚砜、水、硫酸)、操作简单(超声、酸解)、快捷(6 h/批次)、可批量操作(每批40个样)、结果准确等优点。

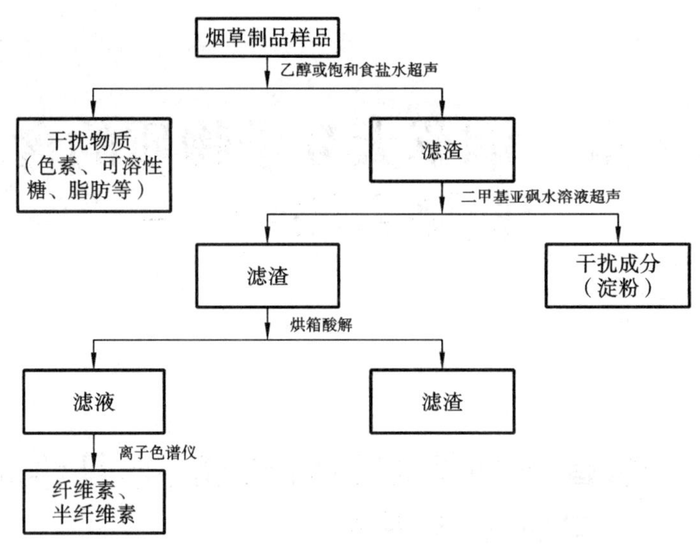

图 2-1　烟草基质的纤维素、半纤维素含量测定实验流程

2.1.2　实验部分

一、材料与试剂

L-(+)-阿拉伯糖(99%)、D-半乳糖(99%)、D-(+)-木糖(≥99%)、D-甘露糖(99%)、D-纤维二糖(98%)、直链淀粉(99.8%)、支链淀粉(99.8%)均购自上海麦克林生化科技有限公司;葡萄糖(一水)、浓硫酸(98%,AR)(国药集团);NaOH 溶液(50%,美国 Fluka 公司);醋酸钠(99%,北京百灵威科技有限公司);无水乙醇(色谱纯,北京百灵威科技有限公司);纤维素标准品:微晶纤维素(97%~102%,成都科龙化工);半纤维素标准品:木聚糖(95%,德国 Sigma 公司)。实验用水应符合 GB/T 6682 中一级水的规定。

二、仪器

ICS-3000 离子色谱仪[配有积分脉冲安培检测器、Carbo PAC PA 10 色谱柱(2 mm×250 mm,带 PA 10 保护柱 2 mm×50 mm)](美国戴安公司);0.45 μm 聚醚砜微孔滤膜(美国 Agilent 公司);Milli-Q 超纯水机(美国 Millipore 公司);BSA2245-CW 电子天平(感量 0.0001 g,德国赛多利斯公司);DWG-9423A 烘箱(上海精宏实验设备有限公司);砂芯内套管(孔径 15~30 μm,北京欣维尔玻璃仪器有限公司);玻璃离心管(100 mL,德国 Sigma 公司);耐压玻璃管(140 mL,上海垒固仪器有限公司)。

三、标准溶液的配制

准确称取糖标准样品(阿拉伯糖、半乳糖、葡萄糖、木糖、甘露糖和纤维二糖)各 50 mg(精确至 0.1 mg),用 0.1 mol/L 硫酸溶液溶解,然后转移至 50 mL 容量瓶内定容,配制成 1000 mg/L 的糖标准储备液。用移液管分别移取各糖标准储备液 10 mL 于 100 mL 容量瓶中,0.1 mol/L 硫酸溶液定容后配制成 100 mg/L 的混合标准溶液,逐级稀释成浓度为 0.01

g/mL、0.05 g/mL、0.1 g/mL、0.25 g/mL、0.5 g/mL 和 1.0 g/mL 的标准溶液。

四、样品处理

烟叶切丝后放入烘箱内 40 ℃烘干 2 h，研磨粉碎后过筛，取 40～60 目部分作为待测样品。准确称取 0.25 g 烟末样品于外套玻璃离心管的砂芯内套管中，分两次加入 50 mL 80%乙醇-饱和氯化钠溶液，常温下超声 30 min，滤去滤液以去除糖等干扰物质。滤渣加入 35 mL 90%二甲基亚砜水溶液，50 ℃下超声 1.5 h，滤去滤液以去除淀粉、蛋白质等干扰物质。滤渣用 20 mL 乙醇冲洗，置于通风橱过夜干燥后移入耐压玻璃管。加入 1.5 mL 72%硫酸，摇匀，于 30 ℃水浴中加热 2 h，然后加入 42 mL 水，旋紧盖子置于烘箱 120 ℃下酸解 2 h。抽滤，滤液用水定容至 250 mL，取滤液上机分析。

五、离子色谱检测

色谱柱：Carbo PAC PA 10(2 mm×250 mm，带 PA 10 保护柱 2 mm×50 mm)；检测模式：积分脉冲安培检测；工作电极：Au 电极；参比电极：AgCl/Ag 电极；扫描电位采用戴安公司推荐的脉冲电位波形，见表 2-1。流动相：A 为水，B 为 200 mmol/L NaOH 溶液，C 为 1 mol/L NaAc-100 mmol/L NaOH 溶液，D 为 10 mmol/L NaOH 溶液；流速：0.25 mL/min；温度：20 ℃；进样量：25 μL。离子色谱梯度洗脱程序如表 2-2 所示。

表 2-1　分离糖的检测波形

时间/s	电位/V(AgCl/Ag 参比)	积分
0	0.1	
0.2	0.1	开始
0.4	0.1	结束
0.41	−2	
0.42	−2	
0.43	0.6	
0.44	−0.1	
0.5	−0.1	

表 2-2　离子色谱梯度洗脱程序

时间/min	流动相 A/(%)	流动相 B/(%)	流动相 C/(%)	流动相 D/(%)
−20	0	100	0	20
−17	80	0	0	20
30	80	0	0	20
30.1	49	50	1	0
40	30	50	20	0
50	30	50	20	0

注：溶液 A：水；B：200 mmol/L NaOH 溶液；C：1 mol/L NaAc-100 mmol/L NaOH 溶液；D：10 mmol/L NaOH 溶液。

六、单糖回收率

由于单糖在酸性条件下会进一步水解成糠醛、5-羟甲基糠醛和呋喃醛等，造成单糖损失，因此，每种样品需要配制与其单糖组成比例相近的糖回收标准溶液，并在同样的反应条件下进行酸解反应，计算单糖的回收率，用来校正纤维酸解后所得的单糖的浓度。

七、数据处理

计算各单糖回收率的公式为

$$R_i = \frac{C_i}{C_{i0}} \times 100\%$$

式中：C_i——酸解后测得的糖标中各单糖的质量浓度，g/mL；

C_{i0}——酸解前糖标中各单糖的配制质量浓度，g/mL。

i 代表各糖，用 glu、xyl、ara、gal 和 man 分别代表葡萄糖、木糖、阿拉伯糖、半乳糖和甘露糖。

用测得的葡萄糖浓度计算纤维素的量，用半乳糖、甘露糖、木糖和阿拉伯糖的浓度计算半纤维素的量。脱水校正系数中五碳糖（木糖和阿拉伯糖）为 0.88，六碳糖（葡萄糖、半乳糖和甘露糖）为 0.90。计算公式分别为

$$纤维素 = \frac{C_{glu} \times 0.9 \times V \times F}{m_0 \times R_i \times 10^6 \times (1-w)} \times 100\%$$

$$半纤维素 = \frac{[(C_{xyl} + C_{ara}) \times 0.88 + (C_{gal} + C_{man}) \times 0.90] \times V \times F}{m_0 \times R_i \times 10^6 \times (1-w)} \times 100\%$$

式中：C——仪器测得样品中的各单糖的质量浓度，g/mL；

V——酸水解后定容体积，mL；

F——稀释倍数；

R_i——各单糖回收率，%；

m_0——样品质量，g；

w——样品水分含量，%。

2.1.3 结果与讨论

一、仪器检测参数的优化

Carbo PAC PA10 是阴离子交换色谱柱，既有快速分离单糖的特点，又具有较好的色谱分离度保障。PA10 色谱柱在 pH 0～14 时均能稳定使用，实验选用该色谱柱进行方法开发。

各单糖 25 ℃下的解离系数见表 2-3 所示。

表 2-3 各单糖 25 ℃下的解离系数(pK_a)

单糖类型	pK_a(25 ℃)
甘露糖	12.08
木糖	12.15
葡萄糖	12.28
半乳糖	12.39
阿拉伯糖	12.43

中性单糖的 pK_a 值在 12 左右是弱酸，在高 pH 条件下，它们能部分电离为阴离子，并在阴离子交换柱上保留并分离。由于甘露糖和木糖、半乳糖和阿拉伯糖的 pK_a 值很接近，因此考查了不同 NaOH 浓度对这几个单糖的分离度以及峰形的影响，结果如图 2-2 所示。当 NaOH 浓度为 20 mmol/L 时，除了阿拉伯糖，其他几个单糖几乎重叠在一起，分离度很差；当 NaOH 浓度为 10 mmol/L 时，阿拉伯糖、半乳糖和葡萄糖可以完全分离，但是峰形较差，而木糖和甘露糖重叠成一个峰；当 NaOH 浓度从 5 mmol/L 降至 3 mmol/L 时，各单糖的保留时间逐渐增加，并且木糖和甘露糖的分离度逐渐提高；当 NaOH 浓度为 2 mmol/L 时，5 种单糖峰形对称，并且达到了完全分离，且保留时间随着 pK_a 值的增大而减小。因此，在后面的实验中，最终采用浓度为 2 mmol/L 的 NaOH 洗脱液来分离单糖。

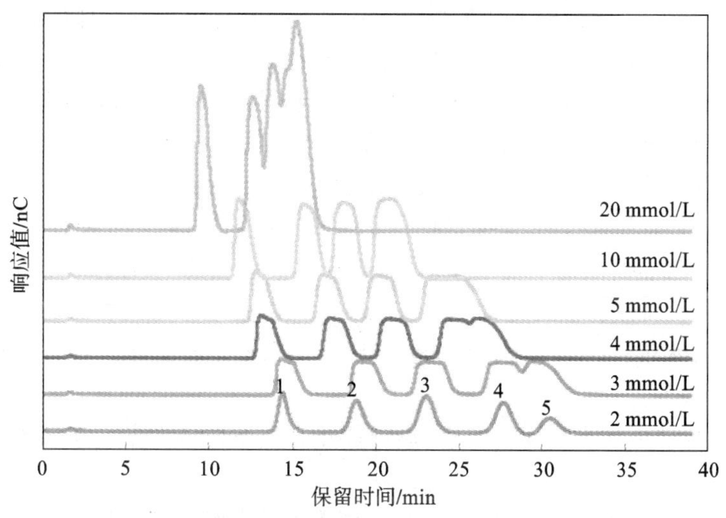

图 2-2 洗脱液中 NaOH 浓度对单糖分离的影响

注：1. 阿拉伯糖；2. 半乳糖；3. 葡萄糖；4. 木糖；5. 甘露糖。

二、烟草纤维酸解方式研究

NY/T 3494 两步酸解法推荐采用高压灭菌锅加热方式进行纤维的酸解反应，考虑到高压灭菌锅在行业中普及率不高，本实验考查烘箱加热的可行性。由于反应结束后的降温过程(降至 80 ℃)至少需要 1.5 h，实际的酸解反应时间很难确定，因此采用烘箱加热替代灭菌锅的加热方式来考查加热时间对酸解反应的影响。烘箱加热方式下加热时间对纤维酸解产物单糖、纤维二糖得率的影响如图 2-3 所示。

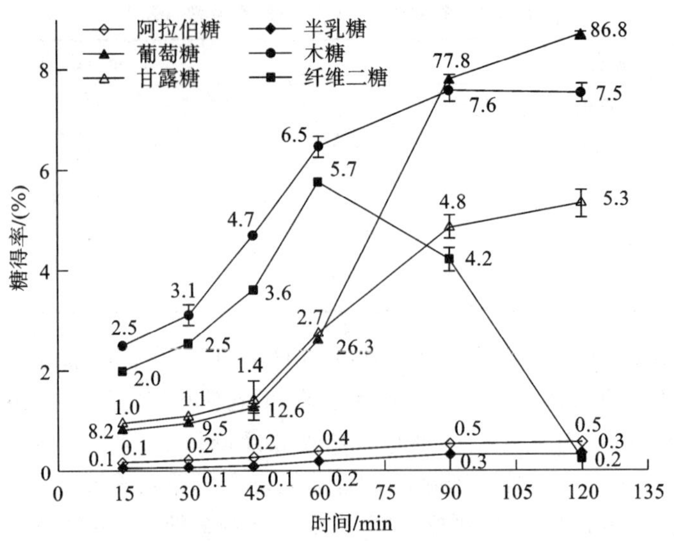

图 2-3 加热时间对纤维酸解产物单糖和纤维二糖得率的影响

（注：图中显示的葡萄糖量为其实际质量分数的 1/10）

由图 2-3 可知，加热（酸解反应）时间对单糖、纤维二糖得率的影响非常大。①当加热时间为 15 min 时，葡萄糖平均得率为 8.2%，木糖和甘露糖的平均得率分别为 2.5%和1.0%，纤维二糖得率只有 2.0%，说明普通加热 15 min 过程中，纤维只有一部分酸解成纤维二糖和单糖。②随着加热时间延长，纤维二糖和单糖的得率增加，当加热时间为 60 min 时，纤维二糖是整个加热过程中得率最大的，而葡萄糖、木糖和甘露糖的得率分别为 26.3%、6.5%和 2.7%。③当加热时间进一步延长时，纤维二糖的得率快速下降，加热时间为 120 min 时，纤维二糖平均得率降至0.2%，同时葡萄糖、木糖和甘露糖的得率分别上升至 86.8%、7.5%和 5.3%；说明在烘箱加热条件下，纤维需反应 120 min 左右才能彻底水解。④与其他单糖相比，葡萄糖得率受加热时间影响更明显，当加热时间从 60 min 增加到 90 min 和 120 min 时，其平均得率从 26.3%分别增加至 77.8%和 86.8%，比其他单糖所需时间更长，这是由于纤维素结晶度高、抗水解性强，而其他单糖来自具有无定形结构的半纤维素，与纤维素相比更容易水解。

采用配对 t 检验方法分析了灭菌锅、烘箱加热方式下纤维酸解后单糖质量分数的差异，结果见表 2-4。

表 2-4 不同加热方式对纤维酸解后单糖结果的影响

单糖类型	烘箱加热	灭菌锅加热	t 检验(P)
阿拉伯糖	0.53	0.55	
半乳糖	0.34	0.31	
葡萄糖	77.09	78.21	0.923
木糖	7.62	7.88	
甘露糖	6.06	6.57	

由表 2-4 可知，两种方式的实验结果无显著性差异（$P>0.05$），采用烘箱加热方式替代灭菌锅加热方式优化比对实验可行。

三、前处理条件的优化

由于两步酸解法是先将纤维素酸解成葡萄糖，半纤维素酸解成半乳糖、甘露糖、木糖和阿拉伯糖，再用离子色谱 电化学检测分析上述单糖来确定纤维素和半纤维素的含量，因此需要排除烟叶中原有葡萄糖、木糖、阿拉伯糖、半乳糖等的干扰。同时，淀粉在酸作用下也会水解成葡萄糖，且烟草中淀粉的含量与纤维含量相当，对纤维的测定产生了干扰，需在不影响纤维素、半纤维素的情况下去除淀粉。

1. 可溶性糖干扰的排除

采用 80％乙醇-饱和氯化钠溶液可洗去烟样中可溶性糖，用 80％乙醇-饱和氯化钠溶液分别超声（30 min/次）萃取烟样 1 次、2 次、3 次，每次用量 25 mL，收集的洗涤液采用离子色谱法检测其可溶性糖的含量，结果如表 2-5 所示。

表 2-5　醇洗液中可溶性糖浓度（g/mL）

样品名称	萃取 1 次	萃取 2 次	萃取 3 次
样品 A	8.96	0.03	—
样品 B	7.58	0.06	—

注：“—”为未检出。

结果发现，醇洗液第三次萃取液中可溶性糖未检出，说明采用 80％乙醇-饱和氯化钠溶液萃取 2 次基本可以去除可溶性糖的干扰。

2. 淀粉干扰的排除

二甲基亚砜（DMSO）是一种含硫有机化合物，分子式为 C_2H_6OS，常温下为无色无臭的透明液体，具有高极性、高沸点、热稳定性好、非质子、与水混溶的特性，淀粉可溶于 DMSO。当 DMSO 溶解淀粉时，淀粉易发生快速溶胀，为提高淀粉在 DMSO 中的溶解性，使用 DMSO 溶解淀粉时需加入少量的水抑制淀粉颗粒凝胶层的形成，过量的水则会阻止淀粉溶解，因为凝胶层会阻止 DMSO 穿透整个淀粉颗粒，采用 90％DMSO 水溶液 50 ℃下 200 r/min振荡 12 h，可以完全溶解烟草中的淀粉，使结果更加准确。

分别称取两组不同烟叶样品 A、B，每个试样准确称重 0.25 g，用 80％乙醇-饱和氯化钠溶液萃取两次后，组一加入 35 mL 90％DMSO 水溶液，在温度为 50 ℃条件下以 200 r/min 振荡 12 h，组二加入标样（0.005 g 直链淀粉、0.02 g 支链淀粉、0.025 g 纤维素、0.025 g 半纤维素）后，加入 35 mL 90％DMSO 水溶液，在温度为 50 ℃条件下以 200 r/min 振荡 12 h，将萃取液进行淀粉含量检测，结果如表 2-6 所示。

表 2-6　淀粉加标样回收检测结果

样品名称	组一（90％DMSO）	组二（标样和 90％DMSO）	淀粉回收率/（％）
烟样 A	4.62	14.81	101.9
烟样 B	3.82	13.77	99.5

结果表明，采用 90％DMSO 水溶液萃取加标淀粉的回收率大于等于 99.5％，说明淀粉在 90％DMSO 水溶液中可以完全溶解。

萃取后的残渣经酸解检测纤维素、半纤维素的含量如表 2-7、表 2-8 所示。

表 2-7 纤维素加标样回收检测结果

样品名称	组一(90%DMSO)	组二(标样和 90%DMSO)	纤维素回收率/(%)
烟样 A	9.84	19.82	99.8
烟样 B	7.65	17.6	99.5

表 2-8 半纤维素加标样回收检测结果

样品名称	组一(90%DMSO)	组二(标样和 90%DMSO)	半纤维素回收率/(%)
烟样 A	3.88	13.7	98.2
烟样 B	3.36	13.28	99.2

结果表明,组二残渣中,纤维素加标样回收率大于等于 99.5%,半纤维素加标样回收率大于等于 98.2%。可见 90%DMSO 水溶液未将纤维素和半纤维素溶出,90%DMSO 水溶液可完全萃取样品中的淀粉,去除淀粉对于纤维素、半纤维素的影响。

2.1.4 方法验证

一、线性关系考查

分别配置了浓度为 0.01 g/mL、0.05 g/mL、0.1 g/mL、0.25 g/mL、0.5 g/mL、1.0 g/mL 的各糖标准品混合溶液,在相同条件下分别进样后,所得的单糖混标溶液的离子色谱图如图 2-4 所示,按所得谱图的时间顺序分别为阿拉伯糖、半乳糖、葡萄糖、木糖、甘露糖、纤维二糖。以糖的浓度为横坐标,相应的峰面积为纵坐标,得到相应的线性方程及相关系数,并且根据三倍信噪比(S/N=3)计算仪器检出限,其线性关系和检出限如表 2-9 所示。结果发现,各种糖在浓度 0.01~1.0 g/mL 范围内具有非常好的线性关系,相关系数 $r^2 \geqslant 0.9993$,检出限为 0.0022~0.0046 mg/L。

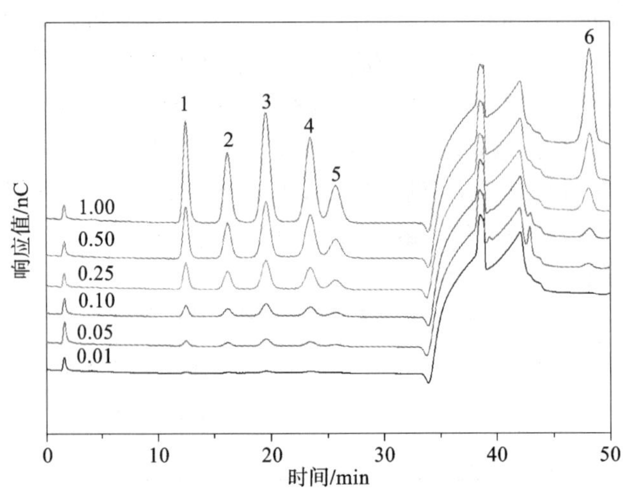

图 2-4 单糖混标溶液的离子色谱图

注:1. 阿拉伯糖;2. 半乳糖;3. 葡萄糖;4. 木糖;5. 甘露糖;6. 纤维二糖。

表 2-9　单糖标准品的线性关系、相关系数和检出限

标准品	线性回归方程	相关系数 r^2	检出限/(mg/L)
阿拉伯糖	$y=5.6958x$	0.9999	0.0022
半乳糖	$y=5.7836x$	0.9996	0.0036
葡萄糖	$y=8.9203x+0.039$	0.9994	0.0046
木糖	$y=8.8135x+0.0005$	0.9999	0.0042
甘露糖	$y=4.6272x+0.0066$	0.9997	0.0022
纤维二糖	$y=7.5646x$	0.9993	0.0038

二、重复性考查

以一定浓度糖的混合标准品为样品，连续进样 7 次考查重复性试验，其结果见表 2-10。由表 2-10 可以看到，保留时间的相对标准偏差（RSD）最大值为 0.12%（葡萄糖），最小值为 0.07%（纤维二糖），峰面积的 RSD 最大值为 1.83%（甘露糖），最小值为 0.63%（纤维二糖），表明该方法的重复性非常好。

表 2-10　单糖的保留时间和峰面积的重复性实验（$n=7$）

标准品	样品浓度/(mg/L)	保留时间重复性		峰面积重复性	
		保留时间/min	RSD/(%)	峰面积/(nC·min)	RSD/(%)
阿拉伯糖	0.559	12.298±0.011	0.09	3.052±0.03	0.98
半乳糖	0.530	15.886±0.018	0.11	2.858±0.034	1.19
葡萄糖	0.936	19.191±0.023	0.12	7.133±0.093	1.30
木糖	0.609	23.079±0.019	0.08	4.975±0.064	1.29
甘露糖	0.555	25.265±0.028	0.11	2.243±0.041	1.83
纤维二糖	0.600	47.626±0.032	0.07	4.252±0.027	0.63

三、加标实验

采用对添加不同量的标准品糖的回收率来衡量，如表 2-11 所示，分别添加低、中、高三种不同量的标样，每个实验重复 3 次，由表 2-11 可以看到糖的回收率良好，回收率为 96.62%～102.42%，RSD 小于 2.13%，进一步验证该方法的准确度良好。

表 2-11　加标平均回收率及精密度（$n=3$）

单糖类型	测定值/g	加标量/g	测定总量/g	回收率/(%)	RSD/(%)
阿拉伯糖	1.14	0.26	1.41±0.03	100.45±2.14	2.13
		0.54	1.72±0.03	102.19±1.55	1.52
		1.11	2.26±0.02	100.43±1.00	1.00
半乳糖	0.45	0.24	0.72±0.01	102.42±1.36	1.33
		0.51	0.98±0.01	101.58±1.52	1.50

续表

单糖类型	测定值/g	加标量/g	测定总量/g	回收率/(%)	RSD/(%)
葡萄糖	114.58	1.05	1.51±0.03	100.32±1.94	1.93
		0.39	115.22±0.54	100.21±0.47	0.47
		0.82	114.36±0.75	99.09±0.65	0.66
		1.69	115.19±0.53	99.07±0.45	0.45
木糖	10.47	0.28	10.39±0.07	96.62±0.63	0.65
		0.59	10.82±0.05	98.12±0.49	0.50
		1.21	11.37±0.06	97.4±0.47	0.48
甘露糖	5.91	0.26	6.16±0.07	100.01±1.07	1.07
		0.53	6.47±0.11	100.37±1.53	1.52
		1.10	7.04±0.12	100.43±1.64	1.63
纤维二糖	0.03	0.28	0.3±0.01	100.03±1.9	1.9
		0.58	0.59±0.01	98.22±1.05	1.07
		1.19	1.18±0.02	96.77±1.48	1.53

四、重复性实验

选择某烟叶样品进行重复性分析测试，数据如表2-12所示。

表 2-12　重复性实验数据

序号	纤维素含量/(%)	半纤维素含量/(%)
1	6.35	3.34
2	6.11	3.27
3	6.12	3.13
4	6.23	3.11
5	6.20	3.31
6	6.45	3.37
7	6.47	3.36
8	6.98	3.28
平均值/(%)	6.36	3.27
SD/(%)	0.29	0.10
RSD/(%)	4.5	3.0

由表2-12可知，纤维素含量的RSD为4.5%、半纤维素含量的RSD为3.0%，两者RSD均小于5%，说明本方法的重复性好。

五、回收率实验

取烟草样品，分别加入0.025 g纤维素、半纤维素标准品按上述相关步骤分别进行加标实验，数据如表 2-13 所示。结果表明，纤维素的回收率≥98.6%，半纤维素的回收率≥96.5%，准确度高。

表 2-13　样品纤维素、半纤维素回收率测试结果

样品名称	纤维素/(%)	加入纤维素量/g	测定值/g	回收率/(%)	样品名称	半纤维素/(%)	加入半纤维素量/g	测定值/g	回收率/(%)
样品一	15.58	10.00	25.46	98.8	样品一	6.85	10.00	16.50	96.5
样品二	10.99	10.00	20.85	98.6	样品二	5.93	10.00	15.69	97.6

2.1.5　不同类型烟草样品的测定

对烟叶、梗丝、造纸法薄片等不同烟草和烟草制品中的纤维素、半纤维素的含量进行了测定，并根据计算得到烟草和烟草制品中的纤维素、半纤维素含量，数据如表 2-14 所示。

表 2-14　不同烟草和烟草制品中纤维素、半纤维素的含量

样品		纤维素/(%)	半纤维素/(%)
烟叶	烟叶 1	6.98	2.73
	烟叶 2	7.09	2.62
	烟叶 3	7.12	2.79
	烟叶 4	7.34	2.72
梗丝	梗丝 1	12.67	5.46
	梗丝 2	12.03	5.36
	梗丝 3	12.87	5.65
	梗丝 4	12.88	5.48
薄片	薄片 1	18.82	6.11
	薄片 2	18.96	6.02
	薄片 3	19.70	6.03
	薄片 4	19.87	6.68

结果表明，烟梗、造纸法薄片的纤维素、半纤维素含量相对较高，而烟叶的纤维素、半纤维素含量相对较低，与相关文献报道一致。

2.1.6　本节小结

经文献调研和前期实验验证，建立了烟草及其制品中纤维素、半纤维素含量的两步酸解离子色谱测定方法，该方法具有以下特点。

(1) 在样品预处理环节，采用乙醇-饱和氯化钠溶液去除糖、二甲基亚砜水溶液去除淀粉等烟草干扰物质。

(2) 在酸解转化环节，采用两步酸解法将纤维素、半纤维素转化为相应的单糖再检出计算，检测结果更接近纤维素、半纤维素的实际组成。

(3) 该方法验证了各种糖在 0.01～1.0 g/mL 的浓度范围内线性关系良好，相关系数

$R^2 \geqslant 0.9993$，检出限为0.0022～0.0046 mg/L，满足检测要求；纤维素含量的RSD为4.5%、半纤维素含量的RSD为3.0%，均小于5%，重复性好；纤维素的回收率≥98.6%，半纤维素的回收率≥96.5%，准确度高；检测实际样品，与相关文献报道一致。

(4) 该方法使用试剂少（二甲基亚砜、水、硫酸）、操作简单（超声、酸解）、快捷（6 h/批次）、可批量操作（每批40个样），满足准确、快速、批量化测定要求。

2.2 烟草及烟草制品 木质素的测定 两步酸解法

2.2.1 引言

卷烟品质及安全性是烟草行业关注的热点，木质素是烟草细胞壁的重要组成成分，在烟叶调制过程不断发生降解，是影响烟叶原料质量的关键指标之一。在卷烟抽吸过程中，木质素通过燃烧和热解产生的脂肪族小分子醛类、乙酸、苯酚、一氧化碳、稠环芳烃等小分子化合物，是卷烟焦油中稠环芳香类、芳香胺和酚类等有害物质的主要来源，对卷烟的安全性有重要影响。同时，木质素对感官质量的影响具有两面性，抽吸过程中产生的香兰素、苯甲醇等香味化合物，对卷烟感官评吸产生有益影响；产生的苯酚类和小分子醛类等物质，则带来刺激、涩口的吃味，木质素含量越高，产生的青杂气、烧纸味越重，对烟草内在品质产生不利影响。综上所述，烟草中的木质素是影响烟叶原料质量、卷烟安全性及感官品质的重要物质，对烟草中木质素进行准确测定并深入研究有利于卷烟产品质量的提升。

目前，烟草木质素的测定主要是依据烟草行业标准《烟草及烟草制品　中性洗涤纤维、酸性洗涤纤维、酸洗木质素的测定　洗涤剂法》(YC/T 347—2010)进行测定。样品通过苯/乙醇/乙醚混合脱脂后，依次用含1N硫酸的酸性洗涤液和72%硫酸溶液进行酸解，去除灰分后得到酸性洗涤木质素。由于木质素在酸性条件下会发生一定程度的降解形成酸溶木质素，因此该法在测定木质素时未对溶于酸的木质素进行测定，测得的仅为不溶于酸的木质素含量，而不是烟草中木质素的总量。

农业行业标准《农业生物质原料　纤维素、半纤维素、木质素测定》(NY/T 3494—2019)、造纸行业标准《造纸原料和纸浆中酸溶木素的测定法》(GB 10337—1989)和《纸浆酸不溶木素的测定》(GB/T 747—2003)等均考虑了木质素在酸性条件下降解形成酸溶木质素，采用酸解法处理样品后，紫外检测酸水解液中酸溶木质素，用灰分法测定酸不溶木质素，两者相加得到木质素总量。但以上方法仅适用于农业生物质原料或纸浆基体，与上述基质相比，烟草中富含蛋白质等物质，其紫外吸收波长与木质素相近，严重干扰酸溶木质素的测定，无法满足烟草中木质素的检测要求。

因此，基于NY/T 3494的方法原理，优化改进实验流程（见图2-5）。样品经二甲基亚砜去除蛋白质等干扰后，依次采用浓硫酸解聚、稀硫酸酸解以及抽滤分离。滤渣经干燥、灰化计算酸不溶木质素，滤液经稀释、紫外分光检测计算酸溶木质素，两者相加得到木质素总量。在此基础上建立的烟草木质素测定方法经实验验证，满足检测要求，且具有使用试剂少（仅用到二甲基亚砜、水、硫酸）、操作简单（仅超声、酸解）、快捷（6 h/批次）、可批量操作（每批40个样）、结果准确等优点。

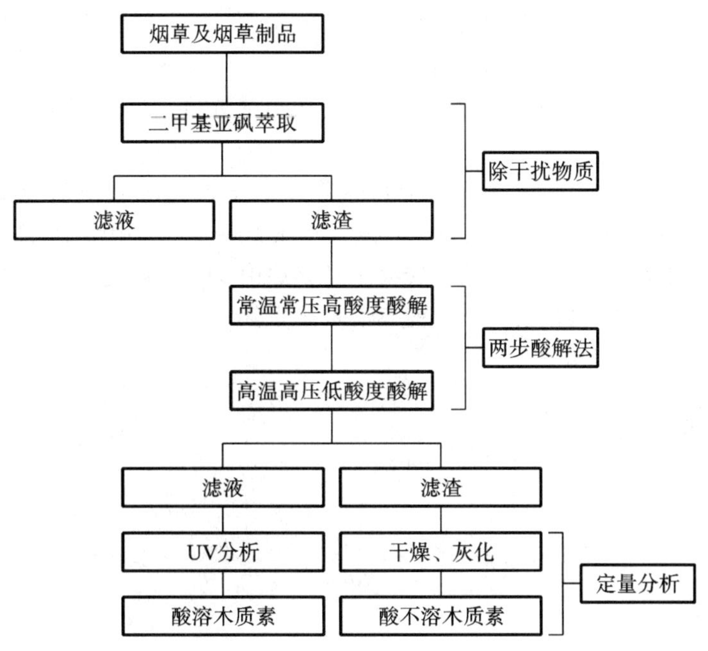

图 2-5　烟草木质素测定实验流程

2.2.2　实验部分

一、试剂和材料

浓硫酸(98%,AR)(国药集团);无水乙醇(99.7%,AR)(国药集团);二甲基亚砜(AR,国药集团);碱性木质素(标准品,德国 CNW 公司);脱碱木质素(标准品,日本 TCI 公司)。实验用水均符合 GB/T 6682 一级水要求。

二、仪器

Milli-Q 超纯水机(美国 Millipore 公司);Lambda 35 紫外-可见分光光度计(美国 PerkinElmer 公司);BSA2245-CW 电子天平(感量 0.0001 g,德国赛多利斯公司);微波消解仪(美国 CEM 公司);DWG-9423A 恒温箱(上海精宏实验设备有限公司);抽滤装置(德国 Chemvck 公司);砂芯内套管(孔径 15-30 μm,北京欣维尔玻璃仪器有限公司);玻璃离心管(100 mL,德国 Sigma 公司);耐压玻璃管(140 mL,上海垒固仪器有限公司);P320 马弗炉(德国 Nabertherm 公司)。

三、样品处理

烟叶切丝后放入烘箱内 40 ℃烘干 2 h,研磨粉碎后过筛,取 40～60 目样品待测。准确称取 0.25 g(质量记为 m_0)烟末样品于外套玻璃离心管的砂芯内套管中,加入 35 mL 90%二甲基亚砜水溶液,超声 1.5 h,滤去滤液以去除蛋白质等干扰,滤渣用 10 mL 无水乙醇冲洗。

将滤渣转移至耐压聚四氟乙烯消解罐后，加入 1.5 mL 72%硫酸，摇匀，于 30 ℃水浴中加热 2 h，然后加入 42 mL 水，混合均匀后置于微波消解仪，在 121 ℃下酸解 1 h 后，采用真空抽滤进行固液分离。

滤液：取 2 mL 滤液用水稀释 5 倍后，紫外-可见分光光度计(UV)210 nm 波长下测定酸溶木质素。

滤渣：将带有滤渣的滤纸(采用已烘干并称量的无灰量滤纸，恒重后质量记为 m_1)放入陶瓷坩埚(陶瓷坩埚需预先 510 ℃煅烧 3 h，恒重)，在 105 ℃烘箱中烘干，自然冷却至室温后准确称量(恒重后质量记为 m_2)；然后再转移至马弗炉中 510 ℃煅烧 3 h，自然冷却至室温后准确称量(质量记为 m_3)，采用公式计算酸不溶木质素。

每个样品做两次平行实验。

四、含量的计算

酸不溶木质素的计算公式为

$$\text{酸不溶木质素}(\%) = \frac{(m_2 - m_1 - m_3)}{m_0 \times (1 - w)} \times 100\%$$

式中：m_0——称样质量，g；

m_1——烘干后滤纸质量，g；

m_2——滤纸过滤后放入坩埚烘干后总质量，g；

m_3——灰化后坩埚及灰分质量，g；

w——样品水分含量，%。

酸溶木质素的计算公式为

$$\text{酸溶木质素}(\%) = \frac{A \times V \times D}{\varepsilon \times m_0 \times (1 - w)} \times 100\%$$

式中：A——滤液在紫外 210 nm 处的吸光度；

D——滤液的稀释倍数；

V——滤液的体积，L；

ε——木质素在 210 nm 下的吸收率，L/g · cm。

木质素的计算公式为

$$\text{木质素}(\%) = \text{酸不溶木质素}(\%) + \text{酸溶木质素}(\%)$$

2.2.3 结果与讨论

一、酸溶木质素干扰物的去除

烟叶富含蛋白质，在 220 nm 附近有紫外吸收，与酸溶木质素吸收波长相近，干扰酸溶木质素的检测。为有效去除样品中蛋白质的干扰，拟采用含 10%水的二甲基亚砜溶液超声进行去除。在同一称样量(0.25 g)条件下，分别加入 30 mL、35 mL、40 mL 90%二甲基亚砜溶液，采用 YC/T 166 测定 1 h、1.5 h 超声萃取液中蛋白质的含量，以考查蛋白质干扰的去除程度。结果发现，随着萃取试剂体积的增大及萃取时间的增加，干扰物质蛋白质呈减少趋势；当用 90%二甲基亚砜溶液 35 mL、40 mL 萃取 1.5 h，基本再无蛋白质检出。本着所用试剂尽可能少的原则，本实验采用 90%二甲基亚砜溶液 35 mL 超声 1.5 h 的方式来去除样品基体中蛋白质的干扰，实验结果如表 2-15 所示。

表 2-15　不同萃取次数蛋白质测得结果

序号	二甲基亚砜体积/mL	超声萃取时间/h	蛋白质/(%)
1	30	1.0	12.12
2	30	1.5	0.83
3	35	1.0	12.73
4	35	1.5	未检出
5	40	1.0	12.84
6	40	1.5	未检出

二、酸溶木质素测定波长的确定

测定波长选择是否正确对吸光光度分析的灵敏度、准确度和选择性均有影响，一般按“吸收较大、干扰最小”的原则来选择测定波长，以提高测定的准确性。木质素由愈创木基(G 基)、紫丁香基(S 基)、对羟苯基(H 基)经酶脱氢聚合形成，其苯丙烷衍生物单体松柏醇、芥子醇及香豆醇在 210 nm、260 nm、267 nm、280 nm 附近均有较大吸收峰(见图 2-6)。在本实验条件下，半纤维和纤维素酸解产生的糠醛和 5-羟甲基糠醛(HMF)在 260 nm、267 nm、280 nm 附近也有较大吸收峰，而 210 nm 附近吸收峰最小，因此选择 210 nm 波长处进行酸溶木质素的测定。

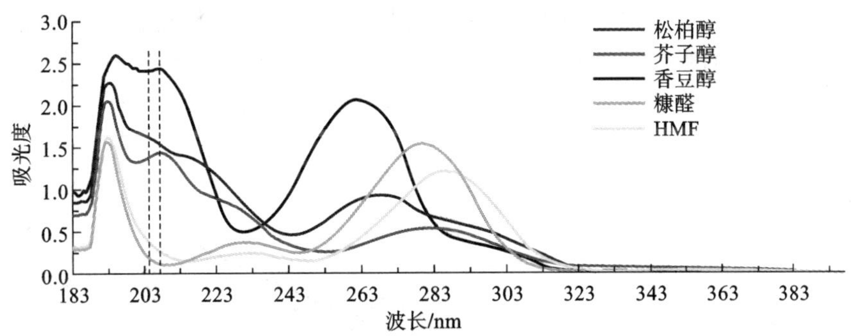

图 2-6　木质素单体及干扰物质紫外吸收图谱

三、酸不溶木质素灰化温度的确定

样品经两步酸解后得到的残渣主要是酸不溶木质素，但其中还有微量的矿物质，可采用灰化法测定矿物质的含量并进行扣除。灰化温度是影响灰化结果的重要参数。热分析实验发现，在 200 ℃下，酸不溶木质素发生热解，至 500 ℃～600 ℃热失重趋于平衡。通过不同温度灰化实验发现，灰化温度为 500 ℃时，灰分有微量黑点；510 ℃开始至 600 ℃灰分呈浅灰白色，无炭粒存在，因此选择 510 ℃作为灰化温度。

四、酸不溶木质素灰化时间的确定

根据样品基质，选择合适的灰化温度，在保证灰化完全的前提下，尽可能缩短挥发时间以减少无机成分的挥发损失；将样品经两步酸解后得到的残渣，在 510 ℃温度，灰化时间为 1 h、2 h、3 h、4 h、5 h 的实验后发现，经 3 h 灼烧灰化后，样品呈浅灰白色，无炭粒存在，并达到恒重，因此选择 3 h 作为灰化时间（见图 2-7）。

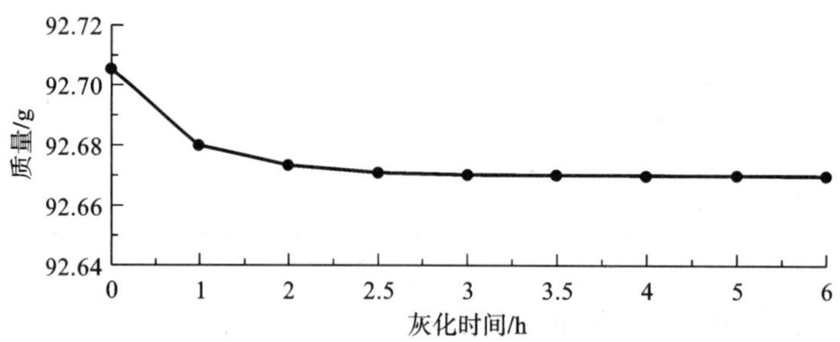

图 2-7 酸不溶木质素不同灰化时间

2.2.4 方法验证

一、酸溶木质素标准曲线

配制与样品溶液酸度相近的硫酸溶液，取 1.5 mL 72%硫酸用纯水稀释至 625 mL，以此作为溶剂，将酸溶木质素溶解并稀释至 1.0 mg/L、2.0 mg/L、4.0 mg/L、6.0 mg/L、8.0 mg/L、10.0 mg/L、12.0 mg/L 系列标准溶液，分别对系列标准溶液进行紫外分光光谱分析，并对其在 210 nm 下的吸光度（y）与浓度（x）进行回归分析，得到的标准曲线的回归方程（见图 2-8）为 $y=0.0723x-0.0003$，$r^2=0.9995$，检出限为 0.8 mg/L（相当于样品 0.4%的质量分数）。

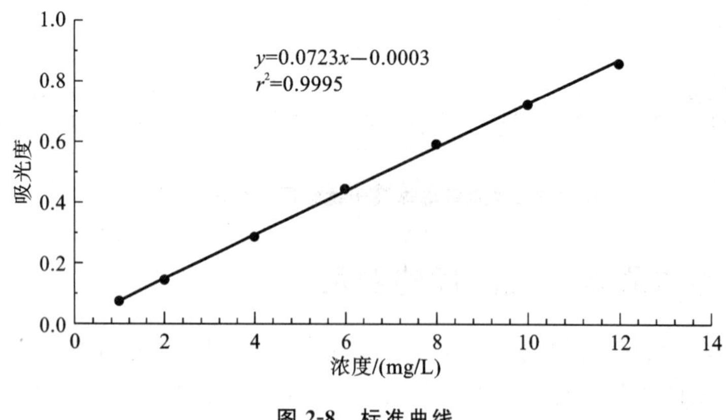

图 2-8 标准曲线

二、木质素检测的重复性考查

采用本方法对 5 个烟草样品的木质素含量分别进行 6 次平行测定，结果见表 2-16。由

表 2-16 可以看出，5 个样品测得酸溶木质素的 RSD≤4.9%、酸不溶木质素的 RSD≤4.5%、木质素总量的 RSD≤4.1%，三值均小于 5%，说明本方法具有较好的重复性。

表 2-16　木质素的重复性

样品编号	酸溶木质素			酸不溶木质素			木质素总量		
	平均值/(%)	标准偏差/(%)	RSD	平均值/(%)	标准偏差/(%)	RSD	平均值/(%)	标准偏差/(%)	RSD
1	3.52	0.12	3.5%	1.06	0.05	4.5%	4.57	0.10	2.3%
2	2.41	0.12	4.9%	0.67	0.03	4.4%	3.08	0.13	4.1%
3	3.09	0.13	4.2%	0.62	0.03	4.2%	3.71	0.12	3.2%
4	4.09	0.09	2.3%	1.20	0.05	4.4%	5.29	0.07	1.4%
5	3.40	0.15	4.4%	0.77	0.03	4.1%	4.17	0.14	3.4%

三、木质素检测回收率考查

在样品中分别加入 20 mg 酸溶木质素、5 mg 酸不溶木质素标样，采用本方法进行样品前处理与木质素含量测定，并根据原含量(6 次平行测定的平均值)、加标量和加标后测定量计算其回收率，结果见表 2-17。由表 2-17 可知，酸溶木质素的加标回收率为 98.7%、酸不溶木质素的加标回收率为 96.3%、木质素总量的加标回收率为 97.9%，说明本方法的回收率较高。

表 2-17　木质素的回收率

酸溶木质素				酸不溶木质素				木质素			
原含量/(%)	加入量/(%)	加标测定值/(%)	回收率/(%)	原含量/(%)	加入量/(%)	加标测定值/(%)	回收率/(%)	原含量/(%)	加入量/(%)	加标测定值/(%)	回收率/(%)
3.40	3.0	6.36	98.7	0.67	0.8	1.44	96.3	4.17	3.80	7.80	97.9

四、样品分析

对烟叶、烟梗、造纸法薄片三种类型的 15 个样品进行检测分析，结果如表 2-18 所示，烟梗木质素含量最高，薄片次之，烟叶最低，与相关文献报道一致。

表 2-18　烟草样品中木质素的测定结果

样品		酸溶木质素含量/(%)	酸不溶木质素含量/(%)	木质素含量/(%)
烟叶	烟叶 1	2.41	0.67	3.08
	烟叶 2	3.09	0.62	3.71
	烟叶 3	3.34	0.61	3.95
	烟叶 4	1.93	0.50	2.42
	烟叶 5	1.41	0.69	2.10

续表

样品		酸溶木质素含量/(%)	酸不溶木质素含量/(%)	木质素含量/(%)
烟梗	烟梗 1	3.52	1.06	4.57
	烟梗 2	4.09	1.20	5.29
	烟梗 3	3.58	0.74	4.32
	烟梗 4	3.60	0.63	4.22
	烟梗 5	3.67	0.88	4.55
薄片	薄片 1	3.40	0.77	4.17
	薄片 2	2.92	0.67	3.59
	薄片 3	3.26	0.73	3.98
	薄片 4	3.20	0.82	4.01
	薄片 5	2.81	0.77	3.58

2.2.5 本节小结

通过研究建立的烟草及其制品中木质素含量的两步酸解测定法具有以下四个特点：

(1) 采用浓酸常温及稀酸高温两步酸解使样品中木质素解离，滤液采用紫外分光光度法测定酸溶木质素含量，滤渣采用干燥灰化法测得酸不溶木质素含量，酸溶木质素含量与酸不溶木质素含量的和为烟草中总的木质素含量。

(2) 采用二甲基亚砜预超声，有效消除了样品基质中蛋白质等物质的干扰，满足烟草基质下木质素的检测要求。

(3) 该方法验证了酸溶木质素线性回归方程 $y=0.0723x-0.0003$，$r^2=0.9995$，检出限为 0.8 mg/L(相当于样品 0.4%的质量分数)，满足检测要求；酸溶木质素的 RSD≤4.9%、酸不溶木质素的 RSD≤4.5%、木质素总量的 RSD≤4.1%，均小于 5%，重复性好；酸溶木质素的加标回收率为 98.7%、酸不溶木质素的加标回收率为 96.3%、木质素总量的加标回收率为 97.9%，回收率较高；检测实际样品与相关文献报道一致。

(4) 该方法具有使用试剂少(二甲基亚砜、水、硫酸)、操作简单(超声、酸解)、快捷(6 h/批次)、可批量操作(每批 40 个样)，满足准确、快速、批量化的测定要求。

2.3 烟草及烟草制品 果胶的测定 离子色谱法

2.3.1 引言

果胶存在于烟草中的细胞壁，是一种复杂的高分子聚合物，含量在 6%～15%，其基本结构是半乳糖醛酸以 α-1,4 糖苷键聚合形成的聚半乳糖醛酸。烟草果胶具有亲水性，对烟草保湿能力和柔韧性有着重要作用。烟草中的果胶类物质对烟草吸味有负面影响，同时较高的果胶质含量还会导致卷烟焦油量升高。因此，果胶是影响烟叶质量、加工制造和感官品质的重要物质，准确测定烟叶中的果胶含量对于提升卷烟产品质量具有十分重要的意义。

果胶测定方法主要有两大类。一类是通过对果胶皂化处理，使果胶转化为果胶酸，使用氯化钙沉淀或者 EDTA 滴定，测定果胶酸含量，果胶含量以果胶酸计。这类方法操作步骤复杂且重复性差，目前已较少采用。第二类方法是采用酸解法、酶解法和酸化酶解法，将果胶水解为半乳糖醛酸，通过气相色谱、高效液相色谱或离子色谱测定半乳糖醛酸含量。

目前烟草行业标准《烟草及烟草制品　果胶的测定　离子色谱法》(YC/T 346—2010)中使用的酸化酶解法，是采用稀酸在加热条件下破坏烟草细胞壁，然后在一定温度下加入果胶酶将果胶水解为半乳糖醛酸。该标准在行业中广泛应用，但在日常检测实践中，检测人员普遍发现该方法在样品预处理环节存在操作繁琐(需重复回流、抽滤、水浴)、实验周期较长(8 h/批次)、无法快速、批量化检测的问题；在果胶转化环节，酶法水解需要酶(存在采购、保存差异)在特定温度、酸度下才能有效水解果胶，对实验条件和人员操作要求较高；同时未对降解产物(半乳糖醛酸)再转化进行校正。

两步酸解法是当前常用的一种生物质检测方法。高浓度硫酸先在常温下破坏烟草的细胞壁结构，稀释后在高温条件下将果胶酸解为半乳糖醛酸，酸水解液采用离子色谱电化学检测器或示差折光检测器检测。该方法具有准确稳定、操作简便、可批量化处理等优点，且经前期实验验证在烟草基质中适用。

本节拟针对现有行业标准方法样品预处理过程烦琐复杂、酶法降解果胶对人员操作要求高、未对降解产物再转化进行校正等情况，提出一种基于两步酸解法测定烟草中果胶含量的方法，其实验流程(见图 2-9)为：采用乙醇-饱和氯化钠溶液超声去除烟叶中糖等干扰后，用高浓度硫酸破坏烟草的细胞壁结构，稀释后在高温条件下将果胶酸解为半乳糖醛酸，酸水解液采用离子色谱电化学检测器或示差折光检测器检测半乳糖醛酸，外标法定量。该实验流程简化样品前处理操作、提高检测效率、增强适用性，为提升烟叶质量、加工制造和感官品质提供技术支持。

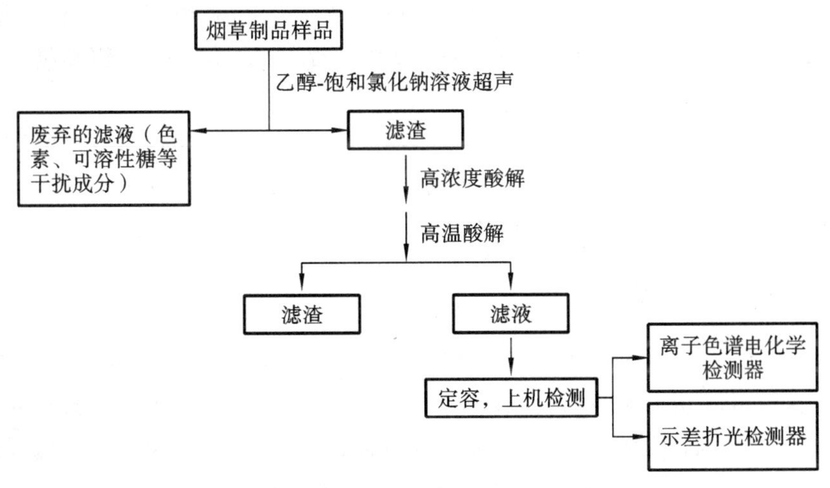

图 2-9　烟草中果胶测定实验流程

2.3.2　实验部分

一、材料和试剂

半乳糖醛酸标准品(含 1 个结晶水，≥97%，德国 Sigma 公司)；50%氢氧化钠溶液(美国

Fisher 公司)；无水乙酸钠(优级纯，美国戴安公司)；浓硫酸(98%，AR)(国药集团)。实验用水应符合 GB/T 6682 中一级水的规定。

二、仪器

ICS-3000 离子色谱仪[配有电化学检测器、Carbo PAC PA 10 色谱柱(2 mm×250 mm，带 PA 10 保护柱 2 mm×50 mm)](美国戴安公司)；Waters 2414 示差折光检测器(美国 Waters 公司)；0.45 μm 聚醚砜微孔滤膜(美国 Agilent 公司)；Milli-Q 超纯水机(美国 Millipore 公司)；BSA2245-CW 电子天平(感量 0.0001 g，德国赛多利斯公司)；MARS-6 微波消解仪(美国 CEM 公司)；DWG-9423A 烘箱(上海精宏实验设备有限公司)；Sigma 1-14 高速离心机(12000 r/min，德国 Sigma 公司)；玻璃离心管(100 mL，德国 Sigma 公司)；不锈钢高压消解罐(带 100 mL 四氟乙烯内衬罐，郑州市申研仪器设备有限公司)。

三、溶液的配制

准确称取半乳糖醛酸标准品 50 mg(精确至 0.1 mg)，用 0.1 mol/L 硫酸溶液溶解，然后转移至 50 mL 容量瓶内定容，配制成 1000 mg/L 的半乳糖醛酸标准储备液。用移液管分别移取标准储备液 10 mL 于 100 mL 容量瓶中，0.1 mol/L 硫酸溶液定容后配制成 100 mg/L 的标准溶液，逐级稀释成浓度为 0.4 mg/L、1.2 mg/L、2.0 mg/L、2.5 mg/L 和 5.0 mg/L 的标准溶液。

四、样品处理

烟叶切丝后放入烘箱内以 40 ℃烘干 2 h，研磨粉碎后过筛，取 40～60 目部分待测。准确称取 0.5 g 烟末样品于玻璃离心管中，分两次加入 25 mL 80%乙醇-饱和氯化钠溶液，常温下超声 15 min，12000 r/min 高速离心 5 min。

滤渣加入 3 mL 72%硫酸，摇匀，于 30 ℃水浴中加热 1 h，用 84 mL 水分三次将滤渣转移至 100 mL 四氟乙烯内衬罐，盖上不锈钢高压消解罐盖子，置于烘箱 120 ℃下酸解 1 h，冷却后进行抽滤，滤液定容至 250 mL，稀释待上机检测。

五、离子色谱检测

色谱柱：Carbo PAC PA 10(2 mm×250 mm)；检测模式：积分脉冲安培检测；工作电极：Au 电极；参比电极：AgCl/Ag 电极；扫描电位采用戴安公司推荐的脉冲电位波形，见表 2-19；流动相：A 为超纯水，B 为 200 mmol/L NaOH 溶液，C 为 1 mol/L NaOAc 溶液；流速：0.25 mL/min；温度：20 ℃；进样量：25 μL。离子色谱梯度洗脱程序如表 2-20 所示。

表 2-19 检测波形

时间/s	电位/V(AgCl/Ag 参比)	积分
0	0.1	
0.2	0.1	开始
0.4	0.1	结束

续表

时间/s	电位/V(AgCl/Ag 参比)	积分
0.41	−2	
0.42	−2	
0.43	0.6	
0.44	−0.1	
0.5	−0.1	

表 2-20　离子色谱梯度洗脱程序

时间/min	流动相 A/(%)	流动相 B/(%)	流动相 C/(%)
0.00	25	60	15
4.50	25	60	15
7.00	10	10	80

注:溶液 A:超纯水;B:200 mmol/L NaOH 溶液;C:1 mol/L NaOAc 溶液。

六、半乳糖醛酸回收率

由于果胶酸解产物半乳糖醛酸一经释放就有降解趋势,形成内酯类物质,造成单糖损失,因此,需要配制与其酸解所得半乳糖醛酸含量相近的糖回收标准溶液,并在同样的反应条件下进行酸解反应,计算半乳糖醛酸的回收率,用来校正果胶酸解后所得的半乳糖醛酸的浓度。

七、含量的计算

用校正后半乳糖醛酸的浓度计算果胶的量,计算公式为

$$R = \frac{C_h}{C_q} \times 100\%$$

式中:C_h——酸解后测得的半乳糖醛酸的质量浓度,mg/L;

C_q——酸解前半乳糖醛酸的质量浓度,mg/L。

$$X = \frac{(C - C_0) \times V \times F}{m \times R \times (1 - w)} \times 100\%$$

式中:X——试样中的果胶含量,%;

C——测试样品溶液中半乳糖醛酸校正后浓度,mg/L;

C_0——空白样品溶液中半乳糖醛酸校正后浓度,mg/L;

V——溶液 C 的体积,L;

m——试样质量,mg;

R——半乳糖醛酸回收率,%;

W——试样含水率,%。

2.3.3 结果与讨论

一、仪器检测参数的优化

Carbo PAC PA10 色谱柱是阴离子交换色谱柱，既能快速分离单糖，又具有较好的色谱分离度保障。PA10 色谱柱在 pH 0～14 时均能稳定使用，实验选用该色谱柱进行方法开发。

淋洗液的选择是非抑制型离子色谱仪中关键的环节之一，糖类化合物在阴离子交换分离柱上的保留主要取决于糖类化合物所带的电荷数、分子大小和结构。NaOH 与 NaOAc 能有效提高各组分间的分离度，同时缩短保留时间、提高检测灵敏度。此外，在色谱柱后采用高浓度的 NaOH 溶液进行衍生，可充分洗脱吸附在色谱柱中的杂质并使色谱柱较快地达到稳定状态，有利于在连续进样分析中获得稳定的保留时间、分离度，使检测器灵敏度提高。

流速对色谱柱的分离也产生一定的影响。高流速可以缩短分析时间，但也会使柱压大大升高，而且可能降低目标色谱峰与杂质峰的分离度。当流速为 0.20 mL/min 时，待测物质色谱峰出峰较慢，峰形变宽，色谱运行时间较长；当流速为 0.25 mL/min 时，待测物质色谱峰在 5 分钟内出峰完毕，各色谱峰分离情况良好；当流速继续增加时，柱压较高，长时间在较高压力情况下运行会缩短色谱柱的使用寿命。因此流速应设定为 0.25 mL/min，所得标准溶液色谱图和实际样品色谱图见图 2-10 和图 2-11。

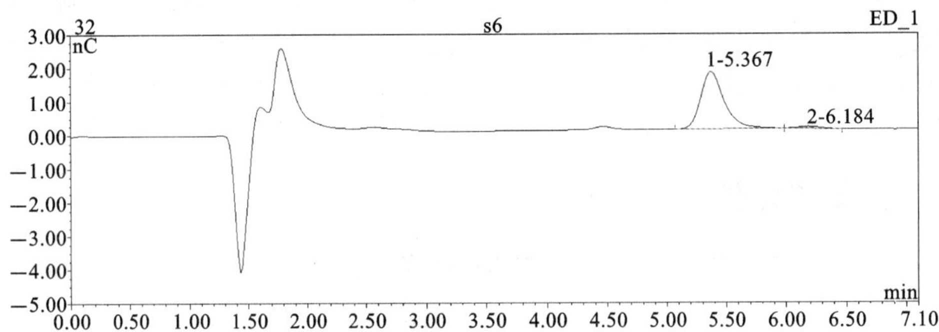

图 2-10 离子色谱法测定半乳糖醛酸标准溶液色谱图

注：1 为半乳糖醛酸。

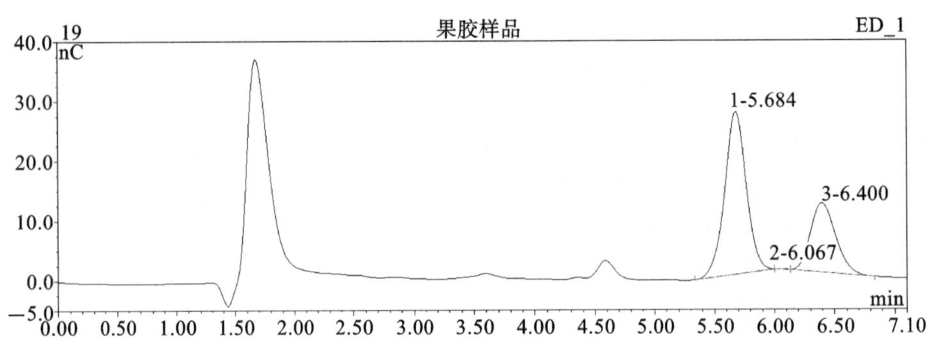

图 2-11 离子色谱法测定实际样品色谱图

注：1 为半乳糖醛酸。

二、干扰的排除

由于采用半乳糖醛酸确定果胶含量，需要排除烟叶中糖类物质的干扰。采用 80%乙醇-饱和氯化钠溶液可洗去烟样中色素、可溶性糖等，且不会将果胶等大分子物质洗出。设计实验用 80%乙醇-饱和氯化钠溶液分别超声振荡(30 min/次)萃取烟样 1 次、2 次、3 次，每次用量 25 mL，各自收集的洗涤液采用离子色谱法检测其可溶性糖的含量，结果如表 2-21 所示。

表 2-21 洗涤液中半乳糖醛酸浓度(mg/L)

样品名称	萃取次数		
	1 次	2 次	3 次
样品 A	1.31	0.02	—
样品 B	0.24	0.01	—

注："—"为未检出。

结果发现，用 25 mL 80%乙醇-饱和氯化钠溶液萃取 2 次可以洗去半乳糖醛酸中色素、可溶性糖等干扰。

三、参数适用性考查

采用 NREL(国家可再生能源实验室)参数来处理样品 A(0.500 g 实际样品+0.050 g 果胶标准品)、B(0.500 g 实际样品)、C(0.500 g 实际样品+0.050 g 果胶标准品)，以考查方法的适用性，结果如表 2-22 所示。

表 2-22 样品测试结果

样品名称	加标量/g	测定总量/g	回收率/(%)
样品 A	0.050	0.048	96.0
样品 B	0	0.064	—
样品 C	0.050	0.113	97.3

结果表明，标准样品与实际样品加标回收率较为一致，说明本方法适用性良好，相关优化待开展。

四、样品量的选择

为了考查不同称样量对实验检测结果的影响，选取四个不同梯度样品量，每个梯度称取 5 个平行样品进行试验，计算每个梯度称样量的变异系数，结果如表 2-23 所示。

表 2-23 样品量选择

样品量/g	RSD(n=5)/(%)
0.25	5.76
0.50	3.82
0.75	3.67
1.00	3.59

结果表明,随着样品量的加大,检测结果中的变异系数逐步变小,但在 0.50 g 以后,变异不大,为了避免高浓度的样品超过标准曲线范围,同时减少样品中的色素等大分子对检测结果的干扰,本实验选择 0.50 g 作为称取样品量。

五、标液样品的稳定性

考查两周内标液及样品的稳定性,如表 2-24 所示,结果发现,48 小时内标液、样品检测含量偏差小于 3%,72 小时后样品中检测值逐渐变小,可能是在复杂的样品萃取液中酸解产物半乳糖醛酸发生了酯化的原因,因此样品处理后应尽量在 72 小时内完成检测。

表 2-24　放置时间对检测结果的影响

放置时间/h	标液		样品	
	果胶含量/(%)	与 0 时检测值偏差/(%)	果胶含量/(%)	与 0 时检测值偏差/(%)
0	10	0.00	9.87	0.00
8	9.98	−0.20	9.83	−0.41
16	10.01	0.10	9.82	−0.51
24	9.99	−0.10	9.84	−0.30
32	9.96	−0.40	9.75	−1.22
40	9.98	−0.20	9.71	−1.62
48	9.98	−0.20	9.67	−2.03
72	9.97	−0.30	9.51	−3.65
96	9.99	−0.10	9.32	−5.57
168	9.97	−0.30	9.13	−7.50

2.3.4　方法验证

一、基于半乳糖醛酸的考查

1. 线性关系考查

分别配置浓度为 0.4 mg/L、1.2 mg/L、2.0 mg/L、2.5 mg/L 和 5.0 mg/L 的半乳糖醛酸标准溶液,在相同条件下分别进样后,以糖的浓度为横坐标,相应的峰面积为纵坐标,得到相应的线性方程以及相关系数,并且根据三倍信噪比(S/N=3)计算仪器检出限。其线性关系和检出限如表 2-25 和图 2-12 所示,在浓度为 0.4~2.5 mg/L 时具有非常好的线性关系,相关系数 r^2 最小值为0.9988,检出限为 0.01 mg/L。

表 2-25　线性关系、相关系数和检出限

标准品	线性回归方程	相关系数 r^2	检出限/(mg/L)
半乳糖醛酸	$y=3.2389x+0.0418$	0.9988	0.01

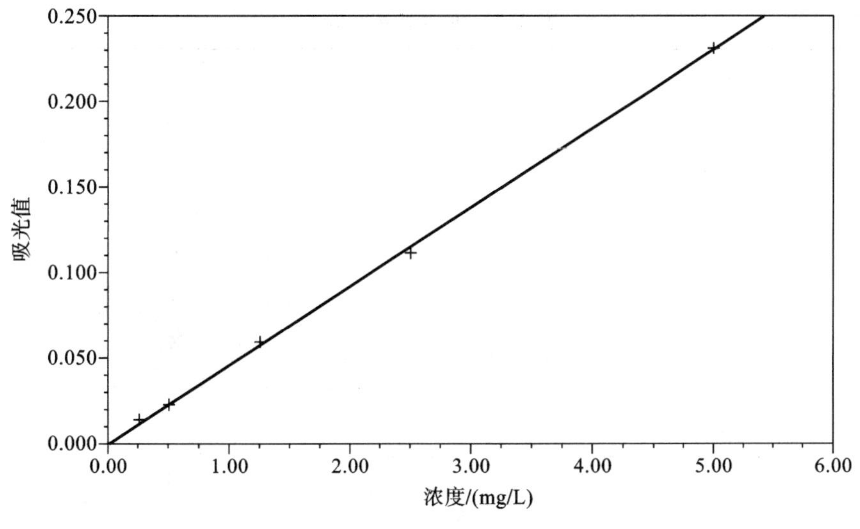

图 2-12　标准曲线

2. 重复性考查

以一定浓度半乳糖醛酸标准品为样品，连续进样 7 次考查重复性试验，其结果见表 2-26。由表 2-26 可以看出，保留时间相对标准偏差值(RSD)为 0.04%，峰面积相对标准偏差值(RSD)为 0.89%，该方法的重现性好。

表 2-26　半乳糖醛酸的保留时间和峰面积的重复性实验(n=7)

标准品	样品浓度/(mg/L)	保留时间重复性		峰面积重复性	
		保留时间/min	RSD/(%)	峰面积/(nC・min)	RSD/(%)
半乳糖醛酸	0.522	7.124±0.029	0.04	1.682±0.015	0.89

3. 加标实验

采用在空白样品加不同量的半乳糖醛酸来考查回收率。如表 2-27 所示，分别添加低、中、高三种浓度的标样，每个实验重复 3 次，结果发现标准品的回收率良好，平均回收率为 70.2%～72.0%，标准偏差值 RSD 小于等于 0.54%。由于果胶酸解产物半乳糖醛酸一经释放就有降解趋势，形成内酯类物质，造成单糖损失，因此，需要配制与其酸解所得半乳糖醛酸含量相近的糖回收标准溶液，并在同样的反应条件下进行酸解反应，计算半乳糖醛酸的回收率，用来校正果胶酸解后所得的半乳糖醛酸的浓度。

表 2-27　加标平均回收率及精密度(n=3)

单糖类型	测定值/g	加标量/g	测定总量/g	回收率/(%)	RSD/(%)
半乳糖醛酸	0.25	0.24	0.42	70.8%	0.54
		0.5	0.61	72.0%	0.25
		1.04	0.98	70.2%	0.16

二、基于果胶的考查

1. 重复性实验

选择某烟叶样品进行重复性分析测试，数据如表 2-28 所示。

表 2-28　重复性实验数据

序号	果胶/(%)
1	9.73
2	9.57
3	9.53
4	9.60
5	9.56
6	9.87
7	9.43
8	9.91
平均值/(%)	9.64
SD/(%)	0.17
RSD/(%)	1.8

结果表明，果胶的 RSD 为 1.8%，该值小于 5%，说明本方法的重复性好。

2. 回收率实验

取烟草样品，分别加入 0.05 g 左右烟草提取果胶标准品，按上述相关步骤分别进行加标实验，数据如表 2-29 所示。结果发现果胶的样品回收率为 96.4%～98.1%，表明本方法回收率较好。

表 2-29　样品回收率测试结果

样品名称	测定值/g	加标量/g	测定总量/g	加标回收率/(%)
样品一	8.54	10.00	18.35	98.1%
样品二	13.81	10.00	23.45	96.4%

三、样品的测定与比对

对烟叶、梗丝、造纸法薄片等不同烟草中的果胶含量进行了测定，结果如表 2-30 所示。

表 2-30　样品的测定与比对

样品		果胶/(%)
烟叶	烟叶 1	6.95
	烟叶 2	7.03
	烟叶 3	8.30
	烟叶 4	8.34
梗丝	梗丝 1	13.87
	梗丝 2	12.15
	梗丝 3	11.83
	梗丝 4	11.95

续表

样品		果胶/(%)
薄片	薄片 1	11.01
	薄片 2	11.94
	薄片 3	10.98
	薄片 4	12.20

结果发现，梗丝、薄片中果胶含量比烟叶高，本方法与相关文献报道一致。

四、示差折光检测可行性考查

示差检测器是测定糖的常规检测设备，在行业中的大部分单位均有配置。本实验用示差折光检测器测定样品，所得光谱图如图 2-13 所示，结果发现响应良好。

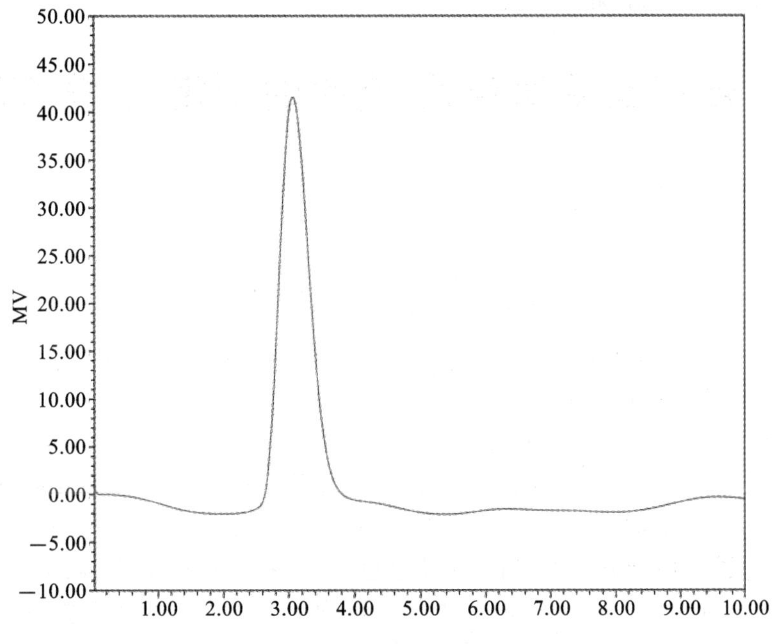

图 2-13 样品示差折光检测光谱图

(20 mg/L 的半乳糖醛酸标准)

进一步考查 0.4 mg/L、1.2 mg/L、2.0 mg/L、2.5 mg/L 和 5.0 mg/L 的半乳糖醛酸标准溶液的线性方程以及相关系数，并且根据三倍信噪比(S/N=3)计算仪器检出限。其线性关系和、相关系数检出限如表 2-31 所示。

表 2-31 线性关系、相关系数和检出限

标准品	线性回归方程	相关系数 r^2	检出限/(mg/L)
半乳糖醛酸	$y=1210x+0.418$	0.9941	0.2

结果发现，在浓度为 0.4～2.5 mg/L 时具有非常好的线性关系，相关系数 r^2 最小值为 0.9941，检出限为 0.2 mg/L，虽然高于电化学检测器的检出限，但已能满足烟草样品检测要

求(大部分烟草样品的检测浓度在 2.5 mg/L 左右),具备检测样品的可行性。

2.3.5 本节小结

通过文献调研和前期实验验证建立的烟草中果胶测定的离子色谱法具有以下特点:

(1) 在样品预处理环节,采用乙醇-饱和氯化钠溶液超声对烟草基质的干扰进行排除,解决了操作复杂,无法批量化检测的问题;

(2) 在果胶转化环节,采用两步酸解法,解决了以往方法中酶受采购、保存影响,需在特定温度、酸度下才能有效水解果胶,对实验条件和人员操作要求较高的问题;

(3) 在检测数据质控中,采用标样跟踪、回收校正的方法,对潜在的降解产物再转化进行校正;

(4) 该方法的线性回归方程为 $y=1210x+0.418$,$r^2=0.9941$,检出限为 0.2 mg/L,RSD 为 1.8%,小于 5.0%,重复性好;果胶的加标回收率为 96.4%~98.1%,准确性高;检测实际样品,结果与原标准相对一致。

2.4 烟草及烟草制品 淀粉的测定 连续流动法

2.4.1 引言

淀粉是影响烟草品质的重要物质,是烟草质量评价的重要指标。适宜的淀粉含量有利于提高卷烟香、吃味质量,但较高的淀粉含量将会影响烟草的燃烧性能,产生的刺激性气味、焦煳气味和杂气等,会对烟草的色、香、味产生不良影响。因此,准确测定烟草中的淀粉含量对烟叶原料评价控制和卷烟烟气调节等均具有十分重要的意义。

烟草行业现有的淀粉检测标准是《烟草及烟草制品 淀粉的测定 连续流动法》(YC/T 216—2013),该方法基于比色法制定,操作简单,便于样品批量检测,在行业内有较高的使用频率。但在日常检测实践中,检测人员发现:①采用高氯酸萃取样品中淀粉的同时,可萃取出一定量的纤维素和木质素等,增加了碘的显色,使检测结果偏高;②高氯酸具有强酸性,促使一部分的淀粉酸解为葡萄糖,减弱碘的显色,使得检测结果受样品基质、实验操作、保存时间等的影响较大;③随着国家对实验环境与安全的要求不断提高,强氧化性高氯酸的使用也逐渐被限制;④带分液阀的长颈砂芯漏斗不易洗涤,重复使用影响后续样品检测结果。

本节基于上述情况,研究改进了烟草中淀粉测定的实验流程(见图 2-14)。用 80%乙醇-饱和氯化钠溶液,去除样品中的色素等杂质,再用 90%二甲基亚砜水溶液萃取样品的淀粉,在酸性条件下与碘发生显色反应,在 570 nm 处比色测定淀粉含量。

2.4.2 实验部分

一、试剂

除特别要求以外,均使用分析纯试剂,实验用水应符合 GB/T 6682 中一级水的规定。

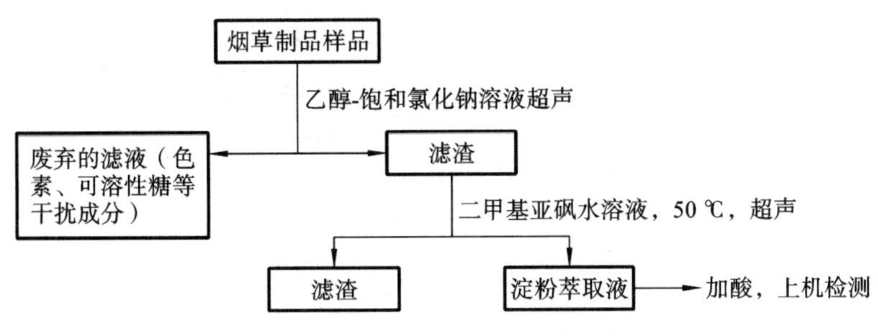

图 2-14　烟草中淀粉测定实验流程

纯度为 99.8%的直链淀粉和支链淀粉；氯化钠；无水乙醇；90% 二甲基亚砜水溶液；浓盐酸溶液，质量分数 37%；盐酸溶液，1 mol/L；碘/碘化钾溶液；80%乙醇-饱和氯化钠溶液；淀粉标准储备液；淀粉混合标准储备液；淀粉系列标准工作液。

二、仪器

超声波发生器；砂芯提取套管(孔径 15～30 μm，北京欣维尔玻璃仪器有限公司)；玻璃离心管(100 mL，德国 Sigma 公司)；分析天平(感量 0.1 mg)；烧杯(100 mL、500 mL)；容量瓶(50 mL、100 mL、500 mL)；定量加液器或移液管；连续流动分析仪，由取样器、比例泵、螺旋管、比色计(配 570 nm 滤光片)、数据处理装置等组成。

三、试样处理

准确称取 0.25 g 试样于砂芯提取套管中，取 25 mL 80% 乙醇-饱和氯化钠溶液加入砂芯提取套管中，室温下超声萃取 30 min。取出砂芯套管，双链球加压滤出萃取溶液，用 2 mL 80%乙醇-饱和氯化钠溶液洗涤管内样品残渣，加压弃去洗涤液，再次取 25 mL 80% 乙醇-饱和氯化钠溶液重复以上操作。

向砂芯提取套管样品残渣中加入 35 mL 90%二甲基亚砜水溶液，50 ℃下超声提取 1 h，取出砂芯套管，双链球加压滤出萃取液，收集萃取溶液到 100 mL 烧杯中，然后加入 10 mL 90%二甲基亚砜水溶液清洗，收集合并至萃取液，并定容到 50 mL。混合均匀后，准确移取 1.0 mL 提取液于 5 mL 容量瓶中，再加入 0.5 mL 盐酸溶液，用水定容至刻度，摇匀备用。

2.4.3　结果与讨论

在现行的淀粉测定标准中使用了砂芯分液漏斗作为萃取和分离的容器，在样品前处理效率和环保安全方面有待改进。设计砂芯提取套管，孔径小于 30 μm 具有很好的固液分离效果，且操作简单，便于批量检测，如图 2-15 所示。选取烟样，分别采用砂芯分液漏斗和砂芯提取套管-外套玻璃管过滤，按照 YC/T 216—2013 进行检测，结果如表 2-32 所示。结果表明两种装置的检测结果无明显差异，用砂芯提取套管-外套玻璃管更便于洗涤，在本节后续采用。

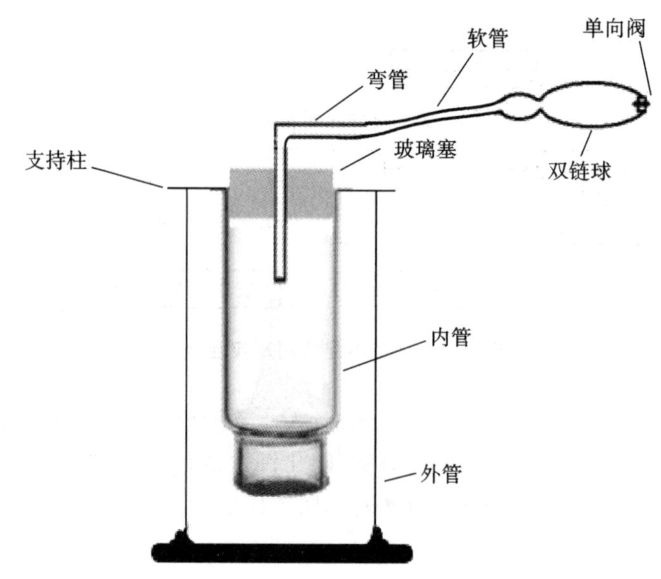

图 2-15　砂芯提取套管示意图

表 2-32　不同萃取装置检测结果(%)

烟样	砂芯漏斗	砂芯套管
1	8.99	9.03
2	6.22	6.18

一、干扰去除

根据文献显示，采用80%乙醇-饱和氯化钠溶液可去除烟样中色素等干扰，而不会将淀粉等大分子物质洗出。设计实验用80%乙醇-饱和氯化钠溶液分别超声振荡(30 min/次)萃取烟样0次、1次、2次、3次，每次用量25 mL，采用YC/T 216—2013检测淀粉含量，结果如表2-33所示。

表 2-33　烟样不同萃取次数后的淀粉检测值(%)

样品信息	萃取0次	萃取1次	萃取2次	萃取3次
样品A	7.32	6.97	6.83	6.84
样品B	9.54	9.13	8.89	8.87

结果表明，未萃取的样品检测结果明显偏高，用80%乙醇-饱和氯化钠溶液萃取2次和3次的检测结果已非常接近，说明洗涤两次能完全洗去色素等干扰。

二、萃取条件的优化

1. 萃取剂的选择

文献调研发现淀粉可溶于二甲基亚砜(DMSO)，当DMSO溶解淀粉时，淀粉易发生快速溶胀。因为凝胶层会阻止DMSO穿透整个淀粉颗粒，所以为提高淀粉在DMSO中的溶解性，使用 DMSO 溶解淀粉时需加入少量的水以抑制淀粉颗粒凝胶层的形成，但是过量的水亦会阻止淀粉溶解。根据文献研究实验，采用 90%二甲基亚砜水溶液在 50 ℃下 200 r/min 振荡 12 h，既可避免烟叶中纤维素、木质素等的溶出，又可以完全溶解烟草中的淀粉，使结果更加准确。

选取一个烟样分别称取两组，每个试样都准确称重 0.25 g，都用 80%乙醇-饱和氯化钠溶液萃取两次。组一采用高氯酸萃取法，加入 40%高氯酸 30 mL 超声振荡 60 min；组二采用二甲基亚砜萃取法，加入 30 mL 二甲基亚砜水溶液在 50 ℃下超声振荡 60 min。用连续流动法检测萃取液中的淀粉含量。滤去萃取液后的残渣，参考两步酸解法检测纤维素、半纤维素、木质素、果胶的含量，结果如表 2-34 所示。

表 2-34　不同萃取剂萃取后烟草大分子检测结果(%)

组别	萃取方法	淀粉	木质素	果胶	纤维素	半纤维素
组一	高氯酸萃取法	7.32	3.18	9.86	8.85	2.74
组二	二甲基亚砜萃取法	5.91	3.52	10.24	9.48	3.28

从表中结果看，高氯酸萃取法的萃取液淀粉检测值明显高于二甲基亚砜萃取法。高氯酸萃取法残渣的纤维素、半纤维素、木质素、果胶含量，明显低于二甲基亚砜萃取法残渣的纤维素、半纤维素、木质素、果胶含量，说明用高氯酸萃取可能会将部分大分子物质酸解带出，从而使淀粉检测值偏高，用 90%二甲基亚砜水溶液萃取淀粉，检测结果更接近样品中淀粉的真实含量。

2. 萃取方式的选择

在萃取过程中，采取不同方式萃取淀粉的效果不同。称取三组试样，每组做三次平行检测。将试样都加入 35 mL 90% 二甲基亚砜水溶液，组一采用砂芯提取套管，超声 30 min 后，双链球抽滤；组二采用离心管，超声 30 min 后，在离心机(10000 r/min)上离心 10 min 后，倒出上清液；组三将装有试样和萃取液的 100 mL 锥形瓶放在摇床振荡器上振荡 30 min 后，用定性滤纸过滤。三组试样萃取液淀粉含量检测结果如表 2-35 所示。

表 2-35　不同方式萃取淀粉检测结果

组别	萃取方式	淀粉含量/(%)	平均值/(%)	RSD/(%)
组一	砂芯-超声法	6.54	6.57	1.78
		6.70		
		6.47		
组二	离心-超声法	4.98	5.01	8.09
		4.62		
		5.43		
组三	锥形-振荡法	5.47	5.33	7.06
		4.91		
		5.62		

从表 2-35 结果看，检测值的平均值为砂芯-超声法＞锥形-振荡法＞离心-超声法，RSD 则为砂芯-超声法＜锥形-振荡法＜离心-超声法，说明采用砂芯-超声法的萃取效果最好，重

复性也最好。因此,本实验选取砂芯-超声法作为萃取方式。

3. 萃取温度与萃取次数的比较

在萃取试样淀粉的过程中,萃取温度与萃取次数是重要的考查因素。烟草是一种化学成分极为复杂的天然作物,淀粉在烟草中的化学形态是多样的,不同萃取温度和萃取次数对烟草中淀粉的完全分离和溶出影响很大。本实验设计每次加入 90%二甲基亚砜水溶液 35 mL,在不同温度及萃取次数下,检测试样淀粉含量,结果如图 2-16 所示,

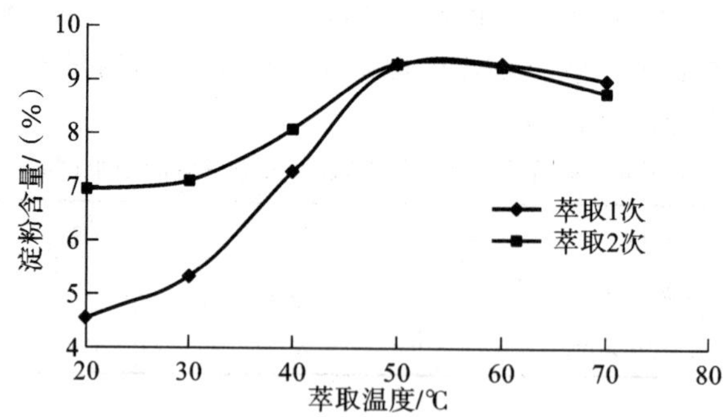

图 2-16 不同温度不同萃取次数淀粉检测结果

实验结果表明,从时间和效率角度出发,在萃取温度 50 ℃下,萃取 1 次可将淀粉萃取完全,再提高温度和萃取次数的意义不大,而且温度太高不利于操作,因此选用萃取温度 50 ℃,萃取 1 次,作为最佳条件选择。

4. 不同萃取溶剂体积的比较

本实验考查了不同萃取溶剂体积对于烟草样品的萃取能力。分别称取三组样品于砂芯提取套管中,在萃取温度 50 ℃下,萃取 2 次,每次分别加入 10 mL、15 mL、25 mL、35 mL、45 mL、60 mL 的 90%二甲基亚砜水溶液萃取剂,对试样超声萃取 60 min 后,抽滤,检测其淀粉含量。从图 2-17 的结果看,经综合考虑,选 35 mL 萃取剂萃取 1 次最佳。

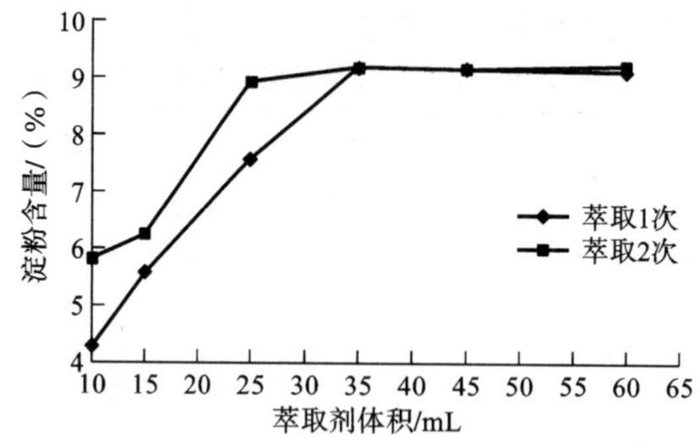

图 2-17 萃取剂体积和萃取次数的影响

5. 不同萃取时间的比较

本实验考查了不同萃取时间对烟草样品萃取效率的影响。在萃取温度、次数和萃取剂体积一致的情况下,分别超声振荡萃取不同时间以检测淀粉含量,如图 2-18 所示。结果发现,超声 60 min 已达到稳定,因此,本实验选择以 60 min 作为最佳萃取时间。

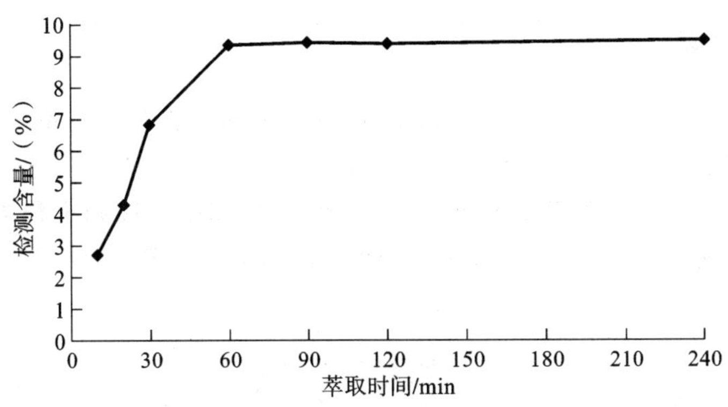

图 2-18　不同萃取时间检测结果关系图

三、连续流动分析试剂变更

根据文献显示，淀粉碘显色在 pH≤4 酸性条件下最佳。根据实验管理等要求，样品前处理已不再用高氯酸萃取，上机所用 15%高氯酸溶液也可用盐酸等溶液代替。通过计算，采用 1 mol/L 的盐酸溶液即可满足 pH 要求。初步取 3 个经前处理后的试样，分别用 15%高氯酸溶液和 1 mol/L 的盐酸溶液作为酸体系平衡液，进行连续流动分析，考查替换的可行性，结果如表 2-36 所示。

表 2-36　不同酸性介质淀粉检测结果(%)

酸性介质	样品 1	样品 2	样品 3
高氯酸体系	6.35	7.46	9.38
盐酸体系	6.42	7.43	9.27

结果表明，采用 15%高氯酸溶液和用 1 mol/L 的盐酸溶液检测无明显差异，因此可以采用 1 mol/L 的盐酸溶液替代 15%高氯酸溶液。

四、样品量的选择

为了考查不同样品称取量对实验检测结果的影响，针对四个梯度样品称样量，每个梯度称取 5 个平行样品进行了试验，计算每个梯度称样量淀粉结果的 RSD，结果如表 2-37 所示。

表 2-37　样品量选择

样品量/g	RSD(n=5)/(%)
0.10	5.86
0.15	4.95
0.25	3.44
0.35	3.53

由表 2-37 可知，随着样品量的加大，检测结果变异系数逐步变小，但在 0.25 g 以后，变异不大，因此为了避免高浓度的样品超过标准曲线范围，同时减少样品中的色素等大分子对检测结果的干扰，本实验选择 0.25 g 作为称取样品量。

五、线性关系

采用 90%二甲基亚砜水溶液配制标准溶液，考查标准溶液线性。将配制好的一系列标准溶液采用连续流动分析法分析，所得线性图如图 2-19 所示。

以相应浓度 x(mg/L) 对吸光度 y 作回归分析，得到线性回归方程为 $y=0.0015x+0.0014$，相关系数 r^2 为 0.9998，检出限为 1 mg/L，线性范围在 15～150 mg/L，线性关系良好。

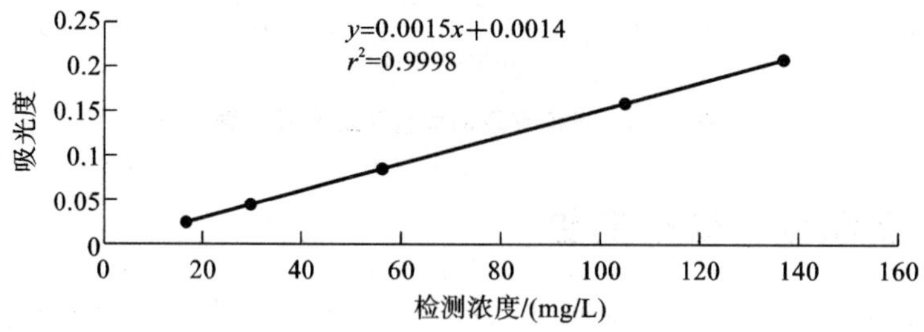

图 2-19 浓度与吸光度线性关系图

六、重复性实验

取一烟草样品为实验样品，按上述处理方法开展日内及日间重复性实验，如表 2-38、表 2-39 所示。

表 2-38 日内重复性实验($n=5$)

序号	测量值/(mg/L)	称重量/g	淀粉含量/(%)
1	87.45	0.2545	8.59
2	89.27	0.2536	8.80
3	87.30	0.2526	8.64
4	83.85	0.2541	8.25
5	84.50	0.2524	8.37
平均值/(%)	—	—	8.53
RSD/(%)	—	—	2.6

表 2-39 日间重复性实验($n=7$)

序号	测量值/(mg/L)	称重量/g	淀粉含量/(%)
1	89.51	0.2537	8.82
2	82.16	0.2514	8.17
3	84.54	0.2528	8.36
4	89.64	0.2535	8.84
5	87.71	0.2532	8.66
6	83.23	0.2504	8.31
7	85.41	0.2515	8.49

续表

序号	测量值/(mg/L)	称重量/g	淀粉含量/(%)
平均值/(%)	—	—	8.52
RSD/(%)	—	—	3.0

结果表明，日内 RSD 为 2.6%，日间 RSD 为 3.0%，两者 RSD 均小于 5.0%，说明本方法的重复性良好，满足检测要求。

七、回收率实验

采用加标法测定方法的回收率。准确取样品 0.25 g 于砂芯提取套管中，加 25 mL 80% 乙醇-饱和氯化钠溶液超声萃洗两次后，加入低、中、高三个浓度的混合标样(直链淀粉与支链淀粉的质量比为1∶4)，向砂芯提取套管样品残渣中加入 35 mL 90%二甲基亚砜水溶液，50 ℃下超声振荡提取 1 h，双链球加压滤出萃取液，然后再加入 10 mL 90%二甲基亚砜水溶液清洗，收集合并至萃取液，并定容到 50 mL，准确移取 1 mL 提取液于 5 mL 容量瓶中，再加入 0.5 mL 盐酸溶液，用水定容后进样检测，结果如表 2-40 所示。

表 2-40　回收率实验

淀粉加标量/g	检测淀粉总量/g	样品淀粉量/g	加标回收率/(%)	平均回收率/(%)
0.0082	0.0227	0.0148	97.23	
0.0075	0.0221	0.0147	98.40	97.9
0.0077	0.0224	0.0148	98.10	
0.0145	0.0284	0.0147	94.01	
0.0137	0.0278	0.0147	95.43	94.6
0.0142	0.0281	0.0147	94.36	
0.0397	0.0535	0.0147	97.68	
0.0391	0.0530	0.0146	98.24	98.0
0.0381	0.0521	0.0147	98.08	

结果表明，淀粉的加标回收率为 94.01%～98.40%，说明本方法准确性良好。

八、样品检测及比对

应用本方法及现行行业标准(简称行标)方法检测了烤烟、香料烟、白肋烟、梗丝、烟草薄片 5 个烟样淀粉含量，并将两种方法处理好的萃取液静置过夜，再次检测淀粉含量，结果如表 2-41 所示。

表 2-41 萃取液静置过夜前后淀粉含量变化

样品	行标方法		本方法	
	当日检测值/(%)	隔夜检测值/(%)	当日检测值/(%)	隔夜检测值/(%)
烤烟	9.86	8.91	8.89	8.84
香料烟	6.74	6.12	6.11	6.13
白肋烟	2.35	2.14	2.13	2.15
梗丝	1.45	1.33	1.32	1.31
烟草薄片	0.73	0.65	0.62	0.63

结果表明，本方法检测结果低于行标方法检测结果，可能由于本方法用二甲基亚砜代替高氯酸，减少了纤维素、木质素等的引入干扰；静置过夜后的本方法检测值基本不变、行标方法检测值明显降低，推测是由于行标酸性条件下，淀粉会逐渐少量转化为可溶性糖类，使检测结果降低，而本方法所用二甲基亚砜水溶液中，淀粉较为稳定，静置过夜后检测结果变化不大。

2.4.4 本节小结

经文献调研和前期实验验证，研究建立的烟草中淀粉测定的连续流动法具有以下特点：

(1) 在样品前处理中，采用二甲基亚砜水溶液代替高浓度的高氯酸溶液来萃取样品中的淀粉，解决了原标准采用高氯酸萃取样品中淀粉的同时萃出一定量纤维素和木质素等而使检测结果偏高、酸性体系不利于萃取液放置等问题；

(2) 在连续流动分析中，采用盐酸代替高氯酸来保持分析过程的酸体系平衡，使新方法不再引入高氯酸试剂，从而减少环保问题及人员安全隐患；

(3) 在实验操作上，采用砂芯提取套管-外套玻璃离心管替代带分液阀的长颈砂芯漏斗，提高实验的可操作性和检测结果的准确性；

(4) 该方法的线性回归方程为 $y=0.0015x+0.0014$，$r^2=0.9998$，检出限为 1 mg/L，满足检测要求；日内 RSD 为 2.6%，日间 RSD 为 3.0%，均小于 5.0%，重复性好；淀粉的加标回收率为 94.01%～98.40%，说明本方法的准确性较高；检测实际样品，与原标准相对一致。

2.5 烟草及烟草制品 蛋白质的测定 紫外分光光度法

2.5.1 引言

蛋白质对于烟草的吸味品质有不利的影响，燃吸时烟叶中的蛋白质会使烟气苦味增加并有烧羽毛的气味，因此准确测定烟草中的蛋白质含量对评价烟叶质量有着重要意义。

目前烟草行业标准《烟草及烟草制品　蛋白质的测定　连续流动法》(YC/T 249—2008)是通过将非蛋白质含氮物与蛋白质分离、洗脱，而后采用凯氏定氮法将蛋白质连同其他非水溶性物质一起消化，将蛋白质氮转化为氨态氮，再以滴定法或连续流动分析仪显色法检测氨态氮含量，最后换算出蛋白质的含量。该方法手工操作较为烦琐，即使是采用连续流动法，也需要抽滤及多次样品转移等步骤，且消化炉批量处理能力相对较弱，样品前处理时间较长。

考马斯亮蓝法广泛用于食品中可溶性蛋白质的快速测定。其基本原理是在酸性条件下考马斯亮蓝 G-250 选择性与蛋白质疏水基团结合，形成蓝色的蛋白质-染料复合物，在 595 nm 处有最大光吸收，而氨基酸、生物碱对此并无干扰。蛋白质是烟叶质量评价的重要指标，在行业内有较大检测需求。本节提出一种基于考马斯亮蓝法测定烟草中蛋白质含量的方法，其方法原理（见图 2-20）为：采用乙醇-饱和氯化钠溶液超声去除烟叶中色素、氨基酸等干扰后，采用 90％二甲基亚砜水溶液萃取样品的蛋白质，与考马斯亮蓝发生显色反应，在 595 nm处比色测定，外标法定量。该方法能简化样品前处理操作、提高检测效率、增强适用性，为提升烟叶质量、加工制造和感官品质提供技术支持。

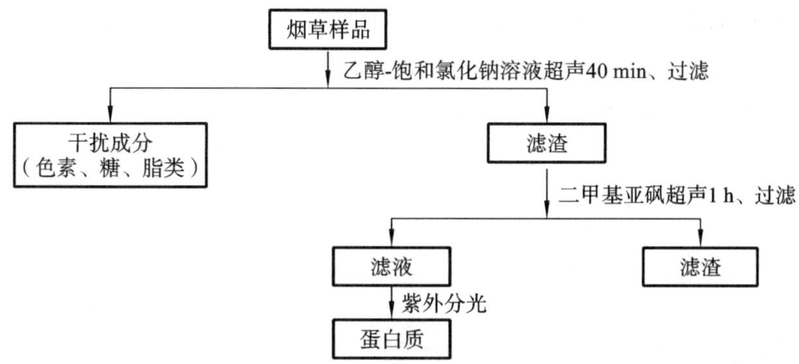

图 2-20　烟草蛋白质测定的紫外分光光度法

2.5.2　实验部分

一、材料和试剂

牛血清白蛋白 BSA（西安国安生物科技）；考马斯亮蓝 G-250（阿拉丁）；氯化钠、无水乙醇、二甲基亚砜（分析纯、国药）。实验用水应符合 GB/T 6682 中一级水的规定。

二、仪器

0.45 μm 聚醚砜微孔滤膜（美国 Agilent 公司）；Milli-Q 超纯水机（美国 Millipore 公司）；BSA2245-CW 电子天平（感量 0.000 1 g，德国赛多利斯公司）；砂芯内套管（孔径 15～30 μm，北京欣维尔玻璃仪器有限公司）；玻璃离心管（100 mL，德国 Sigma 公司）；超声波发生器；紫外分光光度计（S600，德国 Analytik Jena 公司），配 595 nm 滤光片。

三、溶液的配制

考马斯亮蓝 G-250 溶液配制：称取 100 mg 考马斯亮蓝 G-250，溶于 50 mL 95％乙醇，加入硫酸 100 mL，用去离子水定容于 1 L 棕色容量瓶。

标准溶液的配制：精密称取牛血清白蛋白 15 mg，用去离子水溶解定容于 100 mL 容量瓶，制得 150 μg/mL 蛋白质标准溶液，置于 4 ℃冰箱中保存。分别精密吸取 0.1 mL、0.2 mL、0.4 mL、0.6 mL、0.8 mL、1.0 mL 标准蛋白质溶液于 10 mL 具塞离心管中，各 5 mL 考马斯亮蓝 G-250 溶液，定容为 10 mL，混匀静置 5 min 后在 595 nm 处测定溶液吸光度，绘制标准曲线。

四、样品处理

准确称取 0.25 g 试样于砂芯提取套管中，量取 25 mL 80% 乙醇-饱和氯化钠溶液加入砂芯提取套管中，室温下超声萃取 30 min。取出砂芯套管，双链球加压滤出萃取溶液，用 2 mL 80%乙醇-饱和氯化钠溶液洗涤管内样品残渣，加压弃去洗涤液，再次量取 25 mL 80% 乙醇-饱和氯化钠溶液重复以上操作。

向砂芯套管样品残渣中加入 35 mL 90%二甲基亚砜，50 ℃下超声提取 1 h，取出砂芯套管，双链球加压滤出萃取液，收集萃取溶液到 100 mL 烧杯，然后加入 10 mL 90%二甲基亚砜水溶液清洗，收集合并至萃取液，并定容到 50 mL。混合均匀后，准确移取 1.0 mL 提取液于 10 mL 具塞离心管中，加 5 mL 考马斯亮蓝 G-250 溶液，定容为 10 mL，混匀静置5 min后在 595 nm 处测定溶液吸光度。

2.5.3 结果与讨论

一、样品前处理

基于样品前处理，在 2.2 节已做详细考查论证，在此不再赘述，检测相关参数也直接引用标准 SN/T 3926—2014。

二、方法验证

1. 线性关系考查

以体系中蛋白质浓度为横坐标 x，595 nm 处吸光度为纵坐标 y，绘制标准曲线见图 2-21，得到线性回归方程为 $y=0.012+2\times10^{-5}x$，$r^2=0.9986$。由此表明，蛋白质在 10～150 mg/L 与吸光度之间符合 Lamber-Beer 定律，检出限为 1.2 mg/L。

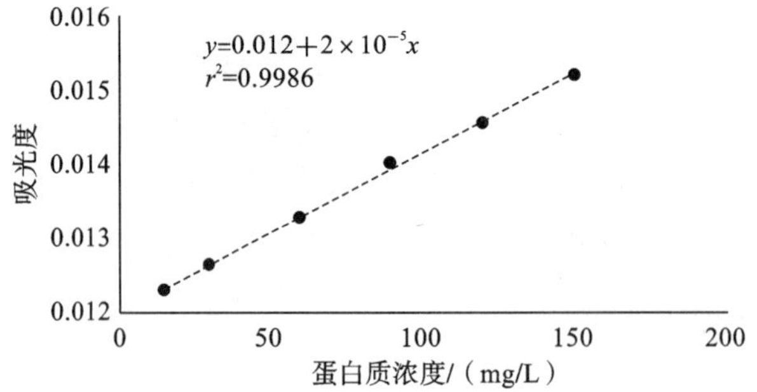

图 2-21　蛋白质浓度与吸光度线性关系图

2. 重复性考查

选择某烟叶样品进行重复性分析测试，数据如表 2-42 所示。

表 2-42　重复性实验

样品	蛋白质/(%)
1	6.32
2	6.16
3	6.37
4	6.41
5	6.39
6	6.45
平均值	6.35
SD/(%)	0.09
RSD/(%)	1.47

如表 2-42 所示，RSD 为 1.47%，重现性良好。但检测值较原标准方法所测值 6.52%略低，估计是由于原标准方法为消解氮换算，其他不溶性氮可能也被计入。

3. 加标实验

取烟草样品与蛋白质标准品按上述相关步骤分别进行加标实验，数据如表 2-43 所示，结果发现蛋白质的加标回收率为 98.8%，表明本方法回收率较高。

表 2-43　样品回收率测试结果

本底值/(%)	加标量/(%)	测定总量/g	加标回收率/(%)
5.35	5	10.29	98.8%

2.5.4　本节小结

经文献调研和前期实验验证，研究建立的烟草中蛋白质测定的紫外分光光度法具有以下特点：

(1) 在样品前处理中，采用二甲基亚砜水溶液代替消解，省时省力，减少环保问题及人员安全隐患；

(2) 在检测分析中，采用考马斯亮蓝法，选择性更多，灵敏度更高；

(3) 该方法的线性回归方程为 $y=0.012+2\times10^{-5}x$，$r^2=0.9986$，由此表明，蛋白质在 10～150 mg/L与吸光度之间符合 Lamber-Beer 定律，检出限为 1.2 mg/L；RSD 为 1.47%，小于 5.0%，重复性好；蛋白质的加标回收率为 98.8%，说明本方法的准确性较高；检测实际样品，与原标准相对一致。

2.6　典型样品差异性分析

2.6.1　典型烟草样品的普查

采用已建立样品对典型样品进行了取样、检测和分析，具体数据如表 2-44 所示。

表 2-44　部分典型样品检测数据汇总

样品信息	类型	纤维素/(%)	半纤维素/(%)	果胶/(%)	淀粉/(%)	蛋白质/(%)	酸溶木质素/(%)	酸不溶木质素/(%)	木质素/(%)
样品 1	卷烟	5.55	2.02	7.88	5.90	6.51	4.34	1.96	6.30
样品 2	卷烟	6.53	2.22	7.93	6.01	6.41	4.80	1.99	6.79
样品 3	卷烟	5.57	2.04	7.24	6.38	6.02	4.96	1.66	6.62
云南 曲靖 马龙 云 87 B2F	烟叶	6.31	3.13	7.58	5.58	6.61	2.69	1.45	4.15
云南 曲靖 马龙 云 87 C3F	烟叶	6.75	1.78	4.89	6.84	5.66	3.84	1.03	4.87
云南 曲靖 马龙 云 87 X2F	烟叶	7.75	2.36	6.78	6.35	5.53	4.32	1.14	5.46
云南 楚雄 牟定 云 87 B2F	烟叶	6.15	2.33	6.43	6.69	6.49	3.61	1.00	4.61
云南 楚雄 牟定 云 87 C3F	烟叶	8.08	2.18	6.79	5.90	5.79	3.13	0.63	3.76
云南 楚雄 牟定 云 87 X2F	烟叶	6.21	2.18	5.92	5.47	5.63	3.44	0.95	4.39
贵州 遵义 务川 云 87 B2F	烟叶	6.43	3.28	9.08	5.03	6.32	3.51	1.40	4.91
贵州 遵义 务川 云 87 C3F	烟叶	3.76	1.39	5.30	5.39	5.88	2.60	1.20	3.80
贵州 遵义 务川 云 87 X2F	烟叶	6.68	2.38	7.08	4.88	5.72	2.95	0.95	3.89
山东 潍坊 诸城 云 87 B2F	烟叶	7.91	3.19	7.32	6.06	7.01	4.62	1.80	6.42
山东 潍坊 诸城 云 87 C3F	烟叶	7.99	2.95	7.08	6.23	6.16	3.11	1.49	4.59
山东 潍坊 诸城 云 87 X2F	烟叶	7.18	2.12	5.90	6.42	5.94	3.85	1.62	5.47
福建 龙岩 长汀 云 87 B2F	烟叶	8.48	3.16	5.58	5.38	6.83	2.83	1.29	4.13
福建 龙岩 长汀 云 87 C3F	烟叶	9.95	1.96	3.99	7.97	6.24	2.14	0.84	2.98
福建 龙岩 长汀 云 87 X2F	烟叶	8.64	2.15	4.08	5.98	5.65	2.48	0.92	3.40

续表

样品信息	类型	纤维素/(%)	半纤维素/(%)	果胶/(%)	淀粉/(%)	蛋白质/(%)	酸溶木质素/(%)	酸不溶木质素/(%)	木质素/(%)
翠碧 B2F	烟叶	10.14	3.69	5.77	5.82	6.24	2.54	1.35	3.89
翠碧 C3F	烟叶	9.83	2.80	6.31	5.56	5.73	2.98	1.08	4.06
翠碧 X2F	烟叶	9.86	2.61	7.23	5.38	5.64	2.62	1.64	4.26
云 87 梗	梗丝	13.04	5.84	10.91	4.01	3.15	2.65	1.83	4.48
翠碧梗	梗丝	12.73	4.63	11.89	4.68	2.82	3.37	2.90	6.26
福建 C 梗-2019 梗片空白四段式 2020.4	梗丝	13.04	5.84	10.91	4.01	3.15	2.65	1.83	4.48
福建 C 梗-2019 梗片空白四段式 2021.7	梗丝	13.38	4.78	12.88	5.17	2.94	2.77	0.92	3.69
福建 C 梗-2019 梗片空白自然醇化 2021.7	梗丝	13.01	4.52	12.96	4.93	2.85	2.73	1.16	3.89
福建 C 梗-2019 梗条(麻袋装 空白)四段式 2020.4	梗丝	13.83	4.72	13.25	4.96	3.18	2.80	1.09	3.89
福建 C 梗-2019 梗条(麻袋装 空白)四段式 2021.7	梗丝	13.58	4.94	12.82	4.93	3.09	3.67	1.05	4.71
云南 B 梗-2019 梗片空白四段式 2020.4	梗丝	14.41	5.24	13.45	4.89	3.38	4.30	1.07	5.37
云南 B 梗-2019 梗片空白四段式 2021.7	梗丝	14.98	5.01	13.66	4.87	3.30	3.42	1.10	4.52

续表

样品信息	类型	纤维素/(%)	半纤维素/(%)	果胶/(%)	淀粉/(%)	蛋白质/(%)	酸溶木质素/(%)	酸不溶木质素/(%)	木质素/(%)
云南B梗-2019梗片空白自然醇化2021.7	梗丝	15.02	5.35	13.88	4.86	3.24	4.26	1.11	5.38
云南B梗-2019梗条(麻袋装 空白)四段式2020.4	梗丝	12.26	5.24	11.85	4.75	3.41	2.55	1.17	3.72
云南B梗-2019梗条(麻袋装 空白)四段式2021.7	梗丝	12.73	5.82	12.40	4.83	3.35	2.29	1.39	3.68
金闽A级薄片	薄片	20.18	5.10	18.45	4.84	3.28	4.66	2.05	6.71
金闽C级薄片	薄片	21.12	5.03	20.04	4.89	4.30	4.24	2.15	6.39
金科薄片	薄片	21.21	4.71	13.27	4.82	2.67	4.76	2.13	6.89

注:B2F指上部叶,C3F指中部叶,X2F指下部叶。

2.6.2 典型烟草样品的分析

一、不同类型烟草原料大分子含量差异

如图2-22所示,不同类型的烟草原料大分子含量存在差异,纤维素含量从高到低依次是:薄片>梗丝>烟叶≈成品;半纤维素含量从高到低依次是:梗丝≈薄片>烟叶≈成品;果胶含量从高到低依次是:薄片>梗丝>成品≈烟叶;淀粉含量从高到低依次是:烟叶≈成品>薄片>梗丝;蛋白质含量从高到低依次是:成品≈烟叶>梗丝≈薄片;酸溶木质素含量从高到低依次是:薄片≈成品>烟叶≈梗丝;酸不溶木质素含量从高到低依次是:烟叶>成品≈梗丝≈薄片;木质素含量从高到低依次是:薄片≈成品>梗丝≈烟叶。

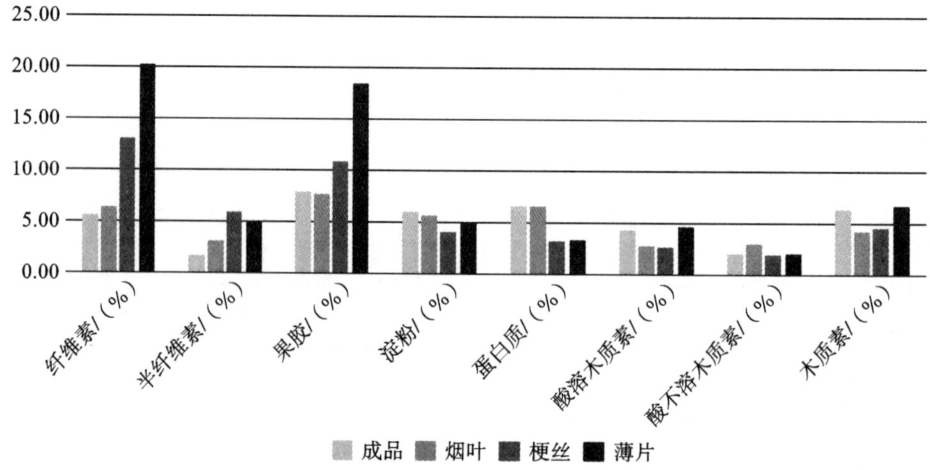

图2-22 不同类型烟草原料大分子含量差异

二、不同产地烟草大分子含量差异

如图 2-23 所示，不同产地的烟草大分子含量存在差异，显著的是纤维素、果胶和木质素。

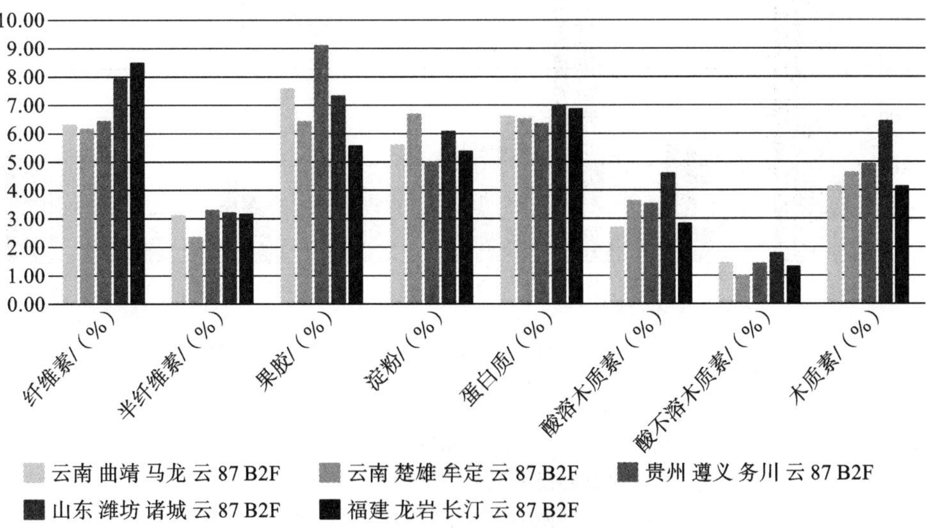

图 2-23　不同产地烟草大分子含量差异

三、不同部位烟草大分子含量差异

如图 2-24 所示，烟叶中不同部位的烟草大分子含量存在差异，显著的是半纤维素、果胶、淀粉和木质素，但不同产地、不同指标的规律不一致。

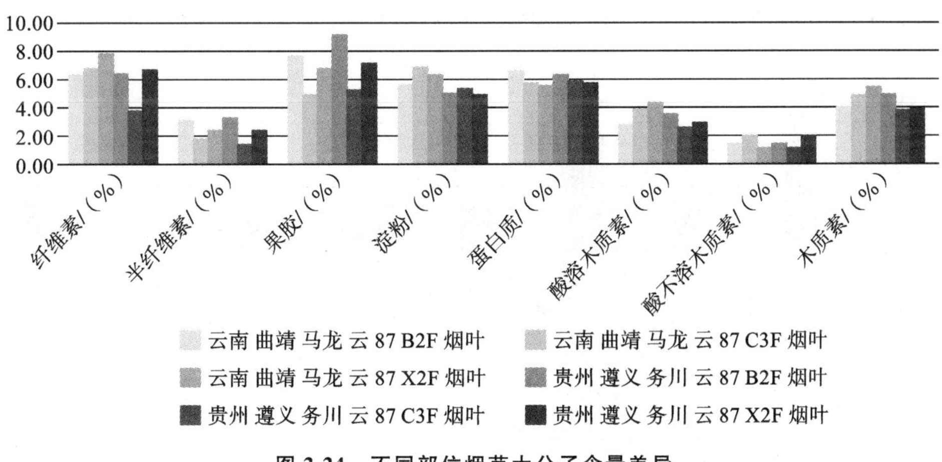

图 2-24　不同部位烟草大分子含量差异

四、不同存储方式下烟草大分子含量差异

如图 2-25 所示，在存储期为一年内的梗片与梗丝的烟草大分子含量差异不明显，自然醇化比四段式变化较明显。

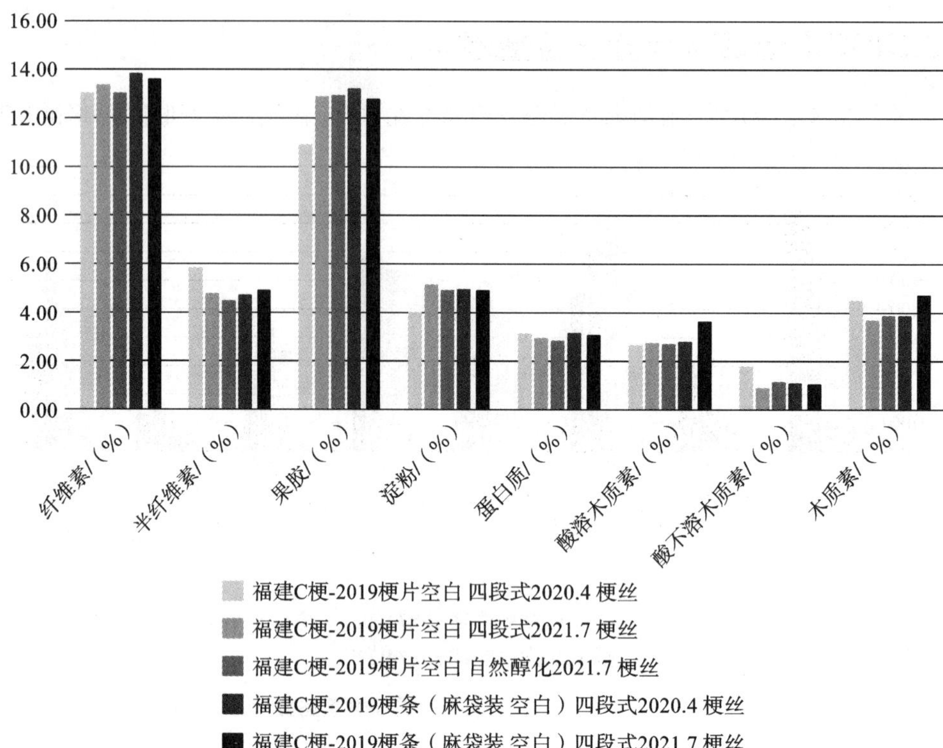

图 2-25　不同存储方式下梗片与梗丝烟草大分子含量差异

五、不同品种原料烟草大分子含量差异

如图 2-26 所示，同一种植区域内不同品种烟叶或梗丝的烟草大分子含量都存在差异，纤维素、半纤维素、果胶较明显。

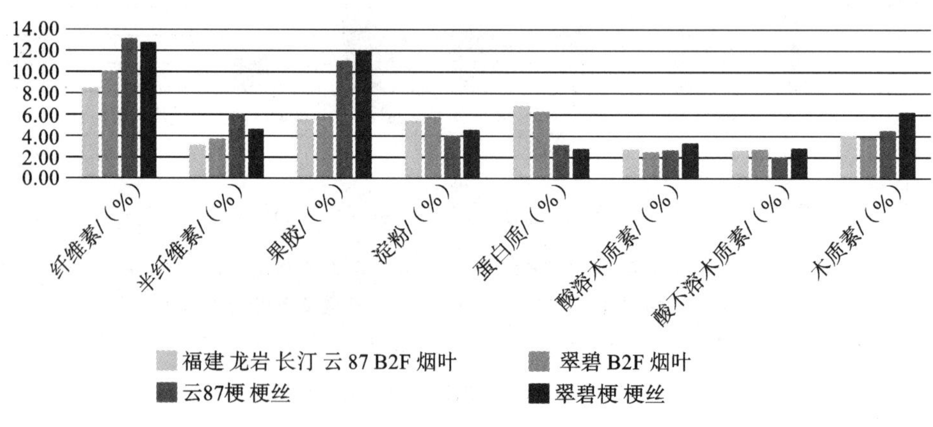

图 2-26　同一种植区域内不同品种烟叶或梗丝烟草大分子含量差异

六、不同厂家、不同等级薄片烟草大分子含量差异

如图 2-27 所示，不同厂家、不同等级的薄片的烟草大分子含量都存在差异，果胶、蛋白质较明显。

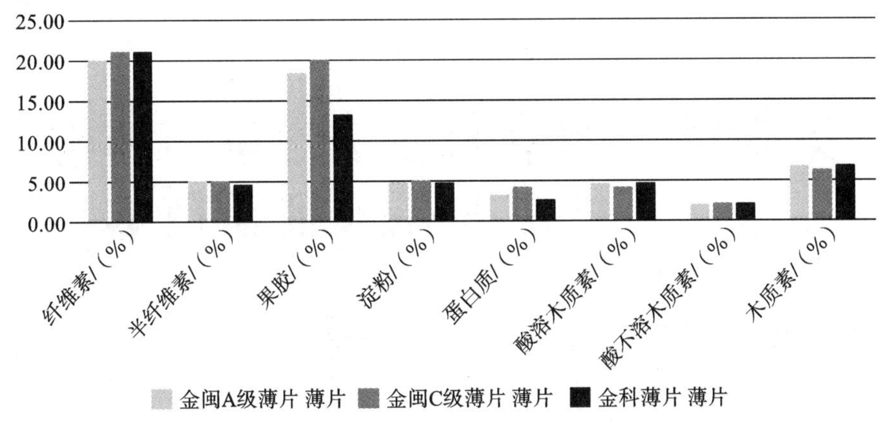

图 2-27　不同厂家及不同等级薄片大分子含量差异

根据以上结论，可为后期样品普查提供选样参考。

2.6.3　本节小结

本节参照相关标准，结合实际需求，整合前处理过程和仪器检测，建立了可实现前述指标的一次前处理分步检测纤维素、半纤维素、果胶、淀粉、蛋白质、酸溶木质素、酸不溶木质素、木质素等八类烟草主要大分子物质的检测方法，具体为以下三种方法：

(1) 采用乙醇-饱和氯化钠溶液去除糖，采用二甲基亚砜水溶液提前萃取出淀粉、蛋白质后分别采用碘、考马斯蓝检测；

(2) 滤渣采用浓硫酸在常温下将纤维解离为低聚糖，稀释并在高温加压条件下将低聚糖进一步酸解为单糖，单糖经离子色谱电化学法分离检测，以葡萄糖浓度计算纤维素含量，以半乳糖、甘露糖、木糖和阿拉伯糖的浓度计算半纤维素含量；

(3) 滤渣经干燥、灰化计算酸不溶木质素，滤液经稀释、紫外分光检测计算酸溶木质素，两者相加得到木质素总量。

通过方法验证和一段时间的应用，发现改进后的方法能够适用于烟草基质，组合或分步可以测出纤维素、半纤维素、果胶、淀粉、蛋白质、酸溶木质素、酸不溶木质素、木质素等多种组分含量，而且具有使用试剂少(二甲基亚砜、水、硫酸)、操作简单(超声、酸解)、快捷(6 h/批次)、可批量操作(每批 40 个样)，满足准确、快捷、批量化测定要求。

采用已建立的方法，选择并制备不同类型、不同产地、不同品种、不同部位、不同等级的烟叶与烟梗和不同厂家、不同规格再造烟叶代表性样品，并进行烟草大分子含量差异性分析，对提升烟叶质量水平的评价提供了技术支持。

第3章　烟草大分子含量与结构核磁共振表征新技术

3.1　含内部参考的新型固体核磁共振转子研制

3.1.1　引言

对于果胶和纤维素等有机大分子化合物的定量分析，目前常用的方法是化学法、光谱法、色谱法以及各种仪器的联用等。这些方法的优势在于灵敏度高，检测结果稳定，但这些方法也存在一定弊端，比如建立实验方法过程烦琐，分析过程较为复杂。核磁共振（NMR）近年来也被运用于生物质表征，具有样品预处理少、不破坏物质结构、仪器操作简便等优点。但核磁共振定量分析测量时由于各种因素所产生的误差与采集时间过长等问题，仍然是核磁共振定量分析发展中需要解决的难题。

内标法是在检测物质过程中引入一种内标物，通过核磁共振谱图中内标物信号峰面积与待测样品信号峰面积之间的比值进行定量。引入内标物与待测样品一起检测，会消除仪器带来的数据波动，使分析结果更为准确。对于溶液态样品，合适的内标物可实现样品与内标物均匀混合，但这种易混的性质在固态样品中得不到体现。某些固体样品本身不溶解或溶解过程中结构发生改变，这样的固态样品只能使用固体核磁共振实验来进行结构或成分分析，但在固体核磁共振中，内标物和待测物质如何混合又成为难题。同时在测试过程中由于内标物转子的旋转会造成内标物偏移，导致内标物的信号不均匀、不稳定，继而会引起很大的测量误差。

本节研究提出并设计一种新型的核磁共振转子，其基本思路是选择合适的材料，将这种材料与核磁共振转子结合固定，从而产生稳定的信号，即可满足要求。内标物质的选择应满足上述要求，物理结构的设计采用内嵌式。本节采用这种新型的核磁共振转子，在考查其定量分析精密度的基础上，应用于烟草中果胶、纤维素的含量测量。该设计思路有效地规避了传统设计思维的弊端，为满足内标物设计原则提供了新的方案。

3.1.2　实验部分

一、材料与试剂

实验中不同种类的烟草样品分别来自安徽池州、云南昆明、云南曲靖、云南砚山、贵州贵安以及津巴布韦（福建中烟提供）。材料与试剂有聚半乳糖醛酸（纯度≥85%、Sigma-

Aidrich)、微晶纤维素(纯度≥95%,国药集团)、硫酸(AR,国药集团)、无水乙醇(AR,国药集团)、氢氧化钠(AR,国药集团)、丙酮(AR,国药集团),实验用水为蒸馏水。

二、仪器

AVANCE Ⅲ 400 MHz 超导傅里叶数字化核磁共振谱仪(Bruker 公司,瑞士);TU-1901 双光束紫外可见分光光度计(普析通用仪器有限责任公司,北京);HH-S2 数显恒温水浴锅;TDL-5-A 离心机;PHS-2F 雷磁 pH 计;DZF 型真空干燥箱;DHG-9140A 电热恒温鼓风干燥箱;DF-101S 恒温加热磁力搅拌器;S7500 超声仪。

三、核磁共振波谱工作条件

所有样品的高分辨率^{13}C CP/MAS NMR(^{13}C 核磁共振)谱图均是通过配备了 7 mm H/X MAS 探针的 AVANCE Ⅲ 400 MHz 光谱仪(9.4 T)在^{13}C 100.63 MHz 和^{1}H 400.15 MHz 条件下获取。样品检测时,每个样品均称量 170 mg 左右,再和 NaCl 粉末研磨混合均匀并填充在二氧化锆转子中,并将二甲基硅橡胶管作为强度参考填入转子中,自旋率 4 kHz。在整个实验中使用相同的二甲基硅橡胶管。在交叉极化过程中,^{1}H 的射频场强为 56.8 kHz,^{13}C 的射频场强为 62.5 kHz。^{13}C 和^{1}H 的 90°脉冲长度分别为 4 μs 和 4.4 μs。使用 cptoss 脉冲序列来抑制自旋边带,采集时间为 25.0 ms,接触时间为 2 ms,最佳循环延迟为 2 s,扫描次数为 2048 次,扫描宽度为 30 kHz。所有光谱中的^{13}C 化学位移均参考甘氨酸在 175.73 ppm 处的羰基峰。样品的 NMR 光谱由 MestReNova-6.1.1 和 PeakFit 4.12 软件共同处理。

四、含内标样品管信号稳定性评价

内标法检测时,采用外径 5.5 mm 硅橡胶管作为内部参考,获得含内标信号的 11 次烟草样品的测量谱图。固体核磁共振内部参考硅橡胶稳定性是通过计算归一化相对积分强度的内标峰的 RSD 进行评价的。

3.1.3　结果与讨论

一、不同内标材料的选择

在核磁共振中,一个合适的强度参比材料应该具有如下特性。第一,较好的化学惰性和稳定性;第二,在波谱的空白区域具有合适的化学位移,避免峰重叠;第三,较小的线宽,为了方便使用和精确测量,即使少量的强度参考也可以产生相当大的积分强度;第四,良好的弛豫特性,即可以在 NMR 技术条件下进行精确地绝对强度测量;第五,在进行 NMR 测定分析后,与分析物能够物理分离或能够方便地分离。本研究选择了 4 种内标材料,分别是六甲基苯、甘氨酸、四-(三甲基硅氧基)-硅烷以及聚二甲基硅橡胶,并对每种材料进行了相应的 NMR 测试与技术评估。

六甲基苯是一种有机苯系化合物,通常情况下为无色片状结晶,化学式为 $C_{12}H_{18}$,分子量为 162.27。测试条件采用 600 MHz 超导傅里叶数字化核磁共振谱仪,探头为 3.2 mm H/X/Y探头 H-X 模式,转速 22 kHz,脉冲序列 CP,采样次数 1024 次,以甘氨酸 176.03 ppm 为二级标准定标。所得^{13}C 固体核磁共振波谱图如图 3-1 所示。

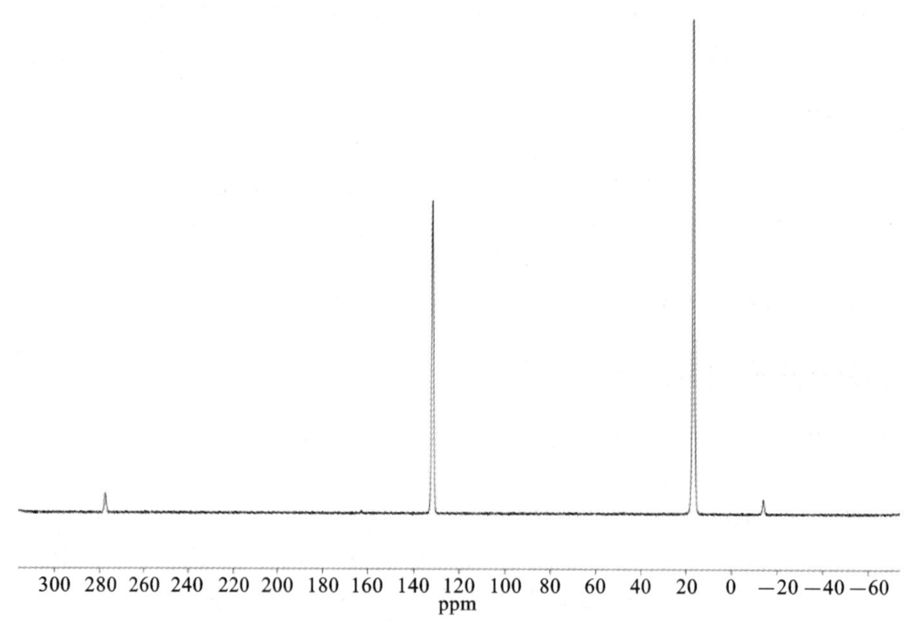

图 3-1　六甲基苯^{13}C固体核磁共振波谱图

六甲基苯出峰在 131.74 ppm 与 16.80 ppm，六甲基苯的信号峰位置与部分有机大分子峰不重合，但六甲基苯毒性较大，对人体有害，且填装不易。

甘氨酸一般为白色单斜晶系或六方晶系的晶体或白色结晶粉末，无毒。测试采用 600 MHz超导傅里叶数字化核磁共振谱仪，探头为 3.2 mm H/X/Y 探头 H-X 模式，转速 22 kHz，脉冲序列 CP，采样次数 1024 次，以甘氨酸 176.03 ppm 为二级标准定标。所得^{13}C固体核磁共振波谱图如图 3-2 所示。

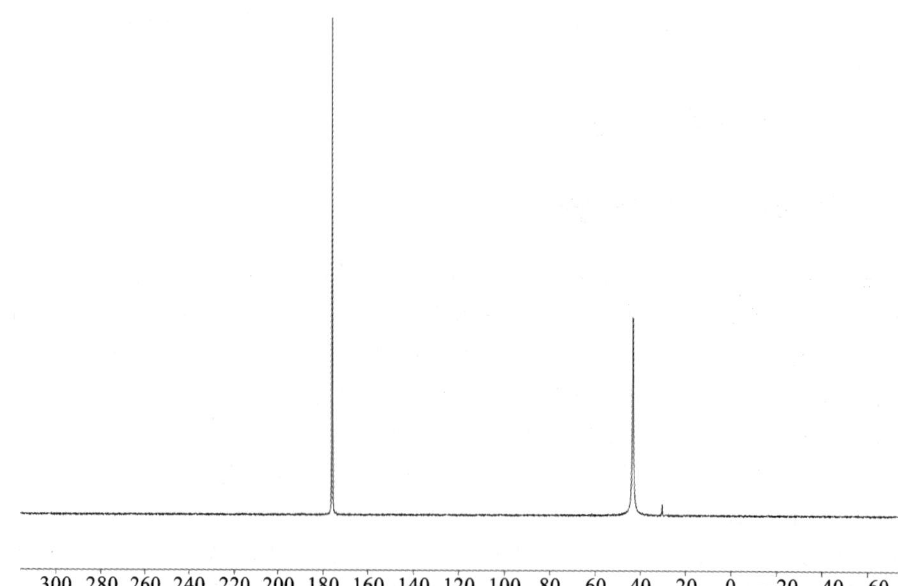

图 3-2　甘氨酸^{13}C固体核磁共振波谱图

甘氨酸出峰在 176.03 ppm 与 43.41 ppm，176.03 ppm 处的峰与果胶峰可能会发生重叠，而 43.41 ppm 处的峰会受到一定干扰。

四-(三甲基硅氧基)-硅烷常温下为无色液体，测试条件采用 400 MHz 超导傅里叶数字化液体核磁共振谱仪，溶剂为二甲基亚砜。所得 ^{13}C 核磁共振波谱图如图 3-3 所示。

图 3-3　四-(三甲基硅氧基)-硅烷 ^{13}C 核磁共振波谱图

由于四-(三甲基硅氧基)-硅烷常温下为液体，即使出峰在 0 ppm 左右，难以填装的问题依然无法解决。

聚二甲基硅橡胶是聚硅氧烷，即一类以重复的 Si-O 键为主链，硅原子上直接连接有机基团的聚合物，成型后具有优良的耐热、耐氧化、耐低温性。图 3-4 是聚二甲基硅橡胶的 ^{13}C 固体核磁共振波谱图。测试条件采用 400 MHz 超导傅里叶数字化核磁共振谱仪，探头为 7 mm探头，转速 4 KHz，脉冲序列 CP，采样次数 1000 次。

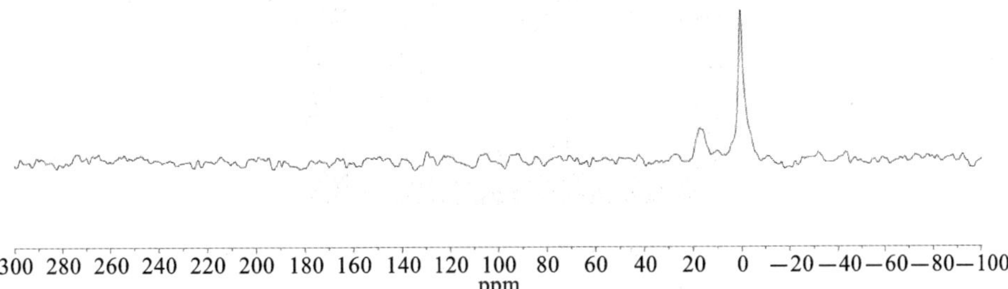

图 3-4　聚二甲基硅橡胶 ^{13}C 固体核磁共振波谱图

聚二甲基硅橡胶中甲基($—CH_3$)的 ^{13}C 的化学位移为 0 ppm，与烟草中大多数 ^{13}C 的化学位移距离较远，因此避免了来自果胶样品中更多重叠峰的干扰。此外，二甲基硅胶管信号峰的线宽也很小，并且其化学位移可始终保持在 0 ppm，不会发生位置漂移。

二、样品管的设计

基于聚二甲基硅橡胶材料的核磁共振波谱图特性，拟采用外径 5.5 mm 的硅橡胶管，内嵌于7 mm固体核磁转子中作为内部参考，如图 3-5 所示。样品粉末紧密包装在聚二甲基硅橡胶管和 NMR 转子的中心，在高速自旋过程中不会出现洒落或溢出。同时硅橡胶作为内部参考可以重复使用，一般不需要更换，很大程度上解决了固体核磁共振装填内部参考操作复杂、烦琐的问题。新型转子的实物照片见图 3-6、图 3-7 和图 3-8 所示。

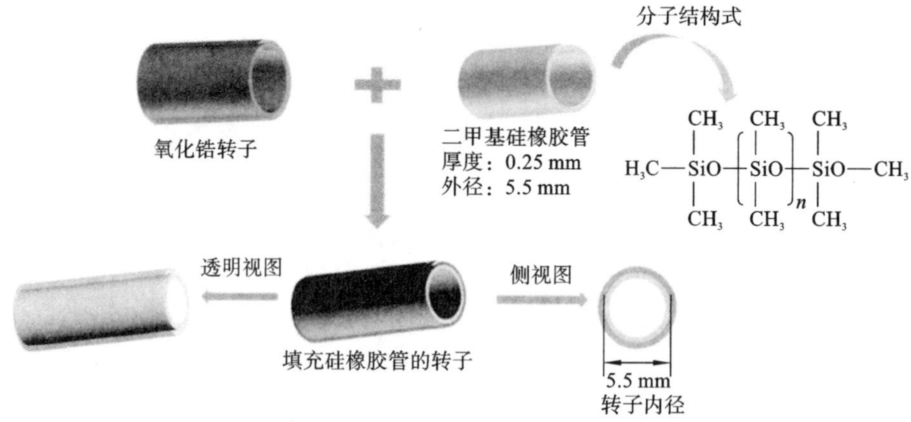

图 3-5　聚二甲基硅橡胶管的结构与设计

图 3-6　市售二氧化锆 7 mm 转子

三、硅橡胶管稳定性评价

所有样品的 ^{13}C CP/MAS NMR 波谱均由 AVANCE Ⅲ 400 MHz 超导傅里叶数字化核磁共振谱仪在 ^{13}C 100.63 MHz 和 ^{1}H 400.15 MHz 条件下获得。内标法检测时，采用外径 5.5 mm 硅橡胶管作为内部参考，使用 7 mm H/X 探头，转速 4 kHz，接触时间 2 ms，采样时间 25 ms，采样间隔 2 s，扫描次数 2048 次，场强 9.4 T，脉冲序列 CP/TOSS，谱宽 300 ppm。

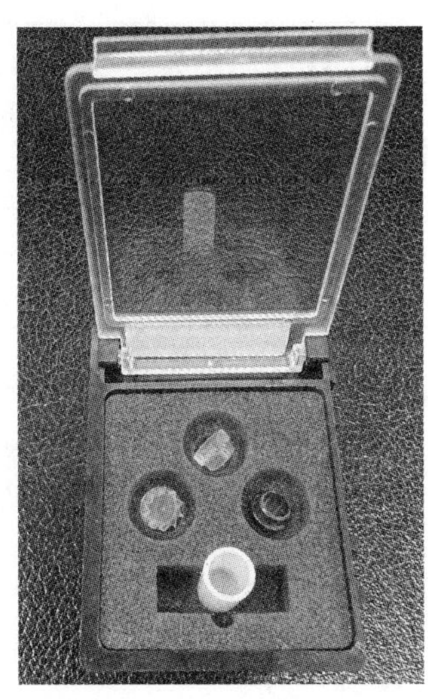

图 3-7　市售二氧化锆 7 mm 转子立图

图 3-8　内嵌 5.5 mm 硅橡胶管的二氧化锆 7 mm 转子实际操作图

对所有 NMR 波谱图在－10～＋240 ppm 范围内进行数据处理。以－10～＋10 ppm 中部分合理积分范围进行积分作为硅橡胶的绝对信号强度，对－10～＋240 ppm 范围进行积分后得到谱峰强度，通过归一化处理，可以得到硅橡胶信号的相对积分强度。使用 MestReNova 软件对波谱图进行基线矫正和校正处理，信号峰化学位移归属如表 3-1 所示。不同扫描次数的 11 个烟草样品固体 ^{13}C CP/MAS NMR 波谱图如图 3-9 所示。

表 3-1　烟草样品固体 ^{13}C CP/MAS NMR 波谱图的主要信号归属

化学位移/ppm	归属
0	硅橡胶管的—CH_3
18.3	鼠李糖甲基—CH_3
47～48	柠檬酸亚甲基—CH_2
54	果胶甲酯化羧基—$COOCH_3$，甲氧基—OCH_3
63.0	纤维素 C-6 非晶区，半纤维素 C-6
65.5	纤维素 C-6 结晶区
69.3	果胶 C-2,3,5
73	纤维素 C-2,3,5
73.8	半纤维素 C-2,3,4,5
79	果胶 C-4
84.7	纤维素 C-4 非晶区
89.1	纤维素 C-4 结晶区
101.2	果胶 C-1
103.3	半纤维素 C-1
105	纤维素 C-1

续表

化学位移/ppm	归属
171	果胶 C-6 的甲酯化羧基—$COOCH_3$
174	果胶 C-6 的羧基—COOH
176	果胶 C-6 的羧酸盐—COO^-
180	柠檬酸,苹果酸

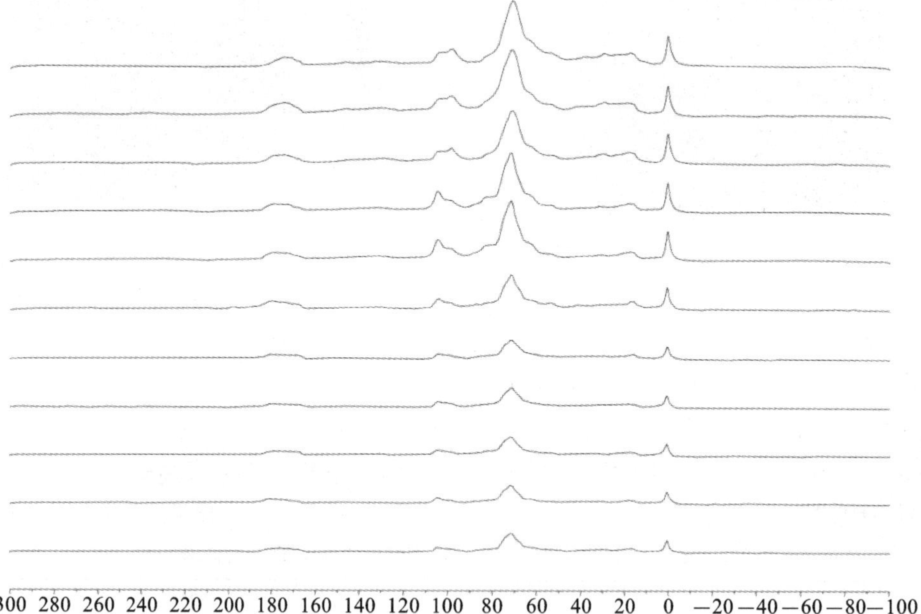

图 3-9 不同扫描次数的 11 个烟草样品固体 ^{13}C CP/MAS NMR 波谱图(含硅橡胶管)

固体核磁共振内部参考硅橡胶稳定性是通过计算归一化相对积分强度的 RSD 进行评价的。表 3-2、表 3-3 和表 3-4 显示了三组 11 个烟草样品 10～240 ppm 的绝对积分强度、内部参考绝对积分强度以及归一化相对积分强度。

表 3-2 第一组 11 个烟草样品不同化学位移积分强度汇总

样品序号	10～240 ppm 绝对积分强度	内部参考 绝对积分强度	归一化 相对积分强度
1	728944.52	37834.83	0.0493
2	1201729.51	61268.83	0.0485
3	1832089.82	84773.74	0.0442
4	1716231.12	86651.76	0.0481
5	1170589.42	57107.33	0.0465
6	1814825.26	87959.04	0.0462
7	1553946.89	77859.80	0.0477

续表

样品序号	10～240 ppm 绝对积分强度	内部参考 绝对积分强度	归一化 相对积分强度
8	1428834.56	78916.56	0.0523
9	1604558.96	74459.82	0.0443
10	1201729.51	61268.83	0.0485
11	728944.52	37834.83	0.0493

表 3-3　第二组 11 个烟草样品不同化学位移积分强度汇总

样品序号	10～240 ppm 绝对积分强度	内部参考 绝对积分强度	归一化 相对积分强度
1	347573.69	40399.59	0.1041
2	754083.52	79937.82	0.0958
3	509726.59	63730.92	0.1111
4	499907.05	57484.63	0.1031
5	548405.57	60274.97	0.0990
6	515858.64	59643.61	0.1036
7	529028.29	57184.45	0.0975
8	606560.34	76182.91	0.1116
9	562996.89	66070.24	0.1050
10	658670.00	79718.48	0.1080
11	617989.98	74414.61	0.1075

表 3-4　第三组 11 个烟草样品不同化学位移积分强度汇总

样品序号	10～240 ppm 绝对积分强度	内部参考 绝对积分强度	归一化 相对积分强度
1	1940108.19	84624.25	0.0418
2	2032444.97	84527.52	0.0399
3	1716662.34	72814.7	0.0407
4	1952881.57	78250.92	0.0385
5	2057477.68	86633.06	0.0404
6	1688971.21	65945.91	0.0376
7	1805168.42	78626.10	0.0417
8	1499789.46	66239.18	0.0423
9	1724714.44	71159.58	0.0396
10	1140634.56	48051.96	0.0404
11	1952881.57	78250.92	0.0385

由表 3-2 可知，通过计算，标准偏差 SD=0.0024，算数平均值 $\overline{X}$=0.0477，相对标准偏差 RSD=4.92%(n=11)。

由表 3-3 可知，通过计算，标准偏差 SD=0.0052，算数平均值 $\overline{X}$=0.1042，相对标准偏差 RSD=4.99%(n=11)。

由表 3-4 可知，通过计算，标准偏差 SD=0.0015，算数平均值 $\overline{X}$=0.0401，相对标准偏差 RSD=3.74%(n=11)。这是因为硅橡胶管在每次测试时不用进行更换，均是同样的质量，因此相对标准偏差较低。

3.1.4 结论

本研究结果表明，以聚二甲基硅橡胶管为内标材料，将聚二甲基硅橡胶设计成 5.5 mm 外径的硅胶管用作强度参比，再装填到 5.5 mm 内径的二氧化锆转子内以制成 NMR 的样品管，对三组(n=11)NMR 样品管测量信号的精密度进行评价，RSD 分别为 4.92%、4.99%、3.74%，均小于 5%，精密度高、重复性好。对于固态 NMR 的定量分析具有良好的实用价值。

3.2 烟草果胶含量^{13}C CP/MAS NMR 测定方法

3.2.1 引言

果胶是细胞壁物质的重要组分，对烟草的生理、品质性状以及烟草的外观质量、吸食品质均有重要影响。其凝胶特性不仅可以控制水分的吸收，而且对烟株细胞有着黏结和支撑作用。但是果胶在卷烟加工发酵过程中产生的乙酸和燃烧过程中释放的醛酮类物质对吸食品质和安全性极为不利，同时，果胶含量跟烟草中某些香气物质的形成、释放有一定相关性。因此，准确测定烟草果胶的含量对烟草品质的控制以及安全性具有重要意义。

传统的烟草果胶定量分析方法如咔唑比色法、3,5-二硝基水杨酸显色法以及高效液相色谱法等，前处理过程均烦琐、耗时、分析效率低，难以完成数量繁多的烟草样品的测定任务。固体 NMR 光谱法观察到的信号量与在给定频率下发生共振的有效核数成正比，其不仅可用于物质的结构表征，还能用于定量分析。交叉极化(Cross-Polarization，CP)和魔角旋转(Magic Angle Spinning，MAS)技术的相互结合能有效提高^{13}C CP/MAS NMR 波谱的灵敏度和分辨率。近年来，固体^{13}C CP/MAS NMR 波谱法已广泛应用于纤维素、木质素、果胶等植物细胞壁类物质的结构表征和含量检测。为了提高固体 NMR 的定量准确性，实现对不同的样品之间进行比较以及测定样品的绝对浓度或纯度，归一化法或强度参比法已经被证实可行，这类方案能够消除包括波谱仪、NMR 脉冲序列、温度、探针和样品本身在内的各种因素对测定结果的影响。但是这类方法通常需要使用稳定的强度参比，在固体 NMR 波谱图中提供具有绝对含义的峰强度信号。目前强度参比材料的植入方式主要分为两种，一种是强度参比材料和样品粉末混合均匀装填到转子内；另一种是将强度参比材料装入玻璃毛细管中，然后再插入填充样品的 NMR 转子内。这两种方式不可避免地会出现一些问题，如装填困难和难以回收再利用，以及高速自旋过程中出现位置偏移等。

在本节中，选择了二甲基硅橡胶管作为强度参比，硅胶管的外径被设计得恰好能与

NMR 转子完美匹配，以确保强度参比在 NMR 转子中高速旋转时不会发生位置偏移。利用波谱去卷积技术消除了果胶提取过程中残留的杂质信号对目标峰的干扰，果胶的提取也更加简单快速。通过对不同的烟草样品进行测定，结果发现，与标准方法相比，植入新型强度参比的固体^{13}C CP/MAS NMR 方法具有很高的准确性，可以用于烟草中果胶的定量分析。

3.2.2　实验部分

一、材料与试剂

实验中不同种类的烟草样品分别来自安徽池州、云南昆明、云南曲靖、云南砚山、贵州贵安以及津巴布韦（福建中烟提供）。材料与试剂有聚半乳糖醛酸（纯度≥85%，Sigma-Aidrich）、微晶纤维素（纯度≥95%，国药集团）、硫酸（AR，国药集团）、无水乙醇（AR，国药集团）、氢氧化钠（AR，国药集团）、丙酮（AR，国药集团）、蒸馏水。

二、仪器

AVANCE Ⅲ 400 MHz 超导傅里叶数字化核磁共振谱仪（布鲁克公司，瑞士）；TU-1901 双光束紫外可见分光光度计（普析通用仪器有限责任公司，北京）；HH-S2 数显恒温水浴锅；TDL-5-A 离心机；PHS-2F 雷磁 pH 计；DZF 型真空干燥箱；DHG-9140A 电热恒温鼓风干燥箱；DF-101S 恒温加热磁力搅拌器；S7500 超声仪。

三、烟草果胶样品的提取

采用 YC/T 346 标准中的方法对烟草样品中的果胶进行提取。称取 10 g 烟末，加入 100 mL 蒸馏水，超声 30 min，去除上清液，用蒸馏水洗涤 3 次，简单地去除烟草样品中部分可溶性糖和色素。滤渣用 100 mL 蒸馏水溶解混合为样品溶液，向其中加入 1 mol/L 稀硫酸溶液，调节 pH 至 2.0，在 85 ℃下加热回流提取 1.5 h，离心，保留上清液。向上清液中滴加 1 mol/L NaOH 溶液至 pH 3.5，接着加入体积比 1∶1 的乙醇溶液，沉淀果胶。全部沉降后，离心过滤，用无水乙醇洗涤果胶沉淀，最后放在 40 ℃真空干燥箱干燥至恒重并研磨成粉末，过 40 目筛，−18 ℃，冷冻保存。

四、核磁共振波谱工作条件

所有工作条件与 3.1.2 节相同。

五、波谱去卷积

通过 MestReNova-6.1.1 软件对样品的^{13}C CP/MAS NMR 波谱进行基线校正和平滑处理后，以 ASCII Text File 格式保存。然后将 ASCII 文件导入 PeakFit 4.12 软件，以对C-6 峰（171 ppm）和强度参比峰（0 ppm）进行波谱去卷积。样品的波谱图经过去卷积处理后，果胶 C-6 峰和强度参比峰中各自的目标信号和干扰信号将被分离开。

六、^{13}C CP/MAS NMR 波谱法的定量

样品 NMR 谱图中的 C-6 峰(即硅胶管的峰信号)经过去卷积处理后,目标峰和重叠峰被分离开。然后对指定的 C-6 峰和强度参比峰进行积分,计算出两者的峰面积比,相应的烟草果胶样品中的聚半乳糖醛酸含量就可以根据建立的标准曲线方程计算出来。最终,相应的烟草样品中的果胶含量可以通过下面的计算公式得出。

$$Y = \frac{M_1}{M_0(1-S)}\frac{fm}{M_2}$$

式中:Y——烟草样品中的果胶含量,%;

M_0—— 称取的烟草样品的质量,g;

M_1—— 提取的果胶沉淀的质量,g;

M_2—— 装载在 NMR 转子中的果胶样品的质量,mg;

m—— 根据校准工作曲线计算得到的聚半乳糖醛酸的质量,mg;

S—— 烟草样品的含水率,%;

f—— 聚半乳糖醛酸标准样品的纯度,%。

七、果胶的分光光度法测定

采用原农业部颁布的标准方法《水果及其制品中果胶含量测定 分光光度法》(NY/T 2016—2011)对烟草果胶的含量进行测定。称取 5 g(精确到 0.001 g)烟草样品于烧杯中,加入 50 mL 75 ℃的无水乙醇保持在 85 ℃温度下水浴加热 10 min,充分搅拌以提取糖类,冷却后去除上清液。然后用 67%乙醇洗涤并在 85 ℃水浴下保持 10 min,去除上清液,反复操作至上清液不呈糖的穆立虚反应。用 pH 0.5 的硫酸溶液将沉淀洗入圆底烧瓶,85 ℃条件下水浴加热回流 1 h,冷却并转移到 100 mL 容量瓶,用 pH 0.5 的硫酸溶液定容,摇匀,过滤,保留滤液。取 1 mL 滤液于 50 mL 容量瓶中定容稀释,再从中取 1 mL 于 25 mL 玻璃试管中,加入 0.25 mL 咔唑乙醇溶液并不断摇动试管,再快速加入 5.0 mL 浓硫酸,振荡摇匀,立刻将试管放入 85 ℃水浴锅中保持 20 min,取出放入冷水中迅速冷却。在 1.5 h 内,用分光光度计在波长 525 nm 处测定吸光度。

3.2.3 结果与讨论

一、果胶样品的^{13}C CP/MAS NMR 谱图

图 3-10(a)、(b)分别是经过 MestReNova-6.1.1 软件基线校正和平滑处理之后聚半乳糖醛酸标准样品和烟草果胶样品的^{13}C CP/MAS NMR 谱图。从图 3-10 中可以看出,C-1、C-2,3,5、C-4、C-6 和硅胶管的信号强烈,波谱中介于 160 ppm 和 180 ppm 之间的共振信号是半乳糖醛酸单元中羧酸基团 C-6 碳,以羧酸—COOH、甲酯—$COOCH_3$以及羧酸根阴离子—COO^-的形式存在。半乳糖醛酸中质子化形式(—COOH)、甲酯化形式(—$COOCH_3$)和离子化形式(—COO^-)的羧基共振的吸收峰位置分别为 171 ppm、174 ppm 和 176 ppm。101 ppm和 79 ppm 时的共振信号主要是糖苷键的 C-1 碳和 C-4 碳。67～72 ppm 的共振信号是吡喃环的 C-2,3,5。图 3-10(b)中在 53 ppm 处的强烈共振信号代表了甲酯基团

(—$COOCH_3$)的甲基碳。图 3-10 中 18 ppm 附近的信号可能属于鼠李糖的甲基碳。0 ppm 处的共振信号来自二甲基硅橡胶管的甲基(—CH_3)。烟草果胶固态^{13}C CP/MAS NMR 谱图的主要信号归属见表 3-5。

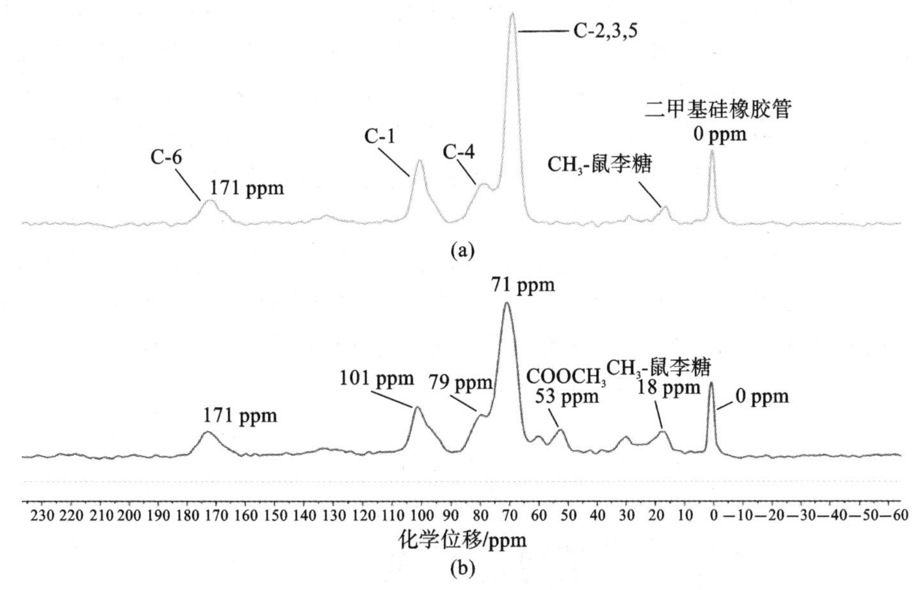

图 3-10　经过 MestReNova 软件基线校正和平滑处理后的^{13}C CP/MAS NMR 谱图

(a)RGA 标准样品;(b)烟草果胶样品

表 3-5　烟草果胶固态^{13}C CP/MAS NMR 谱图的主要信号归属

化学位移/ppm	归属
0	硅橡胶管的—CH_3
18.3	鼠李糖甲基—CH_3
54	果胶甲酯化羧基—$COOCH_3$,甲氧基—OCH_3
69.3	果胶 C-2,3,5
79	果胶 C-4
101.2	果胶 C-1
171	果胶 C-6 的甲酯化羧基—$COOCH_3$
174	果胶 C-6 的羧基—COOH
176	果胶 C-6 的羧酸盐—COO^-

从峰形信号的角度来看,烟草果胶的 NMR 谱图与 PGA 的标准样品基本相同;从化学位移的角度来看,来自烟草果胶样品的 NMR 谱图中的 C-6 峰和强度参比峰(图 3-10(b))非常接近 PGA 的标准样品 NMR 谱图中的 C-6 峰和强度参比峰(图 3-10(a)),并且没有出现明显的化学位移偏移。这些结果表明,烟草中的果胶可以通过固态^{13}C CP/MAS NMR 波谱进行表征。此外,来自烟草果胶样品的 C-6 峰和强度参比峰位置稳定,重叠峰干扰少,信号强,适合用于果胶的定量分析。

C-6 峰(assigned C-6)的加宽是由几个单独的共振信号叠加所致,这些共振的化学位移仅显示出其微小差异。果胶提取过程中残留的杂质、仪器噪声和其他因素产生的重叠峰在 C-6 区域中占据不可忽视的比例。由于会对果胶定量结果的准确性产生不利影响,因此这些重叠峰必须加以考虑。在高磁场环境下，通过提高 MAS 自旋速度或结合二维 NMR 技术能够直接有效地对果胶样品的羰基区域峰信号进行准确的解析和归属。但是，这些技术受到 NMR 波谱仪本身条件的限制，如磁场强度和自旋速度难以满足实验条件，以至于在实际中难以应用。通常波谱去卷积可以将目标峰与重叠峰分离，然后针对指定区域进行积分以提高 NMR 波谱积分的可靠性。因此，去卷积技术将是解决 C-6 峰信号区域中重叠峰干扰的有效方法。将经过 MestReNova-6.1.1 软件优化处理后的波谱导入 PeakFit 4.12 软件，并通过波谱去卷积和洛伦兹线形对 C-6 峰进行曲线拟合。最后，目标峰和干扰峰的各自峰被有效分离(图 3-11)。目标峰主要是半乳糖醛酸中的质子化(—COOH)、甲酯化($—COOCH_3$)和离子化($—COO^-$)的羧基共振信号，对这三个目标峰进行峰形拟合处理，如图 3-11 所示。三个目标峰代表实际的 C-6 峰，因此三者的总信号峰被指定为果胶的定量峰。类似地，利用波谱去卷积对强度参比峰进行处理，如图 3-12 所示。结果发现，强度参比峰并未受到来自样品的重叠峰干扰，因此，可以直接对强度参比峰进行积分并作为它的定量峰面积。

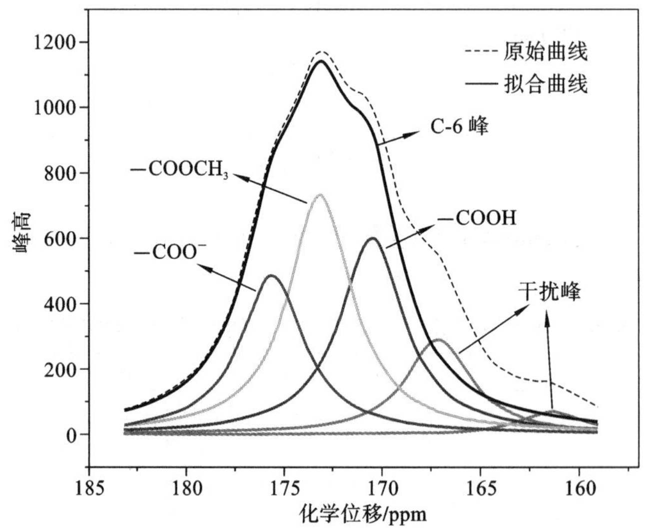

图 3-11　经过 PeakFit 软件波谱去卷积和洛伦兹线形处理后的 C-6 峰的拟合曲线

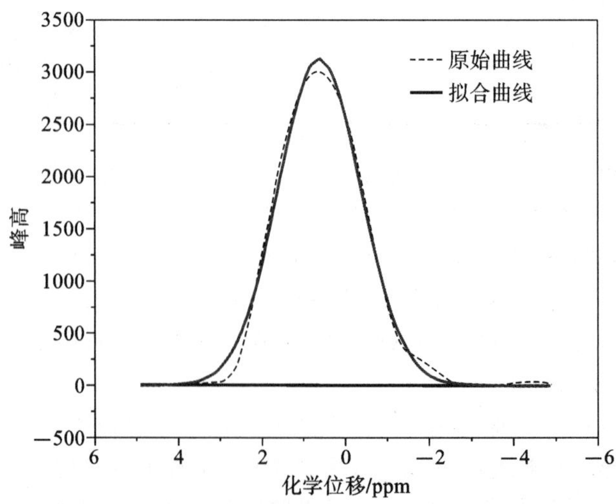

图 3-12　经过 PeakFit 软件波谱去卷积和高斯线形处理后的强度参比峰的拟合曲线

由于交叉极化技术存在一些问题，比如质子碳和非质子碳的交叉极化率不同，不同的 TH 1ρ（质子旋转框架自旋晶格弛豫时间）相移（如移动碳有短的 TH 1ρ）、顺磁中心引起的严重信号丢失等，被认为不是一种可靠的定量分析技术。与之相反，直接极化技术因为避免了交叉极化 CP 定量过程存在的各种问题，所以^{13}C DP/MAS NMR 谱图信号强度高，信号丢失少，定量结果更为可靠。但是限制直接极化技术更为广泛应用的主要障碍是它的灵敏度较低，循环延迟太长。为了获得定量的^{13}C DP/MAS NMR 波谱，循环延迟时间必须比样品中最长的^{13}C 的 T_1 值大 4～5 倍。因此，定量^{13}C DP/MAS 波谱的采集非常耗时，不适用于实际中的大批量的样品检测。根据朱晓兰等人的实验结果发现，由于 DP 的循环延迟为 128 s，致使一个样品的测试时间超过了 36 h。最近，多重交叉极化技术在固态核磁共振领域被发展起来，因为它通过重复弛豫和复极化循环克服了质子密度和聚合物动力学的不均匀性所引起的 CP 偏差，特别是它结合了 CP 循环延迟短和 DP 定量准确的优点。遗憾的是，多重 CP 的脉冲序列应用面较窄，仅能用于自旋动力学的测试，或是在静态或慢速旋转实验中使用，而不是在常规 MAS ^{13}C 或^{15}N NMR 条件下使用。该技术还不够成熟，目前关于利用多重 CP 技术用于植物细胞壁大分子定量分析的研究还很少。通过综合考虑，本实验选择^{13}C CP/MAS NMR 用于烟草果胶的定量分析。CP 技术循环延迟短、灵敏度高，在固态核磁共振领域已经被广泛地用于天然有机化合物的定量分析，因此 CP 技术更具有实际意义，适用于大批量的样品测定。另外，许多研究人员对关于固态^{13}C CP/MAS NMR 对不同聚合物材料的定量可靠性进行了研究，研究证实可以通过 CP 技术对果胶、纤维素、壳聚糖、木质素和棕榈酸等材料进行定量测定。

固态^{13}C CP/MAS NMR 波谱法在定量分析时，NMR 谱图中每个峰的面积表示相应官能团的相对含量。由于仪器条件的波动和样品的不均匀性，即使仪器参数设置相同，同一批样品的信噪比也将有很大变化。不同程度的信号丢失将导致^{13}C CP/MAS NMR 谱图发生变化。但是，如果在^{13}C CP/MAS NMR 实验中选择一种材料用作绝对强度和固定化学位移的参比，则光谱中的峰面积将与相应化学位点和相应的自旋数成正比，相对比率保持不变，可以进行定量分析。研究报告表明，许多研究人员已经通过选择一种合适的材料作为强度参比，并根据标准样品与强度参比之间的信号比以及标准样品的质量，建立相应的标准工作曲线，成功地对小麦秸秆中的木质素、烟草中的纤维素和六甲基苯进行了定量。

二、方法可用性评价

为了确定果胶样品中 PGA 的含量，需要建立相应的标准工作曲线。分别称取 98.7 mg、121.2 mg、141.8 mg、160.5 mg、184.1 mg 的聚半乳糖醛酸（PGA）标准样品与 NaCl 粉末混合均匀后装满 7 mm NMR 转子，在得到相应的 NMR 谱图后，利用波谱去卷积技术处理样品 NMR 谱中的 C-6 峰来消除重叠峰的干扰，然后对指定的 C-6 峰和强度参比峰进行积分计算得出它们的峰面积，将它们的峰面积比作为纵坐标，PGA 标准样品的质量为横坐标建立标准工作曲线，如图 3-13 所示。得出相应的方程式 $I=0.0082m-0.2470$ 和相关系数 $r^2=0.9981$。实验以 NMR 波谱图信噪比 S/N=3 和 S/N=10 时计算果胶样品的检出限和定量限，分别为 1.81 mg/g 和 6.04 mg/g。

为了评估本研究建立的目标^{13}C CP/MAS NMR 波谱法对烟草果胶定量分析的准确性，向三组 10 g 烟草样品中分别添加了 50.6 mg、80.6 mg 和 120.4 mg 的 PGA 标准样品用于

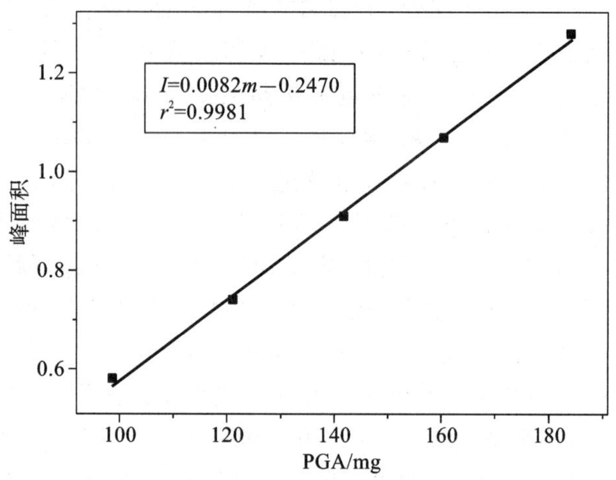

图 3-13 目标^{13}C CP/MAS NMR 波谱法建立的标准工作曲线

加标回收实验，结果见表 3-6。结果显示，本方法的回收率为 94.33%～102.77%，平均回收率为 98.11%，RSD(n=5)小于 2.32%。这些数据表明，植入强度参比的^{13}C CP/MAS NMR 波谱法具有良好的精密度和准确度，是一种可准确定量烟草果胶的分析方法。

表 3-6 固体核磁共振波谱法测定烟草果胶的加标回收实验数据

样品果胶含量/(mg・g^{-1})	标准果胶加入/(mg・g^{-1})	测定值/(mg・g^{-1})	回收率/(%)	RSD/(%)	平均回收率/(%)
43.81	50.6	93.01	97.23	1.78	
43.81	80.6	126.64	102.77	1.57	98.11
43.81	120.4	157.38	94.33	2.32	

三、目标^{13}C CP/MAS NMR 波谱法的样品测定和分析

为了探究本文建立的目标 NMR 方法(结合了二甲基硅胶管和波谱去卷积技术的固态^{13}C CP/MAS NMR 波谱法)用于烟草果胶测定的准确性和可靠性，利用该目标 NMR 方法分别测定六种不同种类的烟草样品的果胶含量，将目标 NMR 方法测定的结果分别与分光光度法、无强度参比的^{13}C CP/MAS NMR 波谱法(即没有植入硅胶管的^{13}C CP/MAS NMR 波谱法)测定的结果进行比较。本实验以原农业部发布的标准方法(即分光光度法)测定的烟草果胶含量为参考标准。方法测定结果如表 3-7 所示。

表 3-7 咔唑比色法与固体核磁共振波谱法测定烟草中果胶含量结果(n=3)

样品	咔唑比色法		固体核磁共振波谱法		
	平均果胶含量/(%)	RSD/(%)	平均果胶含量/(%)	RSD/(%)	相对误差/(%)
1	5.99±0.03	0.50	6.11±0.12	1.9	2.00
2	5.21±0.03	0.58	5.41±0.09	1.71	3.84
3	5.84±0.02	0.34	6.00±0.09	1.55	2.74
4	5.44±0.02	0.37	5.40±0.05	0.83	−0.74

续表

样品	咔唑比色法		固体核磁共振波谱法		
	平均果胶含量/(%)	RSD/(%)	平均果胶含量/(%)	RSD/(%)	相对误差/(%)
5	6.24±0.08	1.28	6.04±0.16	2.65	−3.21
6	5.26±0.09	1.71	5.00±0.07	2.21	−4.94

根据目标NMR法和分光光度法测定的平均果胶含量比较可以发现，两者的相对误差在−4.94%～3.84%之间，样品的相对误差均在±5%以内，目标NMR方法的RSD($n=3$)小于2.65%。综上所述，与分光光度法相比，该目标NMR方法具有更好地精密度和准确性。

由于烟草样品成分具有复杂性，果胶提取过程中残留的糖类、色素和其他未知的杂质不可避免会被带入果胶样品中，这些糖类物质会与显色剂发生反应，并影响分光光度法的测定结果。因此，对于传统的分光光度法而言，完全去除可溶性糖必不可少，然而这是一个非常耗时且费力的过程。但是，这些糖类(例如葡萄糖、果糖等)的碳信号在^{13}C CP/MAS NMR波谱中处于80～110 ppm的范围内，不会对果胶的C-6峰(171 ppm)造成干扰，同时，光谱去卷积技术可以将目标峰与重叠峰分离，以克服某些蛋白质和有机酸等残留杂质对C-6峰的重叠干扰。综上所述，本研究建立的分析方法克服了各种杂质对果胶C-6峰的干扰，本研究的果胶提取过程比传统的分光光度法更加简单快速。

3.2.4 本节小结

本节研究建立了固体^{13}C CP/MAS NMR波谱法结合新颖的强度参比和去卷积技术的创新性方法，并成功用于烟草中果胶的定量分析。此法将二甲基硅橡胶管的外径设计为与二氧化锆转子完全匹配，以使二甲基硅橡胶管(即强度参考)在NMR转子中高速旋转时不会出现位置偏移，波谱去卷积技术用于消除重叠峰的干扰。这些技术大大提高了^{13}C CP/MAS NMR光谱法用于果胶定量分析的准确性。根据不同烟草样品中果胶测定结果的比较来看，目标^{13}C CP/MAS NMR波谱法和标准方法测定的果胶含量具有一致性。

对6种不同的烟草样品进行果胶含量检测，固体核磁共振波谱法的相对标准偏差RSD($n=3$)在0.83%～2.65%之间，与咔唑比色法相比，相对误差范围在±5%以内。方法的回收率为94.33%～102.77%，平均回收率为98.11%，RSD($n=5$)为1.57%～2.32%。因此，本研究开发的植入新强度参比的^{13}C CP/MAS NMR波谱法是一种快速、准确的定量分析方法，适用于烟草及其制品中的果胶含量测定。

3.3 烟草纤维素含量^{13}C CP/MAS NMR测定方法

3.3.1 引言

纤维素是由葡萄糖组成的大分子多糖，是自然界中含量最丰富、分布最广的一种生物聚合物。纤维素是植物细胞壁的主要组成成分，在植物生长的过程中起着机械支撑的作用。纤维素在农业和工业中的应用非常广泛，例如纤维素广泛应用于造纸、纺织和可再生能源的开发应用。纤维素含量是纤维素应用中一项非常重要的参数。纤维素一般很难分离，与半纤维素、木质素和果胶结合在一起形成非常复杂的晶体形貌，其结合方式和含量对植物的品质影响很大。因此，纤维素的定量分析是一项非常有意义的工作。目前，行业内定量纤维素的标准方法是化学方法，即通过破坏性的降解纤维素来进行定量分析。由于化学方法涉及烦琐的萃取和分离过程，耗时且污染环境，因此发展快速、准确和环保的波谱方法定量纤维素显得尤为迫切。固体^{13}C交叉极化/魔角旋转核磁共振(^{13}C CP/MAS NMR)技术是表征多糖结构和序列的一种重要工具。交叉极化(CP)和魔角旋转(MAS)技术在固体核磁共振中的应用有效地消除了化学位移各向异性和偶极相互作用对固体核磁共振谱峰的影响，有效地提高了固体核磁共振谱峰的分辨率和灵敏度。波谱去卷积技术通过曲线拟合能够实现分离重叠峰的干扰，从而提高固体核磁共振谱峰定性和定量分析的准确性。本研究将^{13}C CP/MAS NMR与波谱去卷积技术相结合，研究出了一种快速、高效、准确和环保的定量分析纤维素的方法，该方法成功地应用于不同纤维素含量烟草样品的定量分析。

3.3.2 实验部分

一、试剂、材料和仪器

所有试剂、材料和仪器与2.2.2节相同。

二、烟草样品的预处理

将烟草样品在多功能粉碎机上进行粉碎，置于培养皿在鼓风干燥箱50 ℃下干燥3 h，取出样品后保存在密封袋中用于接下来的固体核磁共振波谱仪测试。选择纤维素含量为90.47%的烟草制品作为烟草纤维素标准样品，样品测试时以一定质量梯度(148.0 mg，119.7 mg，90.2 mg，60.6 mg，35.5 mg)进样，用于标准工作曲线的建立。

三、固体核磁共振波谱仪器参数

所有样品的固体^{13}C CP/MAS NMR波谱均由AVANCE Ⅲ 400 MHz超导傅里叶数字化核磁共振谱仪(瑞士布鲁克)在频率^{13}C 100.63 MHz和^{1}H 400.15 MHz条件下获得。检测时，每个样品均称量100～300 mg填满在二氧化锆转子中，采用外径5.5 mm硅橡胶管作为内部参考，使用7 mm ^{1}H-^{13}C双共振魔角旋转探头，转速4 kHz，交叉极化过程中，射频场50 kHz，^{1}H的$\pi/2$脉冲时间5 μs，双核90°脉冲时间为5.5 μs，接触时间2 ms，采样时间25 ms，循环延迟2 s，扫描次数1024次。

3.3.3 结果与讨论

一、烟草纤维素固体核磁共振波谱图

图3-14是预处理后烟草样品(含硅橡胶)的固体^{13}C CP/MAS NMR波谱图，图3-15是微晶纤维素标准样品(含硅橡胶)的固体^{13}C CP/MAS NMR波谱图。

烟草样品的固体^{13}C CP/MAS NMR波谱图的主要信号归属如表3-8所示。

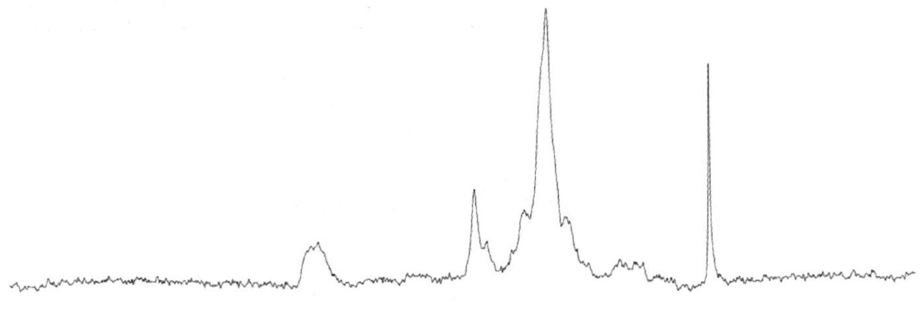

图 3-14　预处理后烟草样品(含硅橡胶)的固体 ^{13}C CP/MAS NMR 波谱图

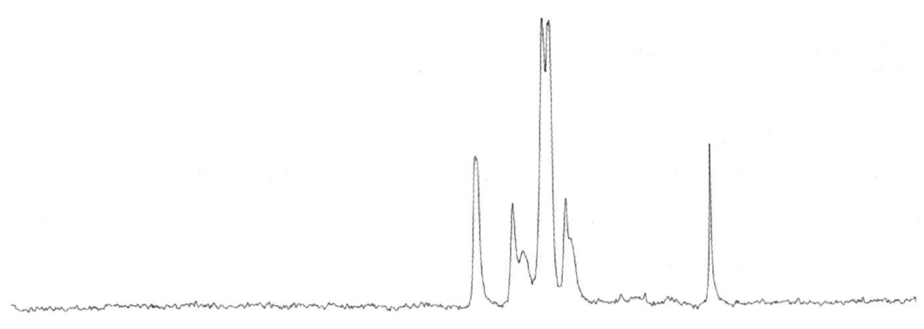

图 3-15　微晶纤维素标准样品(含硅橡胶)的固体 ^{13}C CP/MAS NMR 波谱图

表 3-8　烟草样品的固体 ^{13}C CP/MAS NMR 波谱图的主要信号归属

化学位移/ppm	归属
0	硅橡胶管的—CH_3
18.3	鼠李糖甲基—CH_3
47～48	柠檬酸亚甲基—CH_2
54	果胶甲酯化羧基—$COOCH_3$,甲氧基—OCH_3
63.0	纤维素 C-6 非晶区,半纤维素 C-6
65.5	纤维素 C-6 结晶区
69.3	果胶 C-2,3,5
73	纤维素 C-2,3,5
73.8	半纤维素 C-2,3,4,5
79	果胶 C-4
84.7	纤维素 C-4 非晶区

续表

化学位移/ppm	归属
89.1	纤维素 C-4 结晶区
101.2	果胶 C-1
103.3	半纤维素 C-1
105	纤维素 C-1
171	果胶 C-6 的甲酯化羧基—$COOCH_3$
174	果胶 C-6 的羧基—COOH
176	果胶 C-6 的羧酸盐—COO^-
180	柠檬酸、苹果酸

二、固体核磁共振波谱图的去卷积处理

在本节研究中，采用化学计量手段来消除^{13}C CP/MAS NMR 波谱图中重叠峰的干扰。在烟草纤维素定量分析中，选择纤维素 C-1 峰作为定量峰，用到的去卷积软件为 PeakFit 4.12，烟草纤维素^{13}C CP/MAS NMR 波谱图中 C-1 峰域 95～115 ppm 范围选为去卷积区域进行谱峰的拟合和分离研究。烟草纤维素的 C-1 峰经过去卷积分离出来后用于样品的标准曲线制作和纤维素含量测定如图 3-16 所示。

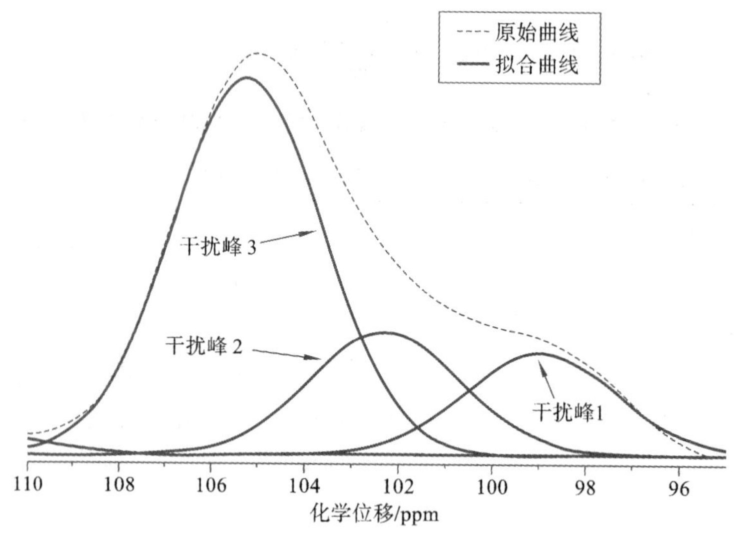

图 3-16　固体^{13}C CP/MAS NMR 波谱图纤维素 C-1 峰去卷积分析

三、烟草纤维素固体核磁共振波谱分析的工作曲线

标准烟草纤维素制品的测定数据应用 MestReNova-6.1.1 软件与 PeakFit 4.12 软件进行处理，以烟草纤维素的 C-1 峰面积与内部参考峰面积（硅橡胶管）的比值为纵坐标，以样品所含纤维素量为横坐标作图，建立的标准曲线如图 3-17 所示，$I_i=0.0305\ m_i$，$r^2=0.9980$。

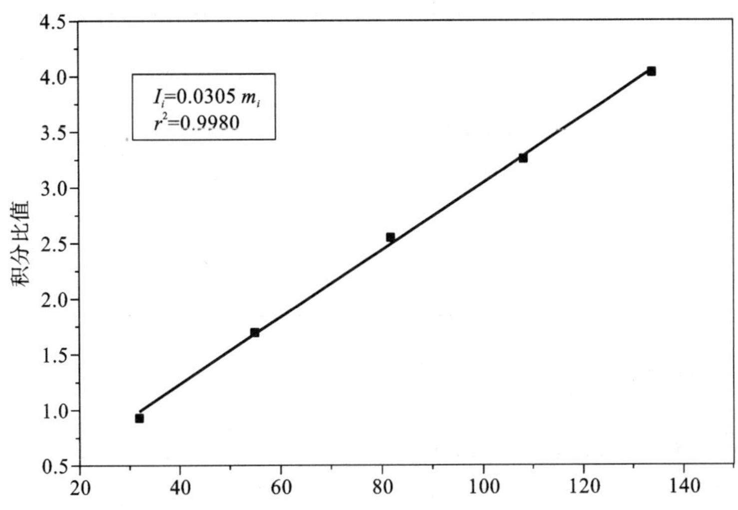

图 3-17　固体 ^{13}C CP/MAS NMR 法测定烟草样品纤维素含量的标准曲线

四、烟草纤维素固体核磁共振波谱分析法的精密度和准确度

采用固体 ^{13}C CP/MAS NMR 法与行业标准 YCT 347—2010 洗涤剂法分别对 8 种不同的烟草样品进行纤维素含量检测，结果见表 3-9。固体核磁共振波谱法与洗涤剂法相比，相对误差均小于 4.84%，可以看出固体核磁共振波谱法测定烟草样品的纤维素含量具有较好的准确度。

表 3-9　洗涤剂法与固体核磁共振波谱法测定烟草中纤维素含量结果

样品	洗涤剂法/(%)	固体核磁共振波谱法/(%)	相对误差/(%)
1	10.41	10.10	2.88
2	12.65	13.07	3.30
3	14.32	14.22	0.70
4	16.58	15.94	3.83
5	19.17	18.75	2.20
6	20.17	19.78	1.93
7	22.43	21.53	4.84
8	22.53	22.74	0.95

为了评估固体核磁共振波谱法对烟草纤维素定量分析的准确性和精密度，称取三组质量均为 10 g 的烟草样品，分别加入 0.502 g、1.004 g、1.506 g 标准微晶纤维素样品进行加标回收试验，结果如表 3-10 所示。结果显示，本方法的回收率为 93.43%～108.62%，平均回收率为 99.19%，RSD(n=5)为 1.82%～2.78%，表明本方法准确性好、精密度高。

表 3-10 固体核磁共振波谱法测定烟草纤维素的加标回收实验数据

样品纤维素含量/(mg·g^{-1})	标准纤维素加入/(mg·g^{-1})	测定值/(mg·g^{-1})	回收率/(%)	RSD/(%)(n=5)	平均回收率/(%)
97.8	50.2	141.57	93.43	1.82	
97.9	100.4	206.63	108.62	2.78	99.19
97.8	150.6	244.01	95.51	2.34	

3.3.4 本节小结

本节建立了固体^{13}C CP/MAS NMR 波谱内标法定量分析烟草纤维素的方法。采用固体^{13}C CP/MAS NMR 法与行业标准 YCT 347—2010 洗涤剂法分别对 8 种不同的烟草样品进行纤维素含量检测，本研究方法与洗涤剂法相比，相对误差均小于 4.84%。加标回收实验显示，本方法的回收率为 93.43%～108.62%，平均回收率为 99.19%，RSD(n=5)为 1.82%～2.78%，表明固体核磁共振波谱法测定烟草样品的纤维素含量方法准确性好、精密度高。

3.4 利用^{13}C CP/MAS NMR 表征烟草果胶的结构

3.4.1 引言

果胶是植物所特有的细胞壁组分，属于多糖类碳氢化合物。烤烟烟叶中果胶含量一般可达 6%～7%。果胶是亲水胶体物质，对增强烟叶的吸湿性和弹性有一定的作用。果胶含量高的烟叶，对空气湿度的变化较敏感，空气相对湿度高时，烟叶吸湿变软，可导致起热、发霉；空气相对湿度低时，烟叶变硬变脆，容易破碎。

对烟草吸味质量来说，果胶质是一种不利的化学成分。果胶发酵生成多达 1%～1.5%的乙酸，乙酸有辛辣和刺激味。果胶在燃吸过程中可产生甲醇，甲醇再进一步氧化为甲醛、甲酸等成分，不仅会给烟气带来刺激性，而且不利于吸烟的安全性，同时较高的果胶含量还会导致卷烟焦油量升高。因此，烟草中果胶含量的测定已成为烟草品质评价的重要指标之一。

固体^{13}C CP/MAS NMR 技术能够直接采用固体粉末定量地估计其化学组成和化学结构，对其组分不必进行分离和溶解等处理就可以直接测定而获得可靠的结构信息，此技术已经成为研究高分子化合物化学结构和物理性质最重要的工具之一。采用固体^{13}C CP/MAS NMR 结合波谱去卷积技术研究建立烟草中果胶大分子的分析检测新方法，分析果胶大分子的微观结构，对进一步研究果胶对烟草的吸湿性能的影响，改善烟叶的评吸质量，提高烟叶和烟梗的使用价值，降低生产成本，具有重要应用价值和现实意义。

3.4.2　实验部分

一、材料、试剂和仪器

所有材料、试剂和仪器与2.2.2节相同。

二、烟草果胶的提取

称取10 g烟末于250 mL烧杯中，加入100 mL蒸馏水，超声30 min，去除上清液，抽滤，用温度小于40 ℃的温水洗涤2次，去除烟草样品中的部分可溶性糖和色素。向滤渣中加入稀硫酸溶液，调节pH至2.0，在85 ℃下搅拌萃取1.5 h，离心，保留上清液。向上清液中滴加1 mol/L NaOH溶液至pH 3.5，接着加入体积比1∶1的乙醇溶液，沉淀果胶。全部沉降后，离心过滤，用无水乙醇、丙酮、无水乙醇依次洗涤果胶沉淀，最后放在40 ℃真空干燥箱干燥至恒重并研磨成粉末，过100目筛，−20 ℃冷冻保存。

三、固体核磁共振波谱仪器参数

所有样品的固体^{13}C CP/MAS NMR波谱均由AVANCE Ⅲ 400 MHz超导傅里叶数字化核磁共振谱仪（瑞士布鲁克）在频率^{13}C 100.63 MHz和^{1}H 400.15 MHz条件下获得。使用4 mm魔角旋转探头，转速15 kHz，接触时间2 ms，采样时间34 ms，循环延迟2 s，扫描次数1024次，谱宽300 ppm。

四、波谱去卷积

通过MestReNova-6.1.1软件对样品的^{13}C CP/MAS NMR波谱进行基线校正和平滑处理后，以ASCII txt File格式保存。然后将ASCII文件导入PeakFit 4.12软件，以对C-6峰（171 ppm）和强度参比峰（0 ppm）进行波谱去卷积。样品的谱图经过去卷积处理后，果胶C-6峰和强度参比峰中各自的目标信号和干扰信号将被分离开。

3.4.3　结果与讨论

一、烟草样品的固体核磁共振波谱解析

图3-18是典型果胶样品的^{13}C CP/MAS NMR谱图，STD1是聚半乳糖醛酸、STD2是聚半乳糖醛酸钠，N1与N2是提取烟草果胶。化学位移δ在171～176 ppm范围内对应果胶分子的C-6，该峰区域的位置稳定，干扰少。这其中反映了果胶C-6的三种形式，即171 ppm果胶C-6的甲酯化羧基—$COOCH_3$，174 ppm果胶C-6的羧基—COOH，176 ppm果胶C-6的羧酸盐—COO^-。主要信号归属如表3-11所示。

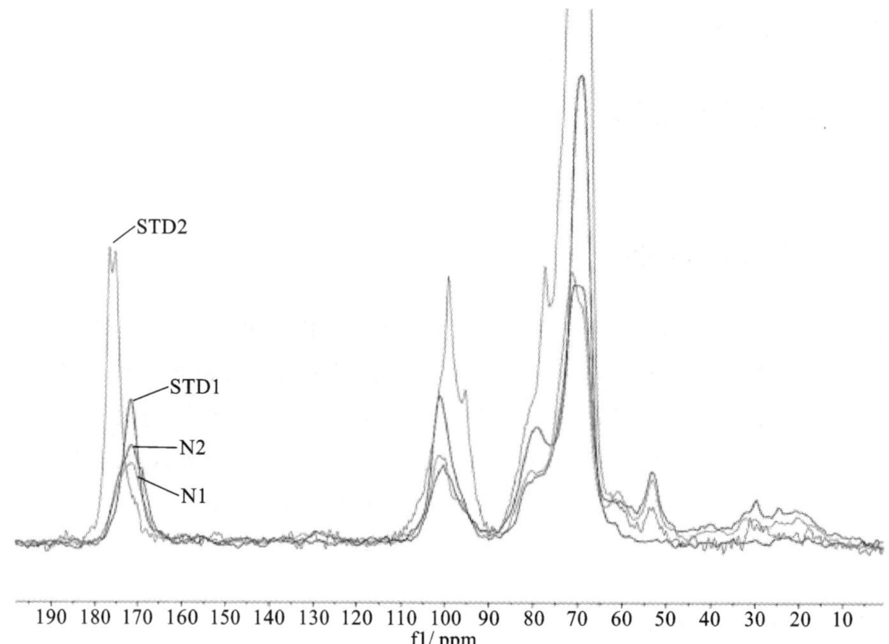

图 3-18　聚半乳糖醛酸(STD1)、聚半乳糖醛酸钠(STD2)及提取烟草果胶(N1、N2)的固体^{13}C CP/MAS NMR 谱图

表 3-11　烟草果胶固体^{13}C CP/MAS NMR 波谱图的主要信号归属

化学位移/ppm	归属
21	果胶 C-2,3 的乙酰化—$COCH_3$
54	果胶甲酯化羧基—$COOCH_3$
69.3	果胶 C-2,3,5
79	果胶 C-4
101.2	果胶 C-1
171	果胶 C-6 的甲酯化羧基—$COOCH_3$
174	果胶 C-6 的羧基—COOH
176	果胶 C-6 的羧酸盐—COO^-

二、果胶 C-6 波谱峰的去卷积解析

果胶 C-6 峰在不同条件下,有不同的结构组成形式,包括果胶酸、果胶酸甲酯、果胶酸盐等。不同的结构组成形式影响着植物的物理化学性质,导致性能的变化,如果实软硬、庄稼成熟程度等。据实验推测,烟草果胶及果胶酸、果胶酸甲酯、果胶酸盐等的分布可能影响烟叶的柔软程度。

本节通过 MestReNova 6.1.1 软件对样品的^{13}C CP/MAS NMR 波谱进行基线校正和平滑处理后,以 ASCII txt File 格式保存。然后将 ASCII 文件导入 PeakFit 4.12 软件,以对

C-6 峰(171 ppm)和强度参比峰(0 ppm)进行波谱去卷积。样品的谱图经过去卷积处理后，果胶 C-6 峰和强度参比峰中各自的目标信号和干扰信号将被分离开，图 3-19 为烟草果胶C-6 峰波谱去卷积示意图。

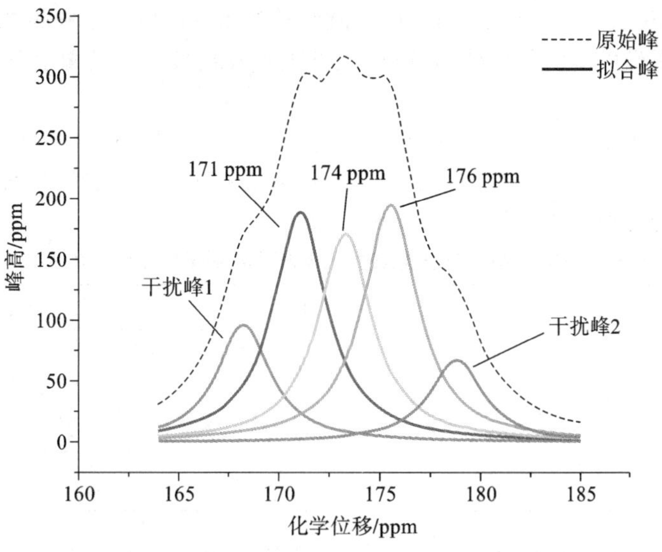

图 3-19　烟草果胶 C-6 峰波谱去卷积示意图

在对烟草果胶进行提取的过程中，由于采取的手段不同，最后烟草果胶存在的形式也会有所区别。当对烟草果胶采取酸提时，其主要存在形式为羧酸与甲酯化羧基，利用波谱去卷积技术可以得出果胶分子中羧酸与甲酯化羧基的组成及比例。

将图 3-19 中 δ171 ppm、δ174 ppm、δ176 ppm 所在区域的拟合峰面积除以三者的峰面积之和，得到代表果胶中质子化(—COOH)、甲酯化(—$COOCH_3$)、离子化(—COO^-)的半乳糖醛酸单元的含量百分比，进一步换算烟草样品果胶含量即可得到三种果胶形态的含量。对 7 份不同烟草样品果胶中质子化(—COOH)、甲酯化(—$COOCH_3$)、离子化(—COO^-)半乳糖醛酸单元的含量进行检测，结果如表 3-12 所示。通过第 2 章的果胶含量，可计算各结构单元的量。

表 3-12　果胶形态表征结果

样品编号	—COOH		—$COOCH_3$		—COO^-	
	百分比/(%)	含量/(%)	百分比/(%)	含量/(%)	百分比/(%)	含量/(%)
1	35.0	2.51	36.5	2.61	28.5	2.04
2	33.6	2.43	45.0	3.26	21.4	1.55
3	32.1	2.40	37.2	2.79	30.7	2.30
4	36.5	2.79	41.6	3.19	21.9	1.68
5	38.0	3.47	35.8	3.27	26.2	2.39
6	34.9	2.50	35.4	2.54	29.7	2.13
7	39.7	2.80	36.1	2.54	24.2	1.71

三、烟草果胶甲酯化度和乙酰化度测量

果胶中的主要类型是同性半乳糖醛酸聚糖，该分子的甲酯化度与乙酰化度对果胶的性能有直接的影响，并且果胶的水溶性和凝胶性能、植物果胶的甲酯度在植物生长过程中还对果胶酶的调节作用产生影响。另外，果胶的主链上存在的酯基和乙酰基等功能基团也有利于果胶的改性。

果胶分子甲酯化度(DM)可以根据谱图上化学位移为 171 ppm 处甲酯化信号进行计算，求 171 ppm 处峰面积与整个 C-6 峰域(169～178 ppm)峰面积的比值，即可得到果胶的甲酯化度。测试结果与红外波谱法相比，如表 3-13 所示。

表 3-13　核磁共振波谱法与红外波谱法测定烟草果胶甲酯化度比较

样品	以—$COOCH_3$计算(δ=171 ppm,%)	红外波谱法/(%)
1	50.2	44.6
2	44.5	46.1
3	41.6	42.9
4	58.1	53.5

由表 3-13 可知，采用 C-6 峰波谱去卷积计算的样品甲酯化度与采用红外波谱法测定的甲酯化度接近，1 号样品和 4 号样品略有出入，这可能是因为固体^{13}C CP/MAS NMR 波谱和红外波谱两种方法的测量存在一定系统误差。

果胶分子乙酰化度可以根据谱图上化学位移为 21 ppm 处乙酰基信号进行计算，求出 21 ppm 处峰面积与整个羰基 C 峰域(169～178 ppm)峰面积的比值，即可得到果胶的乙酰化度，结果如表 3-14 所示。

表 3-14　核磁共振波谱法测定烟草果胶乙酰化度结果

样品	乙酰化度
1	0.62
2	1.52
3	1.05
4	0.83

3.4.4　本节小结

本节研究采用^{13}C CP/MAS NMR 技术定量估计烟草果胶的化学组成和结构。波谱去卷积技术获得 171 ppm、174 ppm、176 ppm 所在区域的拟合峰，对应果胶中质子化(—COOH)、甲酯化(—$COOCH_3$)、离子化(—COO^-)的半乳糖醛酸单元。其峰面积除以三者的峰面积之和，得到代表果胶中质子化(—COOH)、甲酯化(—$COOCH_3$)、离子化(—COO^-)的半乳糖醛酸单元的含量百分比，进一步换算烟草样品果胶含量即可得到三种果胶形态的含量。同时，利用^{13}C CP/MAS NMR 技术可实现烟草果胶甲酯化度和乙酰化度测量。采用固体^{13}C CP/MAS NMR 结合波谱去卷积技术分析果胶大分子的微观结构，对进一步研究烟草的吸湿性能，评价烟叶的柔软程度，提高烟叶和烟梗的使用价值，降低生产成本，具有重要应用价值和现实意义。

3.5　利用^{13}C CP/MAS NMR 表征烟草纤维素结构

3.5.1　引言

在植物中，纤维素类物质占所有多糖的 50%以上，是自然界中丰富的有机物质。纤维素大分子的结构首先是由葡萄糖基通过 β-1，4 糖苷键联结而成的二糖单元，然后再通过聚合形成均一聚糖的线性高分子。纤维素既不是完全晶态结构也不是完全无定型态结构，而是部分结晶和部分取向的结构，并且聚集态结构中的结晶部分和无定型部分都是决定纤维素物理化学性质的重要方面。天然纤维素以纤维素 I 形式存在，纤维素 I 晶体并不以单一晶体形式存在，而是以纤维素 I_α 和纤维素 I_β 两种晶体的混合物形式存在，纤维素 I_α 和纤维素 I_β 分别是指 1 个链的三斜单元晶胞和 2 个链的单斜单元晶胞，并且在一定条件下它们二者之间可以相互转化。在植物纤维细胞壁中，纤维素分子链通过平行排列形成基原纤，再通过若干根基原纤组成微原纤，微原纤通过平行的组合在一起形成原纤。微原纤是纤维素的主要结构单元，晶区就位于微原纤内，称为“微晶”或“胶束”。基原纤是丝状多晶体，它是结晶纤维素中最小的结构单元。因此可以通过计算纤维素晶粒尺寸得到基原纤的横向尺寸。

纤维素是构成烟叶细胞组织和骨架的基本物质，在烟叶中的含量一般为 10%左右，并随着烟叶等级的下降而增加，低次烟叶的纤维素比优质烟叶的含量要高。烟草中的纤维素可以通过提高烟叶燃烧性来使烟叶的持火力增强，但当烟叶中纤维素含量过高时，会导致烟叶组织粗糙且易破碎。在低次烟叶中，通常纤维素、半纤维素含量较高而还原糖和可溶性总糖含量很低，从而使低次烟叶抽吸时具有强烈的刺激味，青杂气重、吸味辛辣和涩口且烟叶的香气不显露，并且还会引起刺激性的呛咳。因此，烟草配方中如果有较高含量的纤维素，会导致烟气有一种尖刺的刺激性和一种“烧纸”的气味，使烟叶的香气不能显露，这对烟叶的燃吸品质有较大的副作用，会影响烟叶的感官质量。此外，纤维素大分子晶型结构及原纤尺寸在烟草的加工过程中对烟草的润胀吸湿性能和柔韧性等品质都有重要的影响，因此，研究烟草的纤维素含量及其微观结构对烟叶的品质和利用有重要意义。

研究烟草的纤维素含量及其微观结构的方法有密度法、量热法（Differential Scanning Calorimetry，DSC）、红外光谱法（Infrared Spectroscopy，IR）、拉曼光谱法（Raman）、X 射线衍射法（X-Ray Diffraction，XRD）、交叉极化/魔角旋转^{13}C 核磁共振波谱法（^{13}C Cross Polarization Magic Angle Spinning NMR Spectroscopy，^{13}C CP/MAS NMR）等。其中 XRD 衍射给出的结果（结晶度和晶粒尺寸）最为直接，但并不能精确地反映纤维素的结晶结构信息，需要补充引入核磁共振法来进一步阐明植物纤维的结晶结构。目前，核磁共振技术已经被广泛地用于纤维素、木质素和半纤维素这三种木材原料的研究。其中交叉极化结合魔角旋转^{13}C 核磁共振（^{13}C CP/MAS NMR）技术已经成为研究高分子化合物化学结构和物理性质最重要的工具之一，采用此方法对样品不必进行溶解处理就可以直接采用固体粉末进行测定实验，通过定量地估计样品化学组成和化学结构，可获得可靠的结构信息。

本节采用^{13}C CP/MAS NMR 法利用光谱去卷积技术研究烟草纤维素样品晶体的晶型分布及比例、结晶度、原纤聚集态尺寸等结构信息，并结合 XRD 的测量结果作为参照，为进一步研究烟草纤维素结构对烟草加工过程中润胀性能的影响，以及改善烟叶的吸食质量，提高低次烟叶和烟梗的使用价值具有重要应用价值和现实意义。

3.5.2 实验部分

一、材料、试剂和仪器

所有材料、试剂和仪器与 2.2.2 节相同。

二、烟草纤维素的提取

称取 5 g 烘干的烟草样品，加入 500 mL 酸性洗涤剂与 1 mL 正辛醇（作消泡剂）进行提取，加热至微沸状态保持 1 h，提取液进行抽滤，用 90 ℃蒸馏水洗涤 3 次，残渣再用丙酮洗涤 3 次，直至滤液无色，滤渣在 40 ℃下干燥 24 h，得到烟草纤维素提取物。也可采用热水浸提烟草，去除水溶性氨基酸、糖、矿物质和部分果胶，提高烟草纤维素的含量。

三、固体核磁共振波谱仪器参数

所有样品的固体^{13}C CP/MAS NMR 波谱均由 AVANCE Ⅲ 400 MHz 超导傅里叶数字化核磁共振谱仪（瑞士布鲁克）在频率^{13}C 100.63 MHz 和^{1}H 400.15 MHz 条件下获得。使用 4 mm 魔角旋转探头或 7 mm 魔角旋转探头，转速 15 kHz，接触时间 2 ms，采样时间 25.4 ms，循环延迟 2 s，扫描次数 1024 次，谱宽 300 ppm，频谱采用甘氨酸 176.03 ppm 定标。

四、XRD 分析纤维素结晶度

XRD 分析在 TTR-Ⅲ型大功率 X 射线粉末衍射仪上进行测定，纤维素样品安放在玻璃样品架上，在稳定条件下分析。测试条件为 Ni 滤波，Cu 靶 Kα 射线，管压 40 kV，管流 200 mA，扫描速度 2(°)/min，扫描范围从 4°～60°，波长：1.541841 A。得出谱图用 jade5.0 软件进行分峰拟合处理后得到结晶度。

五、波谱去卷积

通过 MestReNova-6.1.1 软件对样品的^{13}C CP/MAS NMR 波谱进行基线校正和平滑处理后，以 ASCII txt File 格式保存，然后将 ASCII 文件导入 PeakFit 4.12 软件，以对 C-6 峰（171 ppm）和强度参比峰（0 ppm）进行波谱去卷积。样品的谱图经过去卷积处理后，果胶 C-6 峰和强度参比峰中各自的目标信号和干扰信号将被分离开。

3.5.3 结果与讨论

一、烟草样品的固体核磁共振波谱解析

图 3-20 是微晶纤维素、酸性洗涤剂提取的烟草纤维素、热水处理烟草的固体^{13}C CP/MAS NMR 波谱图。

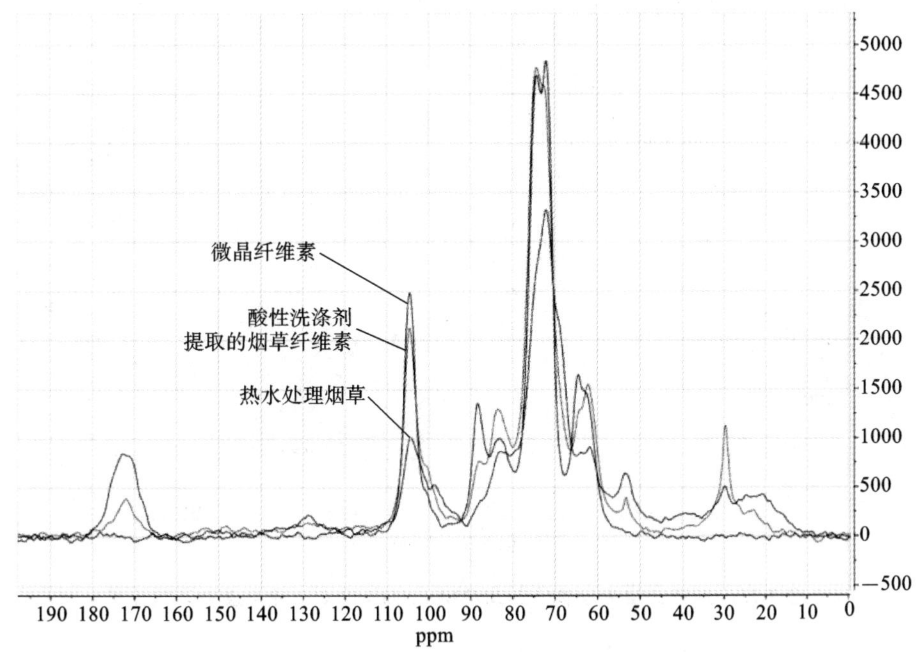

图 3-20　微晶纤维素、酸性洗涤剂提取的烟草纤维素、热水处理烟草的固体^{13}C CP/MAS NMR 波谱图

烟草纤维素固体^{13}C CP/MAS NMR 波谱图主要信号归属如表 3-15 所示。

表 3-15　烟草纤维素固体^{13}C CP/MAS NMR 波谱图的主要信号归属

化学位移/ppm	归属
63.0	纤维素 C-6 非晶区
65.5	纤维素 C-6 结晶区
73	纤维素 C-2,3,5
84.7	纤维素 C-4 非晶区
89.1	纤维素 C-4 结晶区
105	纤维素 C-1

二、烟草纤维素的晶型分析

I 晶体形式是天然纤维素(包括烟草纤维素)的主要存在形式，是包含纤维素 I_α 和纤维素 I_β 两种晶体的混合物。根据 Wickholm 等的研究结果，在^{13}C CP/MAS NMR 波谱图上，通过对纤维素标样 105 ppm 处的 C-1 区信号峰拟合后，分峰得到 4 个洛伦兹线形，如图 3-21 所示，用这 4 个洛伦兹线形的峰面积能够得出结晶区纤维素 I_α、纤维素 I_β 和次晶纤维素相对含量。

纤维素晶型的组成取决于植物的种类，不同植物、同一植物不同部位的纤维素 I_α 和纤维素 I_β 晶型含量比值都不相同。运用^{13}C CP/MAS NMR 波谱拟合后可直接计算得出纤维素标样晶型比例，表 3-16 所示的 8 个烟草样品的晶型，纤维素标样主要以纤维素 I_β 晶体形式为

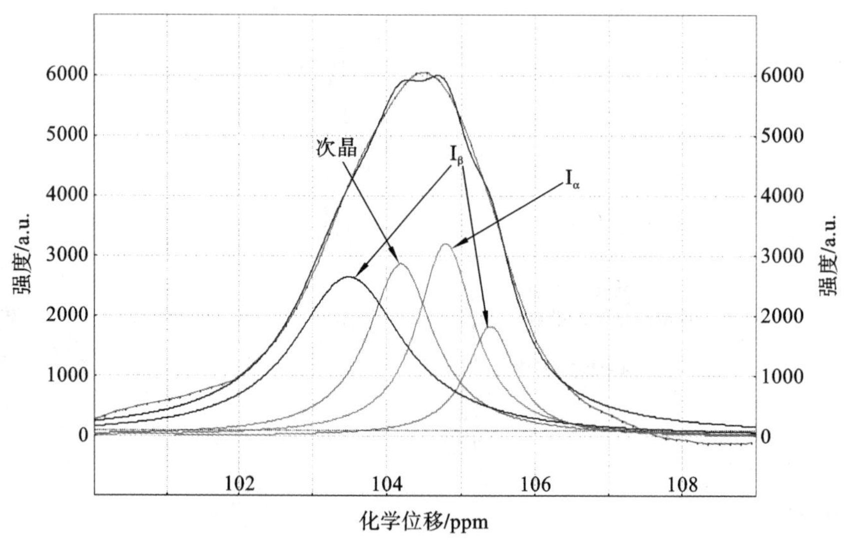

图 3-21 烟草纤维素固体^{13}C CP/MAS NMR 的 C-1 峰波谱去卷积分析

主，其中纤维素 $I_α$的相对含量为 20.3%，纤维素 $I_β$的相对含量为 47.5%，次晶纤维素相对含量为 32.2%。对 8 个烟草样品进行纤维素晶型分析，结果如表 3-16 所示。

表 3-16 利用固体^{13}C CP/MAS NMR 分析烟草样品中纤维素的晶型

样品	$I_α$/(%)	$I_{β1}$/(%)	$I_{β2}$/(%)	$I_α/I_β$	次晶/(%)
1	13.77	0.82	65.99	0.21	19.43
2	22.11	4.90	40.64	0.49	32.35
3	8.92	4.24	51.40	0.16	35.43
4	9.15	1.44	62.66	0.14	26.90
5	20.34	13.01	34.56	0.43	32.21
6	4.06	0.39	55.89	0.07	39.65
7	6.10	0.98	57.20	0.11	35.95
8	4.93	0.47	68.12	0.07	26.48

三、烟草纤维素的结晶度分析

在^{13}C CP/MAS NMR 波谱图中，烟草纤维素的吸收信号主要集中在化学位移 60～110 ppm 处，如图 3-22 所示。图中的 C-4 谱线裂分为两部分，即窄的低场和宽的高场，它们分别对应烟草纤维素的结晶区和无定型区，其中结晶区的化学位移为 86～92 ppm，无定型区的化学位移为 80～86 ppm，根据这两处信号的峰面积，可以计算出烟草纤维素的结晶度。

烟草纤维素的结晶度主要基于对 C-4 峰的去卷积分析。可以根据纤维素中结晶区(86～92 ppm)和非晶区(79～86 ppm) C-4 信号的积分关系确定。计算公式为：结晶度(CI)=

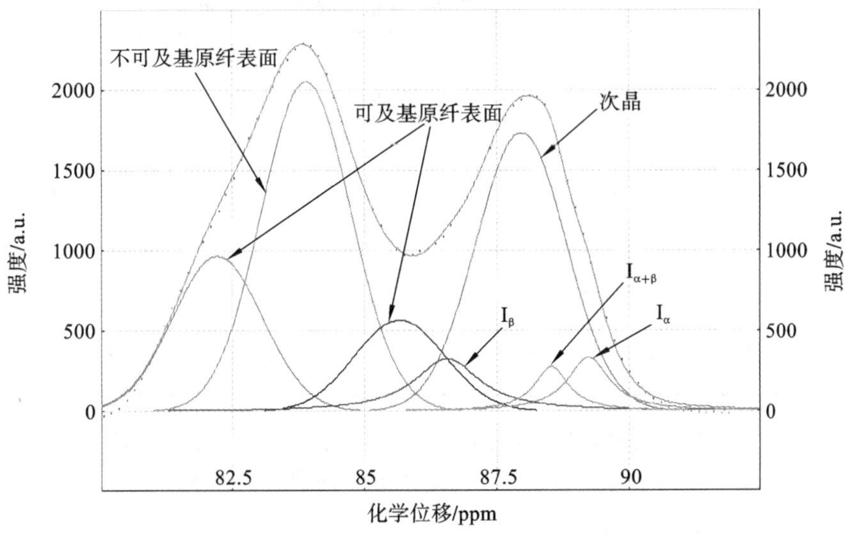

图 3-22 烟草纤维素样品的[13]C CP/MAS NMR 波谱 C-4 信号峰拟合结果

$A_{86\sim92}/(A_{79\sim86}+A_{86\sim92})$。对 8 个烟草样品进行纤维素结晶度分析，并将 XRD 法与 IR 法进行对比，结果如表 3-17 所示。

表 3-17 不同方法对烟草样品纤维素的结晶度的测定结果

样品	NMR	XRD	IR
1	44.2	51.2	77.6
2	47.9	51.8	90.1
3	52.2	56.6	83.1
4	43.2	49.6	75.1
5	47.9	55.5	82.5
6	50.8	54.6	83.0
7	46.3	52.1	81.5
8	54.6	61.2	86.5

结果表明，用 XRD 法与 IR 法测定纤维素的结晶度比用 NMR 法测定纤维素的结晶度略高，但测定结果变化趋势一致。

四、烟草纤维素的微纤结构分析

植物纤维细胞壁中纤维素分子链平行排列形成基原纤，再由若干根基原纤组成微原纤，微原纤平行地组合在一起形成原纤。微原纤是纤维的主要结构单元，晶区位于微原纤内，称为“微晶”或“胶束”。纤维素结构水平上的变化会影响纤维素在化学改性中的活性、纤维素酶水解过程的可及性、纤维的强度性能等。利用^{13}C CP/MAS NMR 波谱 C-4 信号峰拟合结果，可以获取烟草基原纤尺寸大小、基原纤聚集束尺寸大小、可及基原纤表面积大小、不可及基原纤表面积大小等重要的微观结构信息。中性提取、酸性提取、碱性提取等三种不同提取方法对烤烟烟叶样品、香料烟烟叶样品纤维素微观结构的影响结果如表 3-18 所示。

表 3-18　烟草纤维素样品 C-4 信号峰拟合的定量信息

纤维素样品	结晶纤维素/(%)	次晶纤维素/(%)	结晶度/(%)	可及基原纤表面/(%)	不可及基原纤表面/(%)	基原纤尺寸/nm	基原纤聚集束尺寸/nm
烤烟(中)	16.2	27.6	43.8	24.0	32.2	3.4	8.9
烤烟(酸)	8.0	21.4	29.4	30.6	39.9	2.5	6.8
烤烟(碱)	8.8	22.5	31.3	32.2	36.5	2.6	6.5
香料烟(中)	15.1	27.5	42.6	24.8	32.6	3.3	8.6
香料烟(酸)	7.2	26.4	33.6	27.7	38.7	2.7	7.6
香料烟(碱)	7.3	26.5	33.8	30.2	35.9	2.7	6.9

由表 3-18 可知，不同处理方式对纤维素提取过程的微观结构影响很大。在对低次烟叶进行酶处理或其他生物化学处理过程中，应充分考虑该因素的影响。

3.5.4　本节小结

固态^{13}C CP/MAS NMR 波谱法是获得烟草大分子物质结构信息和含量信息的重要方法之一。采用^{13}C CP/MAS NMR 波谱法结合波谱去卷积技术，研究烟草纤维素样品晶体的晶型分布及比例、结晶度、基原纤聚集束尺寸等结构信息，并结合 XRD 的测量结果作为参照，结果显示烟草纤维素的晶型以 I_β 为主要形式，其结晶度一般在 50%左右。相比 X 射线衍射，^{13}C CP/MAS NMR 更能准确得出烟草纤维素晶体的有序情况。通过 C-4 区信号峰拟合得出烟草纤维素基原纤尺寸为 2.5～3.4 nm，基原纤聚集束尺寸为 6.5～8.9 nm。研究烟草纤维素结构对烟草加工过程中润胀性能的影响，改善烟叶的吸食质量，提高低次烟叶和烟梗的使用价值等具有重要意义。

3.6　建立^{13}C MCP/MAS NMR 定量分析新方法

3.6.1　引言

纤维素与果胶广泛存在于植物组织中，二者均为多糖聚合物。纤维素是由纤维二糖通过 β-1,4 糖苷键连接的，在植物体中可以看作是聚合物网络的刚性支架。果胶的结构较为复杂，是一种含糖醛酸的复杂多糖，在植物生长过程中，果胶决定着细胞壁的内聚力(cohesion)与黏附力(adhesion)。在烟草行业，烟草化学成分是决定烟叶质量的重要因素，纤维素含量一方面影响着烟草燃烧的稳定性，另一方面也与烟气中致癌物质稠环芳烃含量有关。果胶影响烟草的保湿性，在燃烧时会产生甲醇、甲醛、烟焦油等有害物质。因此，纤维素与果胶的含量对烟草品质及安全性有着重要的影响，发展一种快速而又非破坏性的定量分析方法来测定纤维素与果胶的含量是一项十分有价值的任务。

在过去普遍认为对纤维素或果胶进行定量分析时需要进行破坏性的降解，这是因为有相当一部分细胞壁类物质难以简单去除。传统的湿化学方法对纤维素进行定量已被证明有效，但费时低效的缺点使湿化学法不适合大规模工业应用。果胶的定量分析多以比色法和色谱法为主，其主要缺点是操作烦琐。

近十年来，研究人员开发了各种波谱学方法用于研究植物细胞壁多糖，其中固体^{13}C核磁共振技术是研究多糖结构与含量强有力的工具之一。这种方法可以保持天然复杂大分子的初始状态，谱图上可以揭示多种多糖化学成分。同时，定量信息的获得也成为固体核磁共振技术的主要需求之一，目前常用的定量技术为直接极化技术(Direct Polarization，DP)。DP常常通过设置循环延迟大于样品中5倍的最大纵向弛豫时间T1从而获得可靠的定量信息，但DP的缺点是采集时间非常长，谱图噪声信号大，从而导致DP难以在处理大批量样品或工业使用中推广。与DP相比，结合波谱去卷积技术在特定情况下可以获得较好的效果这一特点，交叉极化技术(Cross Polarization，CP)可以在短时间内获得高信噪比的谱图，但由于不同体系的交叉极化效率不同，CP通常不是定量谱。2014年，Schmidt-Rhor等人提出了多次交叉极化(MultiCP)，MultiCP的创新之处在于设计多个交叉极化过程，使得体系中不同化学环境的核的磁化强度趋于相同，从而获得可定量的信息。目前，MultiCP已经用于纤维素结晶度的测定、甲壳素含量的测定和腐殖质组分含量的测定。

含内部参考的标准曲线法是一个有效的固体核磁定量方法。其中的一个难点是选择合适的内部参考，常见的内部参考包括化学参考与电子参考。化学参考是最为常用的方法，该方法可靠且简单，通常化学参考要求是惰性的，信号峰明显且不重叠。3-(三甲基甲硅烷基)丙酸-d_4钠盐(TMSP)在固体核磁实验中是一种常用的内部参考，其化学性质稳定，易于混合。

本研究的目的是建立固体^{13}C MultiCP/MAS NMR分析方法，用于同时测定烟草中纤维素与果胶(以聚半乳糖醛酸含量计)含量。该方法通过与DP比较优选了MultiCP的仪器参数，利用MultiCP/MAS获得了一系列标准样品与内部参考混合物的波谱图用于建立标准曲线。与现有的化学分析方法相比，该方法不需要复杂的提取与分离，在短时间内就可以实现大批量烟草样品中纤维素与果胶的同时测量。

3.6.2 材料与方法

一、材料

烟梗样品、烤烟样品、再造烟叶样品来自中国福建，白肋烟样品与香料烟样品来自中国云南。烟草生物质样品经过40 ℃烘干、粉碎、过40目筛，装袋密封。所有烟草样品均测定了含水率，后续含量均以干基计。微晶纤维素购于Sinopharm Chemical Reagent Co.，Ltd(中国上海)，聚半乳糖醛酸(85%)购于阿拉丁公司(中国上海)，TMSP(98% atom)购于RHAWN公司(中国上海)，本研究中使用的其他化学试剂均为分析纯级。

二、样品制备

烟梗纤维素的提取过程据参考文献显示，为除去木质素与半纤维素后保留纤维素。烟梗果胶的提取过程据参考文献显示，为果胶在酸提取液中被乙醇沉淀再生。纤维素与果胶提取物用于获得DP/MAS NMR谱图的参数。

用于优化MultiCP/MAS脉冲序列参数的烟梗生物质样品仅经过酸醇溶液(80 mL乙醇/20 mL 0.1 mol/L HCl)处理。

在实际烟草样品的纤维素和果胶同时定量分析过程中，为消除干扰，样品的化学预处理设计了3种递进的步骤，见图3-23所示。包括：①称取8 g烟草生物质样品利用80 mL甲苯与 40 mL 乙醇进行索氏抽提处理 6 h，后进行干燥得到残渣Ⅰ；②取 1 g 残渣Ⅰ在含 50 μL 高温淀粉酶酸醇溶液（80 mL 乙醇/20 mL 0.1 mol/L HCl）中 90 ℃加热回流 30 min，之后真空抽滤，乙醇洗涤，干燥后得到残渣Ⅱ；③取 1 g 残渣Ⅱ在 pH＝7.5 的磷酸盐缓冲溶液中加入 20 mg 中性蛋白酶 55 ℃加热回流 30 min，之后真空抽滤，分别用蒸馏水与乙醇洗涤，干燥后得到残渣Ⅲ。

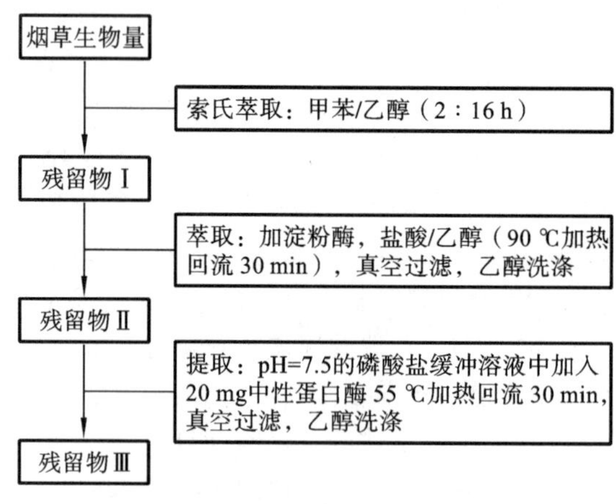

图 3-23 烟草生物质样品的预处理方式

三、化学方法分析

烟草生物质样品中的纤维素含量按照 Van Soest 提出的洗涤剂法进行测定。样品中的果胶含量根据 Blumenkrantz 提出的间羟基联苯比色法进行测定。

四、核磁共振波谱法

所有样品在布鲁克 400 MHz AVANCE AV Ⅲ波谱仪上进行波谱分析研究，使用布鲁克 4 mm ^{1}H-^{13}C 双共振 MAS 探头，魔角旋转频率为 12 kHz。对 ^{13}C DP/MAS NMR 谱的采集，在 14 h 内采集了 256 次扫描，循环延迟为 200 s。^{13}C CP/MAS 核磁共振谱的接触时间为 1.5 ms，弛豫延迟为 1 s，扫描次数为 2048 次。^{13}C MultiCP/MAS NMR 参数经优选后使用了 1 s 的复极化持续时间、10 个 0.88 ms CP 的周期、2 s 的弛豫延迟和 512 次扫描次数。CP 梯度以 11 步和 1% 幅度增量（90%～100%）实现，^{13}C MultiCP/MAS NMR 的测试时间为 107 min。纵向弛豫时间 $T_{1,C}$ 的测量通过交叉极化方法进行测定，拟合函数 $I(t)=I(0)\exp(-t/T_1)$。数据处理使用的软件为 Mestrenova 与 Origin。本文定量分析中，精确称量10 mg内部参考 TMSP 与 50 mg 待测样品，混合并仔细研磨成均匀细粉末，然后紧密地将其装在 4 mm 固体核磁转子里，上机测试。

五、固体 ^{13}C MultiCP/MAS NMR 的标准曲线与定量峰

称量具有质量梯度的微晶纤维素样品，分别与 10 mg 的 TMSP 均匀混合后装入 4 mm 转子中，若样品质量少则再加入氯化钠研磨。利用 MultiCP/MAS 获得一系列波谱图，以纤维素 C-1 峰（105 ppm）与内部参考峰（0 ppm）积分面积比值为基础建立标准曲线。果胶标准

曲线建立以聚半乳糖醛酸的质量作为横坐标，以聚半乳糖醛酸 C-6 峰(174 ppm)与内部参考峰(0 ppm)积分面积比值为纵坐标。

3.6.3　结果与讨论

一、MultiCP/MAS 脉冲序列参数的确定

评价^{13}C MultiCP/MAS NMR 波谱需要获得^{13}C DP/MAS NMR 波谱，选择烟梗纤维素与果胶提取物进行纤维素 C-1 峰与果胶 C-6 峰的^{13}C 纵向弛豫时间 $T_{1,C}$测定。两种材料的弛豫曲线用 $I(t)=I(0)\exp(-t/T_1)$拟合，得出烟草纤维素 C-1 峰(105.2 ppm)$T_{1,C}$为 4.6738 s，烟草果胶 C-6 峰(174.7 ppm)$T_{1,C}$为 40.2257 s。通常 DP/MAS NMR 要求循环延迟为 5 倍的纵向弛豫时间，因此设置循环延迟为 200 s，以确保获得准确的定量信息。

MultiCP/MAS 脉冲序列中的重要参数包括 CP 模块的数量、CP 的接触时间和每个 CP 模块的弛豫恢复时间。对于植物材料而言，不同种类的化学组成与结构存在显著差异，由于 MultiCP 存在着极化传递的复杂动力学过程，CP 接触时间往往会产生比较大的误差，从而导致定量无法实现，因此有必要对 CP 接触时间进行优化筛选。本文选择烟梗生物质样品，设计了 0.055 ms、0.11 ms、0.22 ms、0.33 ms、0.44 ms、0.55 ms、0.66 ms、0.77 ms、0.88 ms、2.2 ms 和 5.5 ms 等接触时间，结合^{13}C DP/MAS NMR 波谱图，比较纤维素 C-1 峰(105 ppm)及果胶 C-6 峰(174 ppm)处 MultiCP/MAS 与 DP/MAS 波谱的差异，如图 3-24 所示(仅选择了 3 个代表性的 MultiCP/MAS 波谱)。在 105 ppm 处，MultiCP/MAS 谱与 DP/MAS 谱基本重合；在 174 ppm 处，0.055 ms 的接触时间下峰强度较弱，与 DP/MAS 谱存在较大差异。随着接触时间增加，峰强度随之增加，与 DP/MAS 谱的差异缩小，但当接触时间增加至 2.2 ms、5.5 ms 时，信号强度无明显增强。

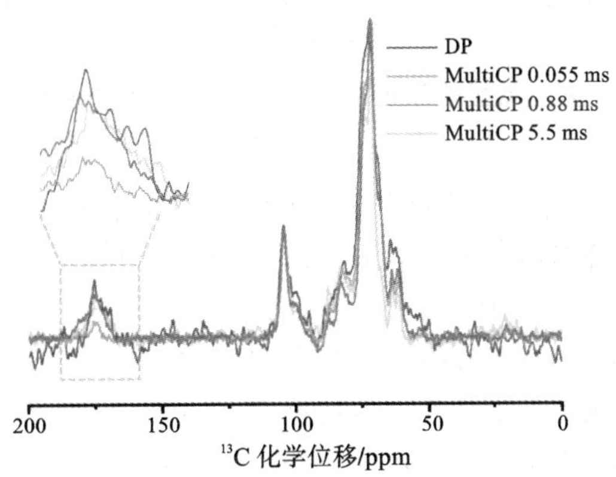

图 3-24　烟梗样品不同接触时间^{13}C MultiCP/MAS NMR 波谱与^{13}C DP/MAS NMR 波谱的比较

^{13}C DP/MAS NMR 具有测试时间长、噪声大、信噪比低的特点。^{13}C MultiCP/MAS NMR 在 CP 的基础上控制磁化强度趋于相同，从而在短时间内获取到定量信息，测试时间仅为107 min。当 CP 接触时间较短时，交叉极化动力学受到基于偶极耦合相互作用的时间常数 TCH 控制，而当 CP 接触时间较长时，由于^{1}H 核在旋转坐标系的自旋-晶格弛豫而导致极化传递效率下降，从而使^{13}C 信号强度减弱。综合考虑，0.88 ms 的接触时间对特定的烟草生物质是合适的。

二、固体^{13}C MultiCP/MAS NMR 波谱

固体^{13}C MultiCP/MAS NMR 波谱可以提供丰富的结构信息，对于烟草生物质中的大分子同样如此。信号峰的化学位移、形状、强度、积分面积等参数有助于解析各个组成的化学成分，其中信号峰积分面积一般作为一个强度指标来定量某个确定的组成。

图 3-25 为烟梗纤维素与烟梗果胶提取物的典型固体^{13}C MultiCP/MAS NMR 波谱。烟梗纤维素提取物的波谱(图 3-25(a))主要包括了纤维素的结晶区与无定形区。其中 62～65 ppm 处为纤维素的 C-6 峰，71～74 ppm 处为纤维素重叠的 C-2、C-3、C-5 峰，81～88 ppm 处为纤维素的 C-4 峰，105 ppm 处为纤维素的 C-1 峰。多糖中的结晶区与无定形区的弛豫性质存在差异，且与常规单脉冲技术相比，MultiCP 通常对硬段比较敏感，这一特征与 DP/MAS 波谱相似，在 C-6 峰的 65 ppm 处与 C-4 峰的 88 ppm 处显示结晶区的信号。其中纤维素的 C-1 峰与其他峰重叠较少，峰尖锐且较为对称，适合作为定量峰。

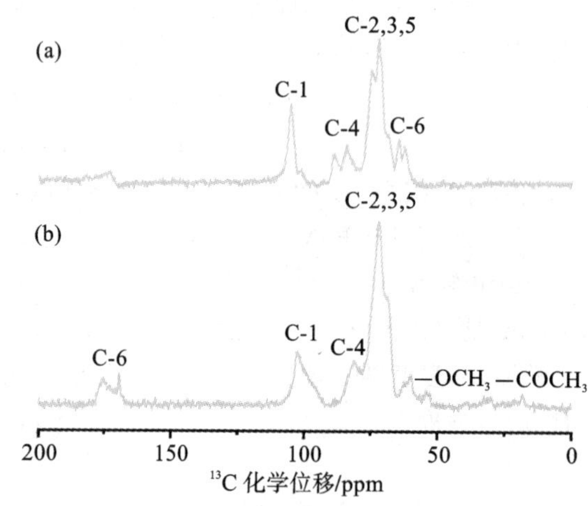

图 3-25 烟梗样品的固体^{13}C MultiCP/MAS NMR 波谱

(a)纤维素提取物；(b)果胶提取物

烟梗果胶提取物波谱(图 3-25(b))中常出现聚半乳糖醛酸乙酰化与甲酯化信号，这些信号对果胶的凝胶性有直接影响。其中，21 ppm 处为果胶上 O-2、O-3 乙酰化后的信号，54 ppm 处为果胶 C-6 羧基甲酯化的信号，68～71 ppm 处为果胶的 C-2、C-3、C-5 峰，79 ppm 处为果胶 C-4 峰的信号，101 ppm 处为果胶 C-1 峰的信号，169～176 ppm 处为果胶 C-6 峰区域。酸提取时，C-6 峰区域主要形式为—COOH 与—COOCH$_3$。在定量分析中，果胶的 C-6 峰信号与中性糖的信号可以很好地区分，所以经常作为定量峰。

通常来讲，固体核磁仪器的信噪比不够理想，即使对研究的样品保持相同的扫描次数，但不同时间、不同环境下多次测量同一信号峰积分面积也会存在较大波动，这样就会导致一系列谱图无法进行比较。如果在样品中混入内部参考，让内部参考与样品同时进行检测，则可以消除由于仪器本身以及环境变化带来的一些信号波动，从而提高谱图的精密度与准确度。本次实验选择了化学性质稳定且易于混合的 TMSP 作为内部参考，分别以微晶纤维素与聚半乳糖醛酸混合 TMSP 获得固体^{13}C MultiCP/MAS NMR 波谱(见图 3-26)，TMSP 的信号峰位置在 0 ppm 与 80 ppm 附近，峰形尖锐不与其他信号峰重叠。

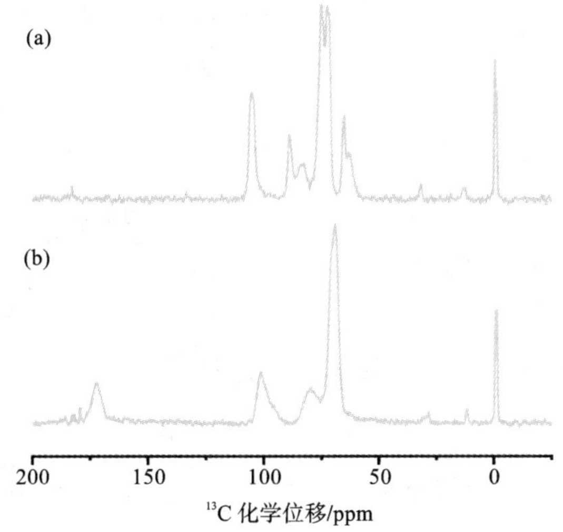

图 3-26 含内标 TMSP 样品的 ^{13}C MultiCP/MAS NMR 波谱

(a)微晶纤维素;(b)聚半乳糖醛酸

为了考查 TMSP 引入对固体核磁方法的影响,本文以含内部参考 TMSP 的微晶纤维素样品重复测量 3 次(表 3-19),对 TMSP 的 0 ppm 处积分面积进行了归一化处理,计算 C-1 峰积分面积与 0 ppm 处的信号峰积分面积比值,RSD($n=3$)为 3.69%,结果反映出含内部参考 TMSP 的微晶纤维素精密度良好。

表 3-19 含内部参考 TMSP 的微晶纤维素精密度评价

序号	C-1 峰积分面积	TMSP 0 ppm 处积分面积	C-1/TMSP 积分面积
Ⅰ	2.2305	1.0000	2.2305
Ⅱ	2.0900	1.0000	2.0900
Ⅲ	2.0981	1.0000	2.0981

在处理多组分样品的波谱图时,应用去卷积技术去除干扰是一种行之有效的方法。固体核磁共振的峰形状通常不是简单的洛伦兹线形,往往会因为磁场的不均匀性以及窗函数的加入导致峰形出现洛伦兹/高斯混合线形。本研究应用洛伦兹/高斯混合线形进行去卷积来实现重叠峰的分离,以烟梗残渣Ⅲ样品为例,纤维素 C-1 峰与果胶 C-6 峰去卷积分析见图 3-27。

纤维素 C-1 峰用一组两个高斯/洛伦兹混合函数(实线)来描述(图 3-27(a)),拟合曲线(点画线)与原始谱图(虚线)拟合良好。通过波谱去卷积,可分辨纤维素信号(FIT1)与其余干扰峰(如果胶以及部分中性糖)。果胶 C-6 峰用一组两个高斯/洛伦兹混合函数(实线)来描述(图 3-27(b)),拟合效果较好,果胶信号(FIT4)可以与 TMSP(FIT3)很好地分离。

三、波谱法定量分析

以纤维素含量或果胶含量(以聚半乳糖醛酸含量计)作为横坐标,以定量峰与 0 ppm 峰积分面积的比值作为纵坐标,建立纤维素标准曲线与果胶标准曲线(见图 3-28)。纤维素的标准曲线为 $y=0.06783x-0.15735$($r^2=0.9980$),果胶的标准曲线为 $y=0.04696x-0.02504$($r^2=0.9990$)。本研究分别在信噪比 3 倍水平与 10 倍水平下获得了纤维素与果胶

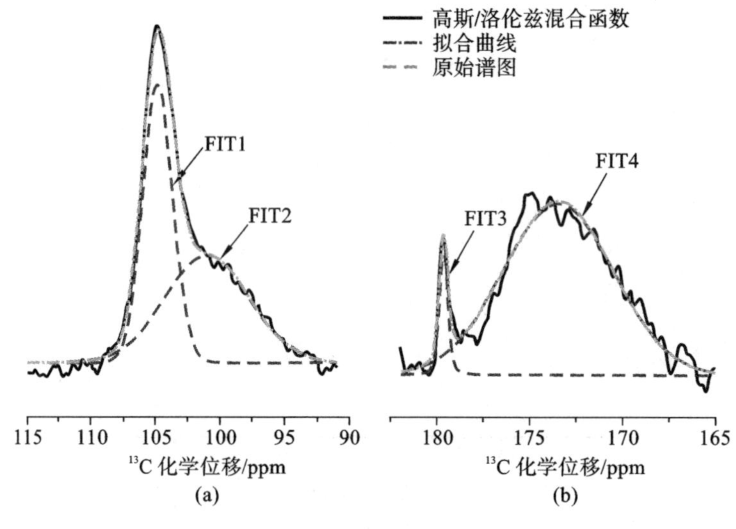

图 3-27 烟梗残渣Ⅲ去卷积分析图

(a)纤维素 C-1 峰;(b)果胶 C-6 峰

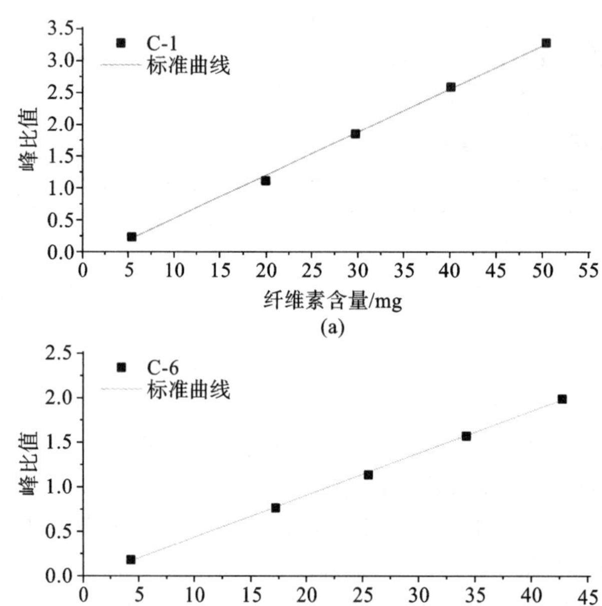

图 3-28 纤维素标准曲线与果胶标准曲线

的检出限与定量下限,纤维素的检出限为 1.01 mg/g,定量下限为 3.32 mg/g,果胶的检出限为 0.38 mg/g,定量下限为 1.28 mg/g。

烟草生物质的复杂成分通常会导致较大的定量误差,因此有必要对烟草生物质进行预处理。根据先前文献对烟草化学成分的研究,影响烟草纤维素 C-1 峰定量时的较大干扰物质包括水溶性糖、淀粉、半纤维素、果胶等,影响烟草果胶 C-6 峰定量时的干扰物质包括蛋白质、高级脂肪酸、多元酸等。在实际工业生产中,越少的预处理对应的是更少的物料消耗与环境污染,所以本研究设计了简单的化学预处理去除干扰物质,在残渣中保留纤维素与果胶，而非深度提取。经过不同预处理后的烟梗生物质的固体^{13}C MultiCP/MAS NMR 波谱见图 3-29。

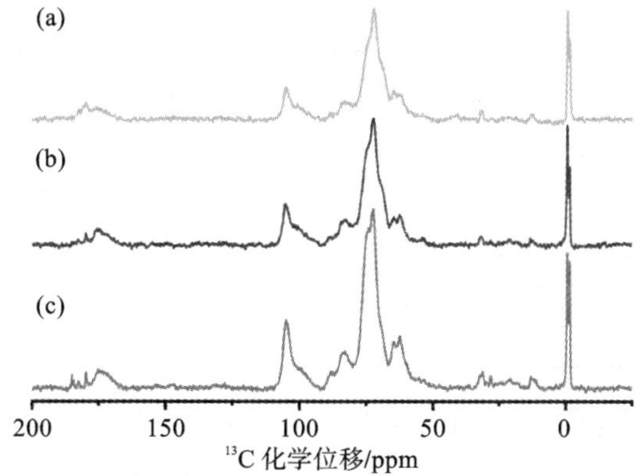

图 3-29　不同预处理下的烟梗生物质的固体^{13}C MultiCP/MAS NMR 波谱

(a)残渣Ⅰ；(b)残渣Ⅱ；(c)残渣Ⅲ

残渣Ⅰ(图 3-29(a))经过甲苯-乙醇索式抽提，其中的高级脂肪酸、部分单糖、萜烯类化合物、蜡、鞣质可以被去除，但谱图分辨率仍然较差；残渣Ⅱ(图 3-29(b))是在残渣Ⅰ的基础上去除淀粉、水溶性糖、可溶性蛋白质、多元酸，此时谱图分辨率已有一定改善；残渣Ⅲ(图 3-29(c))是在残渣Ⅱ的基础上去除蛋白质，明显可见随着预处理强度的增大，干扰物质被去除，C-1 峰与 C-6 峰更为尖锐，可见化学预处理在很大程度上实现了干扰的去除。

以化学方法作为对照，比较烟梗样品经过不同预处理后固体核磁方法的准确度(见表 3-20)，可以看出纤维素的测量值与化学方法结果间的相对误差为 1.92%～2.31%，即无论是在哪种预处理条件下，固体^{13}C MultiCP/MAS 方法准确度均良好，这得益于去卷积技术的使用。而果胶在不同预处理下利用固体^{13}C MultiCP/MAS NMR 方法测得的结果差异较大，但在获得残渣Ⅲ的过程中随着水溶性糖、有机酸、蛋白质的去除，与化学方法测量值的相对误差变小(1.18%)，达到了较好的定量效果。显然，为同时测定纤维素与果胶的含量，需要以残渣Ⅲ进行测试，后续实验均应选择同样的预处理强度。

表 3-20　烟梗样品在不同预处理条件下的固体核磁方法定量结果

样品残渣	纤维素			果胶		
	NMR /(%)	化学方法 /(%)	相对误差 /(%)	NMR /(%)	化学方法 /(%)	相对误差 /(%)
残渣Ⅰ	25.62	25.07	2.20	38.57	11.19	244.68
残渣Ⅱ	24.49	25.07	2.31	16.53	11.19	47.72
残渣Ⅲ	24.59	25.07	1.92	11.32	11.19	1.18

加标回收试验可用于评价固体^{13}C MultiCP/MAS NMR 方法的准确度。以烟梗样品为例，分别加入一定质量的微晶纤维素与聚半乳糖醛酸，各个样品测量三次，纤维素加标回收结果见表 3-21，纤维素的加标回收率均值为 98.69%，RSD(n=3)为 7.36%。果胶的加标回收率均值为 100.8%，RSD(n=3)为 6.93%。这表明固体^{13}C MultiCP/MAS NMR 是测定烟草纤维素和果胶含量的准确方法。

表 3-21　烟梗样品的加标回收结果

样品	纤维素				果胶			
	纤维素含量/mg	峰值/mg	测量值/mg	回收率/(%)	果胶含量/mg	峰值/mg	测量值/mg	回收率/(%)
Ⅰ	28.67	10.01	39.37	106.95	12.52	8.50	20.43	93.15
Ⅱ	28.67	10.01	38.26	95.77	12.52	8.50	21.60	106.83
Ⅲ	28.67	10.01	38.01	93.34	12.52	8.50	21.22	102.42

对不同品种的烟草生物质样品进行了预处理后(残渣Ⅲ)获得了固体^{13}C MultiCP/MAS NMR谱(见图3-30)。不同品种的烟草生物质的固体^{13}C MultiCP/MAS NMR谱与烟梗样品是相似的，纤维素C-1峰与果胶C-6峰均有很高的分辨率。

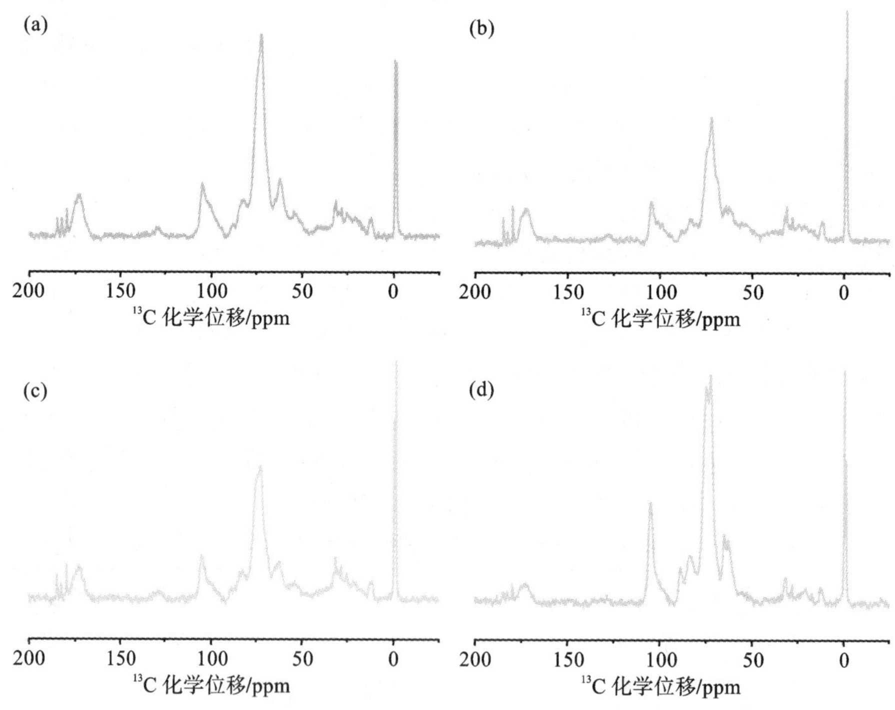

图 3-30　不同品种烟草样品的固体^{13}C MultiCP/MAS NMR 波谱

(a)烤烟;(b)白肋烟;(c)香料烟;(d)再造烟叶

烤烟、白肋烟、香料烟与再造烟叶样品的测定结果见表3-22。纤维素的测量结果与化学方法相比，相对误差为0.71%～4.74%，达到了令人满意的结果;果胶的测定相对误差为6.58%～8.50%，结果良好。与纤维素测量结果相比，果胶分析结果的误差偏大，可能是由于MultiCP/MAS脉冲序列针对不同体系时存在一定差异，另外，果胶本身复杂的多糖组成也是导致固体核磁方法难以准确定量的原因。

表 3-22 不同品种的烟草生物质样品固体核磁方法与化学方法比较

样品名称	纤维素			果胶		
	NMR /(%)	化学方法 /(%)	相对误差 /(%)	NMR /(%)	化学方法 /(%)	相对误差 /(%)
白肋烟	13.66	14.34	4.74	14.09	13.18	6.96
烤烟	9.29	9.22	0.71	15.12	14.00	8.03
再造烟叶	32.12	31.66	1.45	10.33	9.52	8.50
香料烟	6.06	6.20	2.25	13.06	12.26	6.58

3.6.4 本节小结

本节研究建立了一种新分析方法，用于同时测量烟草生物质样品中的纤维素与果胶含量。固体^{13}C MultiCP/MAS NMR 谱耗时短、分辨率高，优化参数后的谱图与^{13}C DP/MAS NMR 一致性良好。该方法引入内部参考 TMSP，消除了信号波动的影响，提高了测量结果的准确性，设计了恰到好处的化学预处理法去除干扰物质，实现了烟草样品纤维素与果胶的同时定量分析。与传统化学方法相比，该方法有效地降低测试时间与手工操作成本，结果准确，适用于大批量样品的测试，因此，该方法可以成为化学方法的替代方法，为同时定量分析生物大分子物质提供了新的思路。

3.7 总结与展望

本研究设计了一种用于固体^{13}C CP/MASNMR 分析的含内标材料的新型样品管，建立了快速、准确测定烟草中果胶、纤维素含量的^{13}C CP/MAS NMR 波谱分析新方法。利用 NMR 图谱特定位置的信号峰，实现了烟草果胶中果胶酸、果胶酸甲酯、果胶酸盐含量的同步检测以及烟草纤维素晶型和结晶度等微观结构的表征。研究过程中，还发现了固体^{13}C MCP/MAS NMR 同时分析果胶和纤维素含量的新方法，应用此方法定量分析不同烟叶类型、烟叶部位和烟梗等样品中果胶、纤维素含量，可使分析简便、快速，结果准确。

一、研制出含内标材料的新型核磁共振样品管

根据 NMR 转子自身的结构特性，本研究设计了一种与 NMR 转子尺寸相匹配的内参材料。内参材料可选择四-(三甲基硅氧基)-硅烷、六甲基苯、甘氨酸等，采用内嵌式物理匹配方式。内标物质信号稳定，获得了良好效果，为评价固体 NMR 波谱分析内标物质的选择和设计，提供新颖的工作思路。

二、建立测定烟草果胶、纤维素含量的^{13}C CP/MAS NMR 波谱分析新方法

首先，采用魔角旋转和交叉极化技术相互结合，提高^{13}C CP/MAS NMR 波谱图的灵敏度，实现固体核磁共振对果胶、纤维素的定量分析；其次，应用波谱去卷积技术消除定量峰域

重叠峰的干扰，提高定量分析的准确度；最后，采用果胶和纤维素样品峰、内标峰的比值建立分析工作曲线，用于定量分析。^{13}C CP/MAS NMR 波谱分析新方法既快速，且无损、准确，适合批量烟草样品的分析检测，具有良好的应用价值。

三、检测烟草果胶中果胶酸、果胶酸甲酯、果胶酸盐含量及其分布

根据^{13}C CP/MAS NMR 波谱图，应用波谱去卷积技术在果胶样品峰位置获得果胶酸、果胶酸甲酯、果胶酸盐的子峰，根据各子峰的峰面积计算其含量分布，根据总果胶的含量实现果胶酸、果胶酸甲酯、果胶酸盐含量的推算。

四、表征烟草纤维素的晶型和结晶度

根据^{13}C CP/MAS NMR 波谱图，首先获得纤维素特征峰位置，采用波谱去卷积技术判断纤维素 I_{α}、I_{β}的峰面积，计算烟草纤维素晶型；其次获得纤维素结晶区和非结晶区的峰面积，计算出烟草纤维素结晶度大小。该研究发挥了 NMR 波谱技术的强大结构解析功能，为行业大分子结构与性能研究提供重要的方法学工具。

五、建立固体^{13}C MultiCP/MAS NMR 新方法

研究建立了固体^{13}C MultiCP/MAS NMR 新分析方法，用于同时测量烟草生物质样品中的纤维素与果胶含量。固体^{13}C MultiCP/MAS NMR 波谱法耗时短、分辨率高、结果准确，适用于批量样品的测试。该方法可成为化学方法的替代方法，为同时定量分析生物大分子物质提供了新的理论基础和方法路径。

六、展望

本研究设计的固体^{13}C CP/MAS NMR 分析新型样品管，可推广到 NMR 定量分析的其他领域。已建立的快速、准确测定烟草中大分子结构和含量的 NMR 波谱分析方法可推广至行业应用，为我国烟草行业提高烟叶、烟梗、薄片等的吸食品质并有效提升烟草及其制品的质量提供了有力的理论基础和技术保障，实现了以科技创新引领和塑造行业发展新优势。

第 4 章　烟草大分子的提取纯化与分析表征

4.1　纤维素的提取纯化与分析表征

烟草中的化学组成极其复杂，烟草中所包含的纤维素含量仅为11%，天然纤维分子链中含有的木质素和半纤维素增加了从烟草中提取纤维素的工作难度。蒸汽爆破法、碱性分离法和纤维素洗涤剂法等是纤维素提取常用的方法。

4.1.1　烟草梗丝纤维素的提取

一、传统法提取

准确称量 5 g 烟草梗丝样品，向其中加入 50 mL 苯、50 mL 乙醇和 10 mL 无水乙醚。通过水浴加热，在冷凝回流的条件下保持微沸 4 h。经过丙酮冲洗后，连过滤纸一起放置烘箱内烘干至恒重。称取 3 g 脱脂样品，向其中加入 100 mL CTAB 酸性洗涤剂，100 ℃下微沸 1 h。用真空泵进行真空抽滤，并用去离子水清洗 3 次，用丙酮冲洗至少 5 次。称取 1 g 酸洗后的样品，加入 0.5 mL 冰醋酸、0.5 g 亚氯酸钠，80 ℃水浴 2 h，去除木质素，抽滤后，再加入 100 mL 2.5 mol/L HCl 以除去半纤维素，即得到纤维素样品。

二、离子液体法提取

称取 15～50 g 的离子液体 1-丁基-3 甲基咪唑氯盐于 250 mL 的烧瓶中，置于 95～105 ℃的油浴锅中加热熔融，搅拌离子液体并向其加入 2.5～10 g 的烟草样品，密封烧瓶，控制温度在 95 ℃～105 ℃，不断搅拌加热 2～3 h。将上述得到的黏稠状液体边搅拌边滴加 5%～10%的稀盐酸，直到 pH 为 4.5～4.8，继续加热搅拌 5～7 h，得到反应液。将反应液冷却至室温，加入反应液 2～8 倍体积的去离子水或无水乙醇，混合均匀后转移到分液漏斗中，静置 1～3 h 后分层，得到下层离子液体相和上层水/无水乙醇相，将分离的下层离子液体相静置后抽滤，得到沉淀物Ⅰ和滤液，滤液真空浓缩脱水后，得到离子液体，沉淀物Ⅰ在 60 ℃的真空干燥箱内干燥后，即得到纤维素。

4.1.2　烟草梗丝纤维素的表征

本节首先对烟草梗丝和萃取残渣进行表观形貌和颜色的分析。如图 4-1 所示，烟草梗丝(图 4-1(a))和萃取残渣(图 4-1(b))的颜色为金黄色或橙黄,且样品为小块状颗粒,萃取前后形状无明显变化。采用比色法(纤维素在酸性条件下热解水解成葡萄糖,在浓硫酸的作用下,单糖脱水生成糠醛类化合物,利用蒽酮试剂与糠醛类化合物的蓝绿色反应即可进行比色测定)进行测定,纤维素的纯度为 91.2%。

图 4-1 烟草梗丝和萃取残渣的实物对比图

(a)烟草梗丝;(b)萃取残渣

图 4-2 为烟草梗丝(TS)和萃取残渣 L-TS 的 XRD 谱图,烟草梗丝在 16.5°和 22.7°的特征峰与标准纤维素卡(JCPDS 50-2241)的光谱位置一致,表明烟草含有纤维素结构。萃取残渣仍呈现相同的峰,说明有机溶剂浸出处理不会破坏烟草原有的纤维素结构,与酸洗处理会破坏烟草原有纤维素结构不同。梗丝样品在 $2\theta=28.3°$ 的衍射峰是 KCl 的衍射峰,在 $2\theta=29.8°$ 和 36.3°的衍射峰是 $CaCO_3$ 的衍射峰,Na_2CO_3($2\theta=27.7°$)、$CaCl_2$($2\theta=29.5°$)和 K_2CO_3($2\theta=31.9°$ 和 43.3°)的衍射峰也可被检测到。在萃取残渣上,这些峰的强度显著降低,这是因为 TS 中的大部分矿物质以水溶性和酸溶性形式存在,部分矿物质如 K^+ 和 Ca^{2+} 经过浸出处理后被去除。如图 4-3(a)扫描电镜(SEM)所示,烟草梗丝呈层状分布,骨架结构排列间隙一致、分布有序,骨架上分散有球状物质,这可能是由于某些无机盐晶体的存在。结合图 4-2 的 XRD 分析结果来看,无机盐可能是 KCl 和 $CaCO_3$。图 4-3(b)显示,L-TS 仍然保持

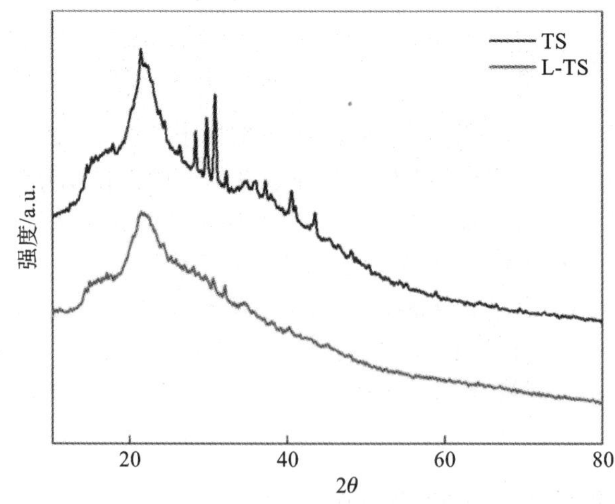

图 4-2 烟草梗丝(TS)和萃取残渣(L-TS)的 XRD 谱图

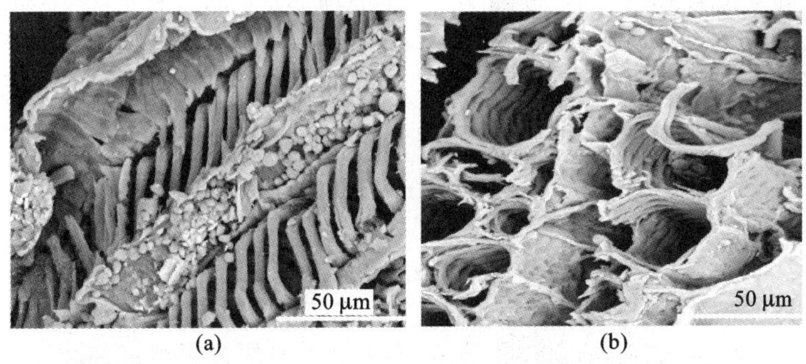

图 4-3　烟草梗丝和萃取后固体残渣的 SEM 图

(a)烟草梗丝;(b)萃取后固体残渣

层状结构,这表明用有机溶剂浸出处理不会改变烟草的基本结构。然而,L-TS 不像 TS 那样排列整齐,并且由于溶剂的溶胀效应,骨架结构更松散。表面小球状物质的数量减少,表明烟草中的一些无机盐被去除。

如图 4-4(a)所示,烟草梗丝含有 C、O、N、K、Ca、S 等几种主要元素,其中 N 和 S 占很小的比例。在萃取残渣中,Ca、K、N 和 S 元素的含量降低,这是因为在萃取过程中可溶性 Ca、K 等物质被萃取出来,而 N 主要以尼古丁的形式被脱除。

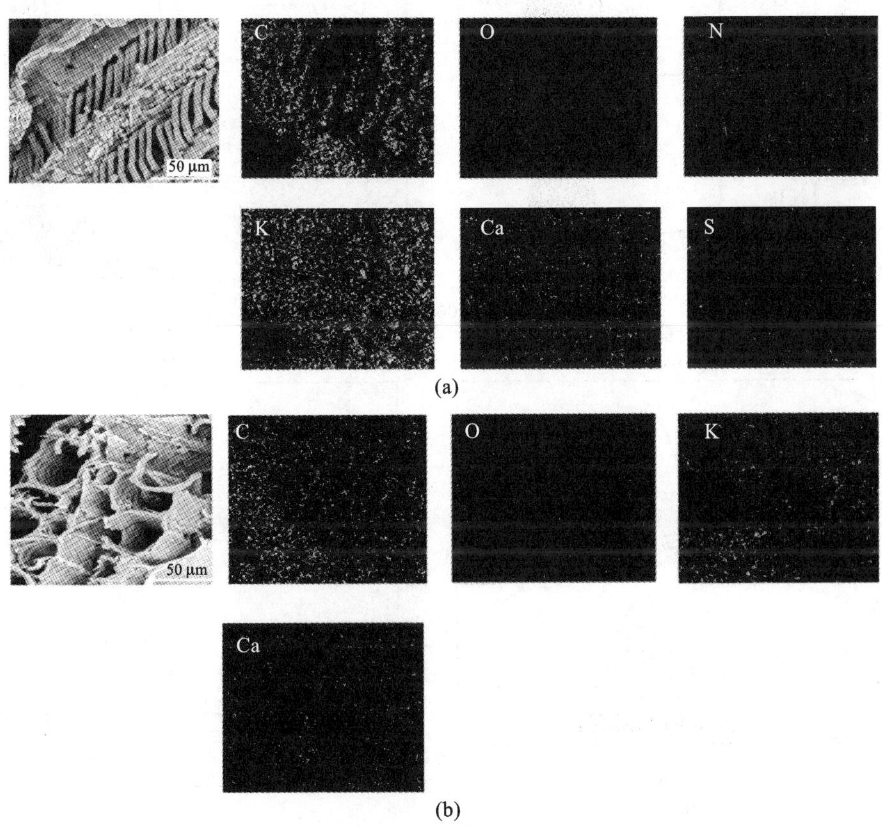

图 4-4　烟草梗丝和萃取后固体残渣产物的 EDX 分析

(a)烟草梗丝及其含有元素;(b)萃取残渣及其含有元素

烟草梗丝和萃取残渣的 C 1s、O 1s 和 N 1s 的种类及相对含量如表 4-1 所示。

表 4-1 烟草梗丝和萃取残渣的 C 1s、O 1s 和 N 1s 种类及相对含量

样品	C 1s/(%)						O 1s/(%)				N 1s/(%)			
	C—C	C—N	C—O	C=O	CF_2	CF_3	C=O	C—OH	OC=O	M	N-6	C—N	CO—N	N—5
梗丝	43.69	17.86	21.06	8.25	5.98	5.84	26.18	61.07	9.98	2.08	23.14	12.74	28.46	35.65
萃取残渣	53.29	4.60	27.75	11.05	2.23	1.07	22.31	65.07	10.91	1.20	16.58	12.46	56.46	14.48

采用 XPS 分析了烟草梗丝(TS)和萃取残渣(L-TS)的元素组成和化学状态。如图 4-5 所示，烟草梗丝和萃取残渣主要包含 C、O 和 N 元素。C 1s 的 XPS 谱(图 4-5(b))可以卷积为六个峰：C—C/C=C(284.8 eV)、C—N(285.1 eV)，C—O(286.1 eV)、289.1 eV(C=O)、293.2 eV 和 295.5 eV(金属碳酸盐，表示为 CF2 和 CF3)。对于萃取残渣，C—N 峰的含量从 17.86%显著降低至4.60%。此外，萃取残渣中 CF2 和 CF3 的含量也降低。具体而言，CF2 的含量从 5.98%降至 2.23%，CF3 的含量从 5.84%降至 1.07%。结果显示，浸出预处理不仅能有效去除含氮化合物，还能去除一些金属碳酸盐。

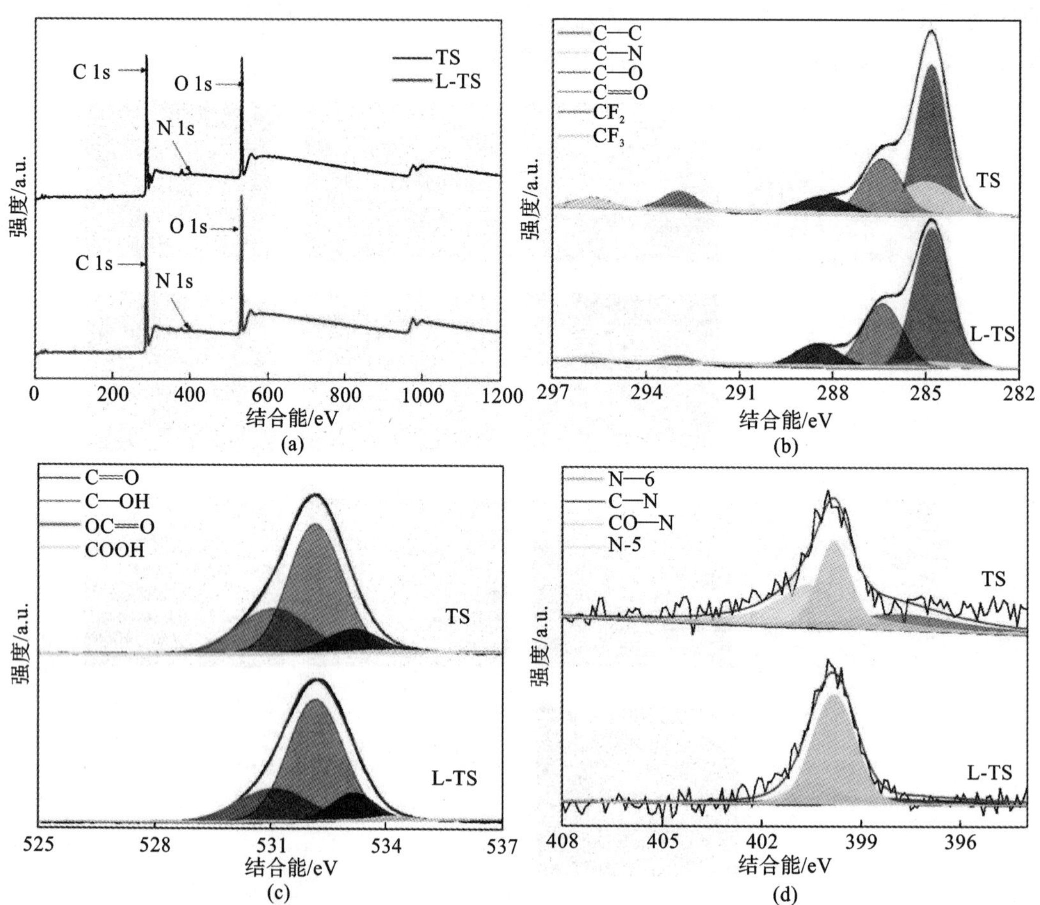

图 4-5 烟草梗丝(TS)和萃取残渣(L-TS)样品的 XPS 谱图

(a) 扫描全谱；(b) C 1s；(c) O 1s；(d) N 1s

图 4-5(c)显示，O 1s 光谱可分为 531.1 eV、532.2 eV、53 3.2 eV 和 534.1 eV 的四个特征峰，分别归属为 C=C、C—OH、OC=O 和金属碳酸盐(表 1 中标记为 M)。在浸出处理后，C—OH 作为主要的含氧物种，其含量从 61.07%增加到 65.07%。由于在浸出处理过程中去除了一些金属盐，金属碳酸盐的含量从 2.08%降至 1.20%。

N 1s 光谱在 397.9 eV、399.1 eV、398.8 eV、400.5 eV 处显示出四个典型的特征峰(图 4-5(d))，分别对应于吡啶氮(N-6)、氨氮(C—N)、酰胺氮(CO—N)和吡咯氮(N-5)。烟草中含有 400 多种含氮杂环化合物，主要来自氨基酸、蛋白质和尼古丁等。经溶剂处理后，吡啶氮(N-6)含量从 23.14%降至 16.58%，吡咯氮(N-5)含量从 35.65%降至 14.48%。由于尼古丁($C_{10}H_{14}N_2$)的化学结构含有吡啶氮(N-6)和吡咯氮(N-5)，因此吡啶氮(N-6)和吡啶氮(N-5)含量的降低主要归因于尼古丁的去除。此外，萃取液的 GC/MS 结果(图 4-6)表明，萃取液中主要物质为尼古丁，这表明尼古丁是生物碱的主要成分，已在滤液中去除。

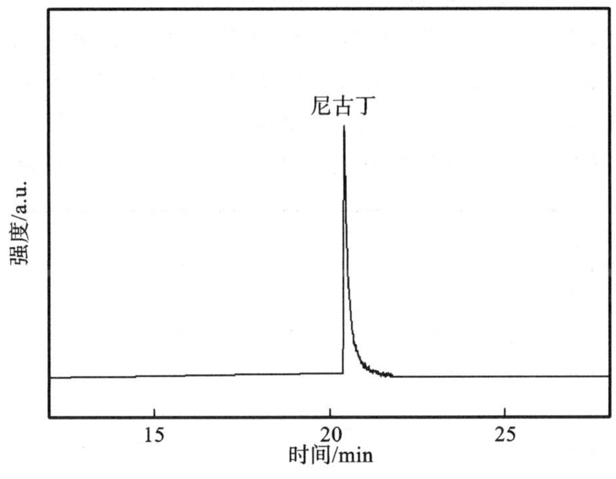

图 4-6　萃取液的 GC/MS 结果

图 4-7 显示，烟草梗丝(TS)和萃取残渣(L-TS)的 EPR 谱图均为单曲线，这表明自由基中没有超峰现象。由于没有超精细结构的对称单线，因此证明了 C、O 和 N 等非磁性核心中

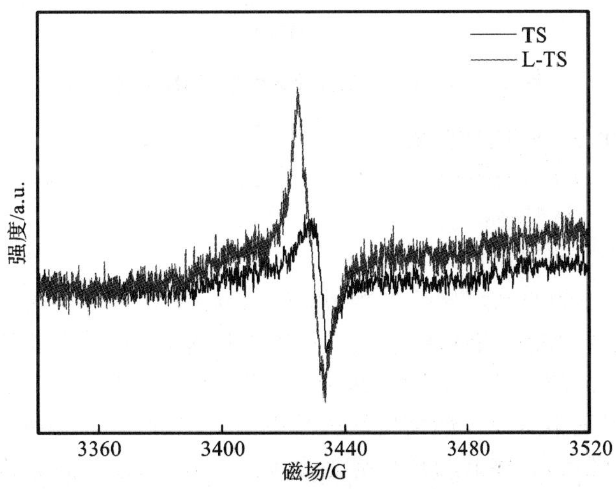

图 4-7　烟草梗丝(TS)和萃取残渣(L-TS)的 EPR 谱图

心存在自由基。烟草梗丝和萃取残渣的 EPR 结果具有相同的变化趋势和峰值宽度，主要是因为烟草中的纤维素、半纤维素和木质素构成相同，然而，萃取残渣峰高更高，可能是由于去除了氮化合物。根据面积归一化方法，烟草梗丝和萃取残渣的稳定自由基浓度分别为 1.06×10^{16} spins/g 和 2.68×10^{16} spins/g，由于无机盐的去除，萃取残渣中的稳定自由基浓度增加。

在此基础上，将梗丝样品、脱脂样品、酸洗样品、去木质素样品、烟草纤维素样品磨成粉后，对每一步萃取过程所得到的固体残渣进行 XRD(X-ray diffraction)分析。XRD 采用 Cu-Kα 射线($\lambda=0.154$ nm)进行测定。衍射角 2θ 扫描范围为 10°～80°，扫描速度为 10°/min，所得结果如图 4-8 所示。烟草纤维素和商业纤维素样品的 XRD 衍射谱图都具有 3 个主要的衍射峰，并且衍射峰的位置基本保持一致，分别在衍射角为 15.8°、22.2°、34.6°处。结果显示，15.8°和 34.6°处是两个低强度峰，22.2°是一个尖锐的高强度峰，说明用传统法从烟草梗丝中提取纤维素时并未改变纤维素的晶型，依然保持纤维素Ⅰ型结构。根据式(1) 计算纤维素的相对结晶度，其中 I_{am} 是非晶体态纤维素的衍射强度($2\theta=18°$附近的最小峰强度)，I_{200} 是主峰(200)晶格衍射的最大强度($2\theta=22.5°$)，所得标准纤维素、烟草纤维素、烟草梗丝的相对结晶度分别为 77.3%、56.8%、32.6%，可以看出烟草梗丝粉末结晶度较小，而且非结晶区占主要部分。随着样品进一步处理，结晶区相对稳定，且所占比例不断增大即结晶度显著增大，这说明传统处理方法可以破坏纤维素的非结晶区，使烟草纤维素的结晶度得到提高。

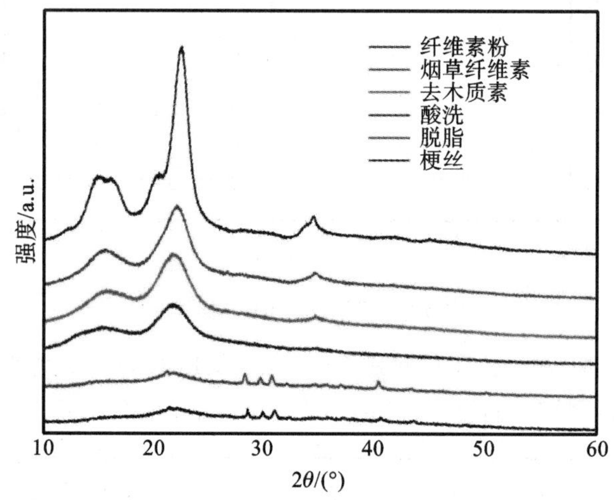

图 4-8 烟草梗丝及其提取物的 XRD 衍射谱图

根据公式可以计算样品的相对结晶度：

$$Cr_{\mathrm{I}}(\%) = (1 - I_{am}/I_{200}) \times 100\%$$

式中：I_{am}——非晶区的衍射峰强度；

I_{200}——晶区衍射峰强度。

表 4-2 是梗丝提取物的元素分析结果，由表 4-2 可看出，烟草梗丝样品中含有少量 N 元素和 S 元素，经过脱脂、酸洗、去木质素、去半纤维素处理后，N 含量和 S 含量越来越少，最终得到的烟草纤维素样品的 N 含量检测结果为 0.07%，S 含量为 0.00%，几乎不含 N 和 S，这与标准纤维素的结果基本一致。烟草梗丝样品中的 C 含量和 H 含量经过脱脂、酸洗、去木质素、去半纤维素处理后，总体的变化趋势是逐渐递增，表明最终提取得到的烟草纤维素中的 C 含量和 H 含量高于梗丝原料，所得样品的 H 含量接近于标准纤维素样品，但 C 含量低于标准纤维素样品，这可能是由于烟草纤维素是从烟草中提取得到的，而烟草本身的 C 含量

少于标准纤维素粉的 C 含量。

表 4-2　梗丝提取产物的元素分析

样品名称	N/(%)	C/(%)	H/(%)	S/(%)	H/C(原子比)
梗丝	0.985	33.170	5.398	0.412	1.989
脱脂	0.880	33.210	5.412	0.491	1.883
酸洗	0.680	40.610	6.265	0.160	1.851
去木质素	0.540	41.120	6.629	0.000	1.934
烟草纤维素	0.070	40.955	6.626	0.000	1.941
纤维素粉	0.000	45.320	6.642	0.000	1.758

图 4-9 为烟草样品及其提取物的热重分析结果，图 4-9 显示热重曲线主要有 4 个温度范围，即 40 ℃～100 ℃、100 ℃～250 ℃、250 ℃～375 ℃和 375 ℃～600 ℃。其中，40 ℃～100 ℃有少量的质量损失，主要是由于样品中水或小分子物质的蒸发；100 ℃～250 ℃的质量损失，有可能是烟草纤维素的初步降解造成的；250 ℃～375 ℃范围是样品的主要质量损失阶段，此阶段是纤维素主链的降解生成热解焦油、气体等产物的过程；在 375 ℃～600 ℃内，最后的残留物发生缓慢分解，生成炭和灰分，焦炭也会发生重排和进一步降解。由 TG 分析结果(图 4-9(b))可知，烟草纤维素主要质量损失阶段是 250 ℃～375 ℃，在 DTG 图中最大失重峰在 335 ℃处，因此推断烟草纤维素的热解温度为 335 ℃。由于烟草纤维素是从烟草中提取而来，与市售的标准纤维素粉在结构上有差异，故在热解过程中有明显的区别。从总失重的百分比来看，标准纤维素粉在 600 ℃下的总失重为 100 wt%，而 600 ℃下烟草纤维素样品的总失重为 86.64 wt%，烟草中提取得到的纤维素样品的总失重小于标准纤维素样品。梗丝、脱脂、酸洗、去木质素样品的总失重分别为 62.87 wt%、64.33 wt%、81.47 wt%、81.32 wt%，随着烟草纤维素的逐渐提纯，总失重量逐渐增加。DTG 曲线显示，梗丝样品、脱脂样品、酸洗样品、去半纤维素样品有两个特别明显的失重峰为 200 ℃～275 ℃、300 ℃～400 ℃，而烟草纤维素和标准纤维素的失重峰值主要出现在 300 ℃～400 ℃。从脱脂样品到酸洗样品再到去木质素样品，其主热解峰逐渐向高温区移动，说明其热解性能相对于烟草梗丝样品有所增强，原因可能是在脱脂、酸洗等处理过程中，烟草梗丝样品中热稳定性低的物质被除去。但是，去木质素样品后得到的烟草纤维素样品的热解峰向左边移动，说明这一步骤中所去除的物质热稳定性较高。

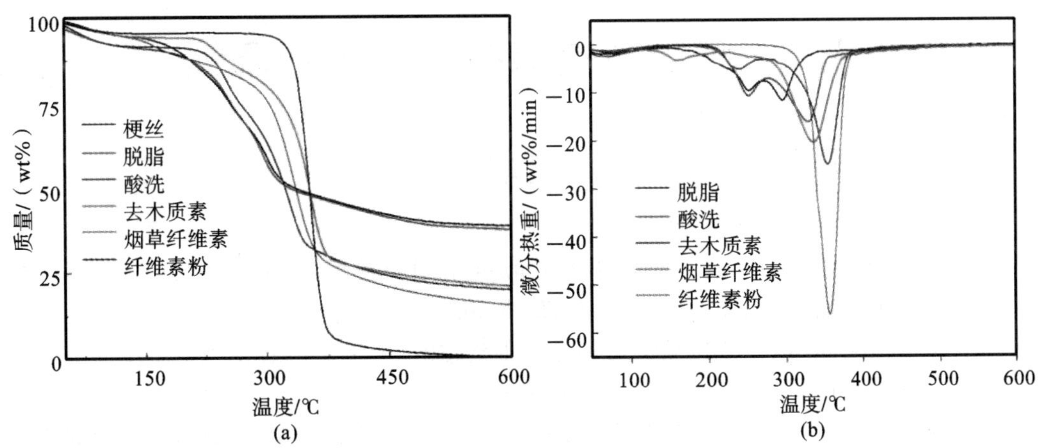

图 4-9　烟草梗丝及其提取物的 TG 图和 DTG 图

图 4-10 为烟草提取物及标准纤维素的红外图谱，可以看到烟草纤维素和标准纤维素都在 2361 cm^{-1}、1635 cm^{-1}、1044 cm^{-1}、669 cm^{-1}位置分别出现 CO_2、—CH_2、C—O—H、C—C 的伸缩振动峰。梗丝处理后得到的烟草纤维素样品与标准纤维素样品的红外光谱差异不大，表明从梗丝原料中提取得到的烟草纤维素与标准纤维素样品的基本骨架没有发生明显变化，但是经过酸洗处理后，在 3300～3500 cm^{-1}处分子内 O—H 伸缩明显减弱，表明纤维素的分子间氢键被破坏。

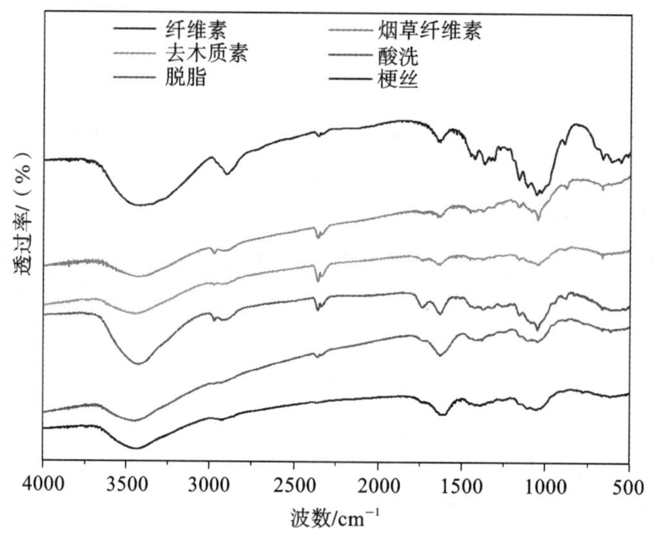

图 4-10　烟草梗丝及其提取物的红外光谱图

脱脂样品、酸洗样品、去木质素样品在 1700 cm^{-1}左右的特征吸收峰处与梗丝样品相比，脱脂样品、酸洗样品、去木质素样品的吸收峰越来越小。1700 cm^{-1}代表的是酯键的伸缩振动，它关系到半纤维素与木质素之间的连接，这一特征峰的减弱说明了半纤维素与木质素之间的复合结构在酸洗条件下遭到了明显破坏。

1500 cm^{-1}表示木质素苯环 C═C 双键振动，一般被用来表征木质素结构，而从图 4-10 中也可看出，去木质素的样品在 1500 cm^{-1}处的吸收峰与前三个步骤处理得到的样品的吸收峰相比有显著下降，说明经过冰醋酸和亚氯酸钠溶液处理后，木质素中的苯环结构被破坏，大部分木质素被去除。

4.2　淀粉的提取纯化与分析表征

4.2.1　烟草梗丝淀粉的提取过程

烟草淀粉提取过程如下所示。

(1) 称取烟丝样品共 5 g，并配置 80%乙醇-饱和氯化钠溶液，将烟丝与 80%乙醇-饱和氯化钠溶液进行混合，并在 85 ℃水浴中处理 30 min。

(2) 提取液立即用 G4 烧结玻璃坩埚进行抽滤，抽滤完成后用少许热的 80%乙醇-饱和氯化钠溶液洗涤抽提后的样品反应器和坩埚内的残渣。

(3) 将坩埚放入 400 mL 的烧杯中，向坩埚内的残渣加入 10 mL 40%的高氯酸钠溶液，混合后静置 10 min。

(4) 加入 10 mL 水于坩埚中，混合后用 G2 烧结玻璃漏斗过滤，随后将滤液进行浓缩、干燥，此处采用旋蒸仪进行旋蒸浓缩，然后放入真空干燥箱后干燥得到固体淀粉。

图 4-11 为提取过程所拍摄的照片。根据 GB 5009.9—2016，采用酸水解法(淀粉酸水解后生成具有还原性的单糖，然后按照还原糖测定，折算成淀粉)测定淀粉的纯度为 90.2%。

水浴　抽滤过程

淀粉滤渣　淀粉滤液

旋蒸滤液　烟草淀粉标样

图 4-11　烟草梗丝淀粉的提取过程图

4.2.2　烟草梗丝淀粉的表征

烟草淀粉提取过程样品的 FT-IR 谱图如图 4-12 所示。由图可知，烟丝原料、提取滤渣与烟草淀粉均在 3410 cm^{-1}左右处有一个羟基(—OH) 的强伸缩振动吸收峰，可能是由于样品含有水分引起。经提取后,在 3750 cm^{-1}处的游离羟基吸收峰依然存在,说明烟丝中含丰富的羟基,而且大部分羟基都形成了聚合体,经提取处理后的淀粉虽失去了大部分的羟基基团,但仍残留少量游离羟基。在 2928 cm^{-1}处有一个较弱的亚甲基的 C—H 的对称伸缩振动吸收峰,经过 80%乙醇-饱和氯化钠溶液洗涤处理后,滤渣在此波长下的峰强度有所下降,而经过 40%的高氯酸钠溶液处理,烟草淀粉在 2928 cm^{-1}处的亚甲基的 C—H 的对称伸缩振动吸收峰增强。C=C 的伸缩振动出现 4 个谱峰分别为 1608 cm^{-1}、1582 cm^{-1}、1509 cm^{-1}和 1459 cm^{-1}。在 1408 cm^{-1}处的吸收峰为其变角振动的吸收峰;在 1637 cm^{-1}出现幅度较强的吸收峰,由 C-H 的弯曲振动引起;在 1154～1022 cm^{-1}范围内,由于 C—O 键具有较大的极性,其红外吸收峰较强,故吸收峰在 1154 cm^{-1}处出现,1022 cm^{-1}处的强吸收峰则说明了烟草淀粉具有吡喃型糖环。比较提取过程样品的红外谱图,差别主要表现为在 1017 cm^{-1}附近,烟草淀粉吸收峰的强度随着提取反应的进一步完成而逐渐增强。该吸收峰对应淀粉葡萄糖单元中 C_6—O—H 的伸缩振动。因此,依据以上特征峰,可推断烟草淀粉主要组成单糖为葡萄糖。

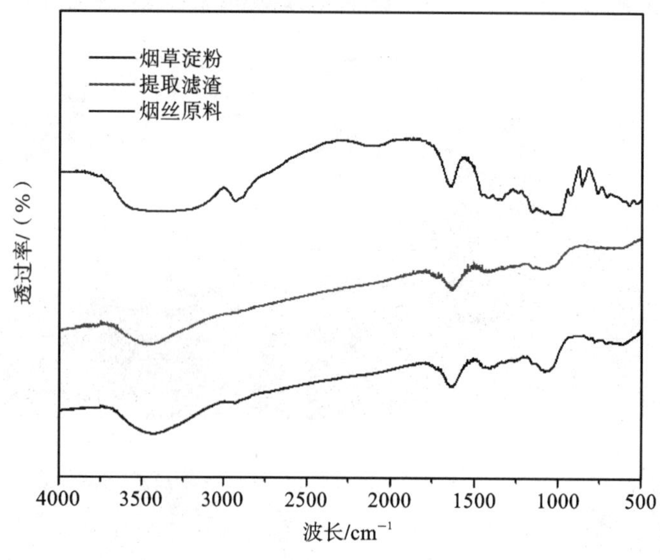

图 4-12 烟草淀粉的 FT-IR 谱图

4.3 果胶的提取纯化与分析表征

4.3.1 传统法提取烟草梗丝果胶

(1) 果胶酶活性的钝化:称取烟草梗丝样品 10 g,在去离子水中浸泡 1 h,再放入沸水中 5～7 min,通过温度来钝化果胶酶的活性,将过滤后的固相物质置于鼓风干燥箱中,50 ℃恒温条件下烘干备用。

(2) 混酸溶液的制备:将 4 mL 的盐酸、1 mL 的醋酸和 0.15 g 的柠檬酸置于烧杯中混合,通过超声使柠檬酸固体溶解并混合均匀,再用 0.5%六偏磷酸钠的水溶液稀释至 pH 为 0.5 即得到混酸溶液。

(3) 酸浸：称取干燥后的固相物置于 500 mL 的烧杯中，加入 300 mL 的混酸溶液，充分搅拌均匀，于 80 ℃的水浴锅中边搅拌边加热 120 min。

(4) 脱色：向烧杯中加入少量活性炭，保持微沸 5～10 min，趁热抽滤。

(5) 醇沉：用 Na_2CO_3 中和冷却后的滤液至 pH 4.0 左右，在 2000 r/min 离心 10 min 后，合并清液。将液体缓慢倒入等体积的无水乙醇中，同时缓慢搅拌，有白色的果胶絮凝物析出。在室温下静置 1 h 后抽滤，并用乙醇洗涤 2～3 次。

(6) 脱酯化：将过滤后的滤饼置于烧杯中，向烧杯内加入 pH 为 7～8 的乙醇-氨水溶液，常温下，使用搅拌器将絮凝果胶搅拌成粥状，真空抽滤，此时果胶成为白色疏松的棉絮状。

(7) 干燥：将烟草果胶滤饼置于表面皿中，于 50 ℃的鼓风干燥箱中干燥，最后得到烟草果胶样品。

4.3.2　超声辅助离子液体法烟草梗丝果胶

取 10 g 烟草梗丝样品于烧杯中，向烧杯中加入 30 mL 的 1-丁基-3 甲基咪唑氯盐，超声处理 8～12 min，向烧杯中加入 100～300 mL 水，使纤维素等沉淀物析出，过滤，往滤液中加入少量纤维素酶，在温度 45 ℃的条件下静置 12 h，除去烟草果胶中混合的纤维素杂质，得到果胶液。将果胶液于 80 ℃～90 ℃减压蒸馏除去大部分水，加入无水乙醇使果胶沉淀析出，用无水乙醇洗涤 2～3 次，于 60 ℃真空干燥箱中干燥，得到离子液体法烟草果胶样品。每个过程所得到的产物变化如图 4-13 所示。

图 4-13　烟草果胶的提取过程

传统法烟草果胶

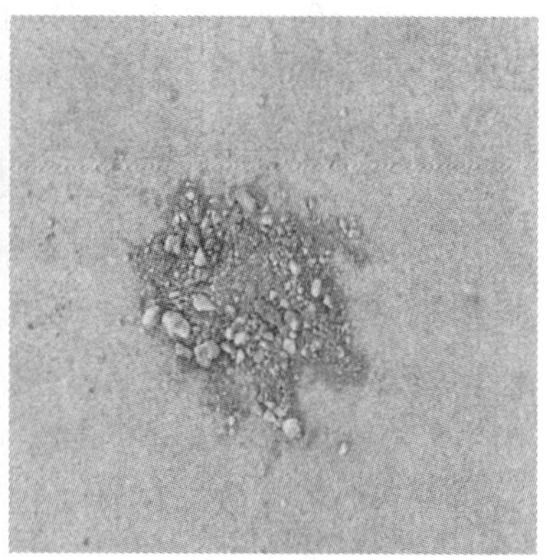

离子液体法烟草果胶

续图 4-13

根据 NY/T 82.11—1988、NY/T 2016—2011 和 GOST 32223—2013 标准，以果胶分子的基本结构单位（半乳糖醛酸）和咔唑的反应为基础，采用分光光度法测定。果胶经水解生成半乳糖醛酸，在强酸中与咔唑发生缩合，生成紫红色化合物，其呈色强度与半乳糖醛酸含量成正比，经测定果胶提取产物的纯度为 92.2%。

FT-IR 是探讨分子结构的有力手段，将传统法和离子液体法所提取到的果胶与标准果胶样品进行红外测试分析其振动谱带的强度、宽度和峰的位置，测试结果如图 4-14 所示。从图 4-14 可知，两种方法提取的果胶样品红外光谱的特征峰基本相同，同时与果胶标准样品的主要特征峰的位置基本保持一致，说明从烟草中提取到的果胶样品基本骨架没有发生明显变化。两种方法不同之处在于获得的果胶所呈现出的峰的强度不同，用传统法提取的果胶，在 1730 cm^{-1} 处和 1310 cm^{-1} 处的强度比离子液体法提取的强，该结果表明，用传统法提取的果胶可能具有较高含量的甲氧基。另外，烟草梗丝样品在约 780 cm^{-1} 处和 620 cm^{-1} 处没有吸收峰，但是用两种方法提取到的果胶样品和标样在 780 cm^{-1} 处和 620 cm^{-1} 都有一定强度的吸收峰，而该处对应的是果胶环的 C—C 变形振动。因此，从红外光谱的结果来看，传统法和离子液体法均有效提取到了果胶，而且传统法的果胶可能具有较高的甲氧基。

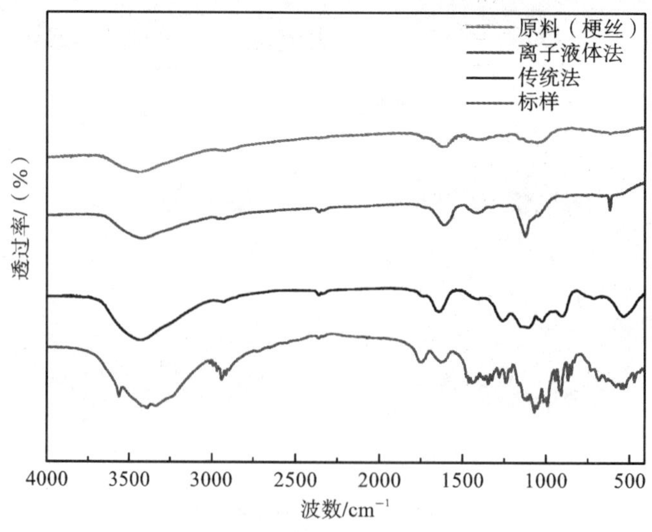

图 4-14　烟草果胶的 FT-IR 谱图

三个果胶样品的 FT-IR 曲线都在 3400 cm^{-1}处有一个明显的吸收峰，对应于羟基的氧拉伸振动和半乳糖醛酸中脂肪族碳环的不对称拉伸。果胶在 3400 cm^{-1}处的羟基伸缩振动峰强度明显比梗丝样品的强度大，因此，从梗丝中提取出果胶后，其分子间的氢键加强，即分子间相互作用增大。

果胶样品在约 2910 cm^{-1} 处出现的峰是由于 CH 不对称拉伸振动引起的，在约 2360 cm^{-1}的弱吸收表明存在脂肪族碳键；在约 1730 cm^{-1}、1430 cm^{-1}和 1310 cm^{-1}处均有一个吸收峰，分别对应的是酯化羧基吸收和甲氧基、二甲基和甲基的 C-H 平面变形；在 1625cm^{-1}处也有一个吸收带，该吸收带对应的是羧基的碳基吸收。

通过同步热分析仪对烟草果胶样品的热失重行为进行分析，研究了 N_2气氛下烟草样品及两种方法提取到的果胶样品的质量随温度的变化规律，其 TG 和 DTG 曲线如图 4-15 所示。从图中的 TG 曲线可以看出，热重曲线主要有 3 个失重峰，所对应的温度范围分别为 40 ℃～200 ℃、200 ℃～350 ℃和 350 ℃～600 ℃。

在 40 ℃～200 ℃范围内有少量质量损失，主要是水分的挥发或多糖结合水的脱除；在 200 ℃～350 ℃范围内是样品的主要质量损失阶段，在此阶段主要是多糖的热分解；在 350 ℃～600 ℃内，是最后残留物的缓慢分解，主要是由于固体产物的进一步分解生成小分子产物。

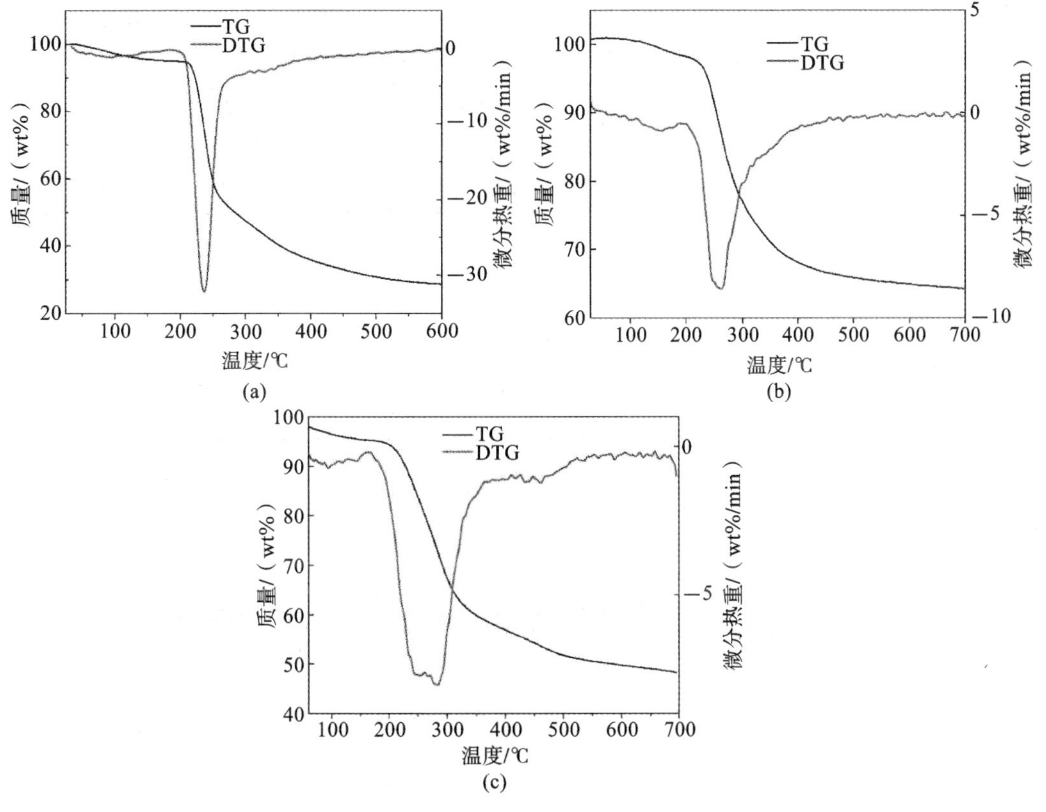

图 4-15　果胶标样

(a)传统法提取果胶；(b)离子液体法提取果胶；(c)TG 和 DTG 曲线

标准果胶样品的 DTG 峰值温度为 248.67 ℃，而传统方法提取的果胶，其 DTG 曲线的峰值温度为 269.16 ℃，最大失重率为－8.01%，离子液体法提取的果胶的 DTG 峰值温度为

285.44 ℃,最大失重率为-8.00%。无论采用传统法还是离子液体法提取的烟草果胶,其DTG曲线与果胶标样相比,主失重峰都逐渐向高温区移动,说明其热解性相对于果胶标样有所增强。

由图4-15(b)可知,用传统法提取得到的烟草果胶的质量在253.88 ℃处,质量损失率为9.91%,由图4-15(c)可知,在227.69 ℃处,用离子液体法提取的烟草果胶的质量损失率为9.73%。因此,采用离子液体法提取到的果胶具有较高的保水能力。

从总失重的角度来看,标准果胶样品、传统法提取的果胶和离子液体法提取的果胶在600 ℃下的总失重依次为72.49%、45.75%和51.83%,采用传统法提取的果胶样品的总失重小于采用离子液体法提取的果胶的总失重。

由表4-3可知,烟草梗丝样品中含有少量N和S元素,经过酸洗、醇洗、脱脂化处理后,其N和S含量越来越少,传统法得到的烟草果胶样品的N含量检测结果为0.18%,S含量为0%,这与标准果胶的结果基本一致;超声辅助离子液体的方法,由于离子液体相似相溶,萃取了更多的硫酸盐和硝酸盐,而硫酸盐和硝酸盐由于不溶于乙醇而析出,故所得果胶样品中会残留更多的杂质,导致S和N含量偏高。传统法最终得到的烟草果胶中的C和H含量低于梗丝原料和标准果胶样品,这可能是由于烟草果胶是从烟草中提取得到的,而烟草本身的含量少于纯果胶粉的含量。离子液体法果胶中的C、H含量接近于标准果胶样品,是因为超声波可以直达烟草内部,引起烟草内部物质的高频震动,烟草细胞内部迅速发热升温,压力增大,这加速了烟草细胞壁的破裂,同时,超声辅助促进了果胶从烟草向离子液体扩散的速率,缩短了烟草物质与离子液体溶剂结合的时间,同时也不可避免的引入更多的杂质,而传统法通过调整pH有效地降低了硫酸盐和硝酸盐等杂质。

表4-3 果胶样品的元素分析

样品名称	C/(%)	H/(%)	S/(%)	N/(%)	H/C(原子比)
烟草梗丝	33.17	5.40	0.41	0.99	1.989
标准果胶	44.64	6.10	0	0.20	1.093
传统法	16.40	2.28	0	0.18	1.112
离子液体法	28.97	4.32	3.26	2.64	1.192

综上所述,传统法和离子液体法获得的果胶的H/C(原子比)与果胶标准样品的H/C(原子比)比较接近。

4.4 半纤维素的提取纯化与分析表征

4.4.1 烟草梗丝半纤维提取过程

准确称取10 g烟草样品于锥形瓶中,加入质量分数为4% NaOH溶液,料液比1∶20(g/mL),超声辅助提取20 min后,60 ℃恒温下处理2 h,抽滤,干燥,得到预处理后的烟草。

将预处理后的烟草加入其重量5～20倍的水(本实验加入了烟草质量10倍的水),在水浴中45 ℃～75 ℃下煮3～5 h。

去掉提取液后得到固相物，将提取后的固相物与质量分数 6% 的碱溶液按照质量比 1∶10的比例混合后，放入搅拌容器中。

在温度 80 ℃、搅拌转速 800 r/min 的条件下搅拌反应 3 h，加入弱酸中和至 pH 为 6.5，过滤后收集滤液，即为烟草半纤维素的提取液。向烟草半纤维素的提取液中加入其 3 倍体积浓度为 95% 的乙醇，使可溶性半纤维素沉淀，经过滤后收集沉淀物，将其干燥，得到烟草半纤维素。

利用铜碘法原理(半纤维素水解后生成的糖在碱性环境和加热的情况下可将二价铜还原成一价铜，一价铜以 Cu_2O 的形式沉淀出来，用碘量法测定 Cu_2O 的量，从而计算出半纤维素含量)，测定半纤维素的纯度为 90.4%。

4.4.2　烟草梗丝半纤维的表征

将烟草半纤维素研磨成粉后，通过 X-射线衍射仪对结晶度和晶型进行分析，使用木聚糖作为烟草半纤维素的标准样品，结果如图 4-16 所示。由图可知烟草半纤维素和木聚糖的 XRD 谱图的峰型几乎保持一致，说明提取得到的半纤维素结构与木聚糖的结构相同。但是烟草半纤维素在 $2\theta=15.0°$，$2\theta=20.0°$，$2\theta=31.8°$处有三个杂峰，说明提取得到的烟草半纤维素可能含有少量杂质，可能是由于提取过程滤液分离不彻底造成的。

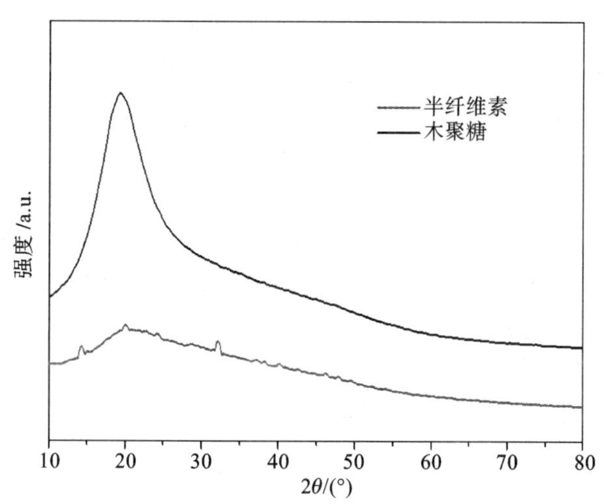

图 4-16　烟草半纤维素及木聚糖的 XRD 谱图

半纤维素主要由非晶态弥散峰构成，这说明提取得到的烟草半纤维素的结构呈无定型非晶态形式。另外，两个样品在 2θ 为 17.0°～25.0°范围内的出峰强度也表现出较大差异性，木聚糖的峰强度较半纤维素的更强，这说明木聚糖结晶度较好。

因此，从 XRD 的结果来看，提取到的烟草半纤维素含有木聚糖的特征，但是由于提取过程滤液滤渣分离过滤不完全，导致提取到的烟草半纤维素存在少量杂质。

图 4-17 为烟草半纤维素和木聚糖的红外谱图，采用红外光谱测定半纤维素样品的化学结构和官能团组成。从图中可以看出烟草半纤维素和木聚糖在主要的吸收峰位置峰强度和位置都很相似，说明提取到的烟草半纤维素与木聚糖具有相似的化学结构。

3430 cm^{-1}处有一个吸收峰，该吸收峰来自羧基和羟基中的 O—H 的伸缩振动引起，半纤维素亲水性很强，尤其是在固态下，故此处的强峰应该是由于样品含水引起的。2925 cm^{-1}

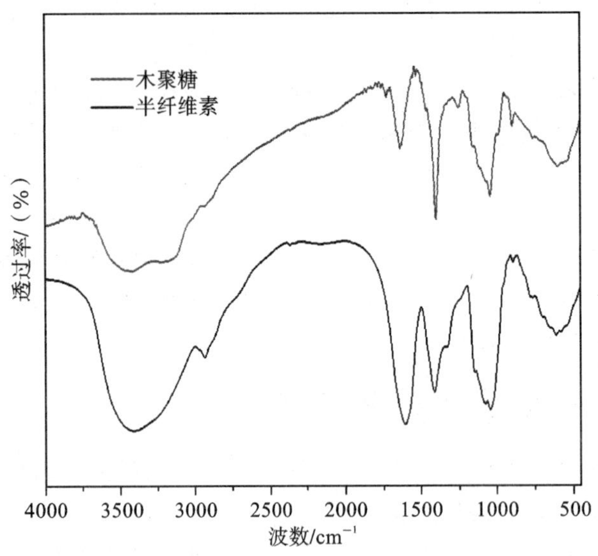

图 4-17 烟草半纤维素及木聚糖的 FT-IR 谱图

处的吸收峰则来自烷基中的 C—H 非对称伸缩振动。半纤维素乙酰基中 C=O 伸缩振动表现在 1733 cm^{-1}处，此特征峰都出现在半纤维素样品和木聚糖样品中，这说明从烟草中提取到的半纤维素很好地保留了完整的乙酰基。1628 cm^{-1}和 1613 cm^{-1}是吸收水产生的吸收峰，这是因为半纤维素很容易吸水且会发生水合作用。在 1581 cm^{-1}和 1410 cm^{-1}处的吸收峰为羧基 C=O 的伸缩振动，表明了样品中糖醛酸的存在。1254 cm^{-1}处的吸收峰为 C—H 的弯曲振动。

1461 cm^{-1}、1415 cm^{-1}、1252 cm^{-1}、1203 cm^{-1}、1161 cm^{-1}、1083 cm^{-1}、1041 cm^{-1}、987 cm^{-1}和 896 cm^{-1}处的吸收峰主要来自半纤维素大分子链上的基团。其中 1461 cm^{-1}、1415 cm^{-1}、1252 cm^{-1}吸收峰主要是由 C—H 和 C—O 弯曲或者拉伸振动引起的。1170 ～ 1000 cm^{-1}之间的谱带是阿拉伯糖基木聚糖的吸收峰。木聚糖的典型吸收峰表现在 1000～1170 cm^{-1}之间的谱带，常以此来作为木聚糖的判断依据。具体表现在 1048 cm^{-1}处，此吸收峰为 C—O、C—C 和 C—OH 的伸缩振动，是典型的木聚糖的吸收峰；1168 cm^{-1}和 987 cm^{-1}处微弱的吸收峰是糖基中 C—O—C 的伸缩振动，这些都表明存在阿拉伯糖基侧链。由图 4-17 可知，烟草半纤维素和木聚糖在 1000～1170 cm^{-1}处皆有吸收峰，因此，可以得出结论，提取到的烟草半纤维素有木聚糖的特征峰，二者结构相似。另外在 897 cm^{-1}处的吸收峰代表的 C-1 基团频率振动所产生的，表明半纤维素糖单元之间是以 β-糖苷键连接。1510 cm^{-1}、1328 cm^{-1}、1215 cm^{-1}这几个峰常作为木质素、纤维素的特征峰，这表明提取到的烟草半纤维素中含少量木质素、纤维素。由于半纤维素与纤维素和木质素之间连接复杂，目前还没有方法能将半纤维素完全分离而不含杂质。

由表 4-4 可看出，烟草梗丝样品中含有少量 S 元素。经过脱脂、碱洗等系列处理后，其 S 元素的含量越来越少，最终得到的烟草半纤维素样品的 S 元素含量检测结果为 0.183%，木聚糖的 S 含量为 0.045%，几乎不含 S 元素，二者基本一致。烟草梗丝样品中含有少量 N 元素，最终提取得到的烟草半纤维素样品的 N 含量检测结果为 1.410%，这说明分离过程导致了烟草梗丝中氮元素的富集。

表 4-4　烟草梗丝、半纤维素和木聚糖的元素分析

样品名称	C/(%)	H/(%)	S/(%)	N/(%)	H/C(原子比)
烟草梗丝	33.170	5.398	0.412	0.985	1.989
半纤维素	36.710	5.564	0.183	1.410	1.818
木聚糖	43.680	7.247	0.045	0.000	1.990

烟草梗丝样品在经过脱脂、碱洗等系列处理后提取到的烟草半纤维素，其 C 和 H 含量总体的变化趋势是逐渐递增。表明最终提取得到的烟草半纤维素中的 C 和 H 含量高于梗丝原料，同时也低于标准木聚糖样品；这是因为在提取的过程中杂质被去除，所以提高了半纤维素的纯度，故相对含量有所增加，但是半纤维素样品的纯度仍低于标准样品，故 C、H 元素的含量相对含量低于木聚糖。另外，烟草梗丝的 H/C(原子比)和烟草半纤维素的 H/C(原子比)与标准样品木聚糖的 H/C(原子比)比较接近。

4.5　木质素的提取纯化与分析表征

4.5.1　烟草木质素提取过程

准确称取称梗丝样品 10 mg，加入 20 倍体积水，调节 pH 为 11，微波处理 1 min，加入苯、乙醇各 50 mL 和乙醚 10 mL 对样品进行脱脂处理，得预处理后的烟草。

将预处理后的烟草加入 2.5 mol/L 的 HCl 溶液除去烟草中的半纤维素，滤渣用 HCl 调节至 pH 为 4，在温度 75 ℃的条件下加热 1 h 后过滤，此时滤渣中含纤维素、木质素。

在滤渣中加入 1-丁基-3-甲基咪唑氯盐，在温度 80 ℃的条件下加热 4 h 后过滤，取滤渣进行干燥，即可得到烟草木质素。如图 4-18 所示，A 为提取出的烟草木质素样品，B 为商用的木质素标样，二者从外观上看颜色一致，形状均为粉末状。根据 GB/T 35818—2018 林业生物质原料分析方法　多糖及木质素含量的测定、ISO 24196—2022 木质素、硫酸盐木质素、碱木质素和水解木质素中木质素含量的测定、YC/T 347—2010 烟草及烟草制品中性洗涤纤维、酸性洗涤纤维、酸洗木质素的测定　洗涤剂法等行业对所提取样品中的木质素含量进行了纯度的分析，木质素纯度为 90.5%。

(a)

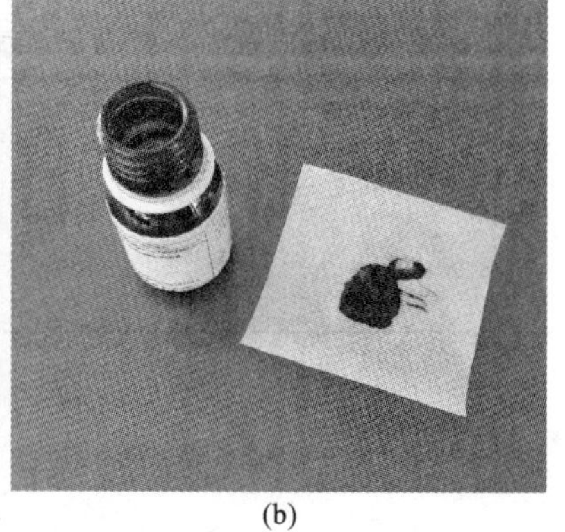

(b)

图 4-18　木质素样品

(a)烟草木质素；(b)商用木质素标品

4.5.2 烟草梗丝木质素的表征

图 4-19 为烟草木质素和木质素标品的 FT-IR 图谱，从图中可知烟草木质素和商用的木质素标品主要的吸收峰位以及峰强度都很相似，说明提取到的烟草木质素与商用木质素标品具有相似的化学结构。

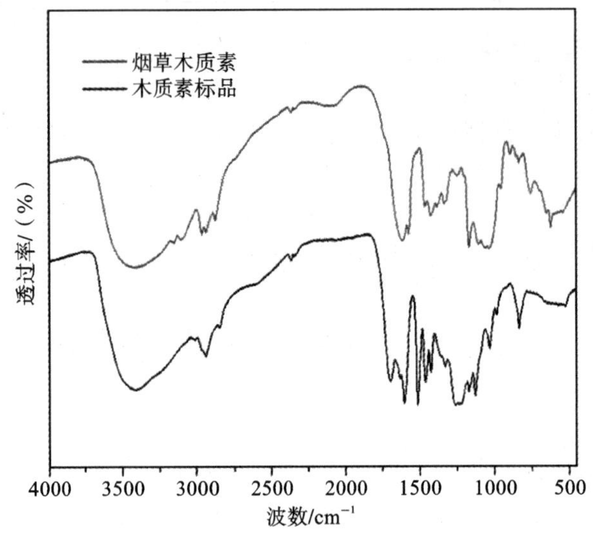

图 4-19 烟草木质素和木质素标品的 FT-IR 谱图

3426 cm^{-1}吸收峰主要是由 O—H 伸缩振动引起的，2935 cm^{-1}吸收峰主要是甲基、亚甲基中的 C—H 伸缩振动，1708 cm^{-1}吸收峰主要是由羰基中的 C=O 伸缩振动引起的，1610 cm^{-1}吸收峰主要是由芳香环的骨架振动(C=C 伸缩振动)，1460 cm^{-1}吸收峰主要是由甲基、亚甲基的 C—H 弯曲振动，1265 cm^{-1}吸收峰主要是由芳环上的 C—O 伸缩振动，1046 cm^{-1}吸收峰主要是由 C—O—C 的伸缩振动。

由表 4-5 可知，烟草木质素和标样主要由 C、H、O 组成，而 S 含量较少，由蛋白质和无机盐组成。烟草木质素 C、H 含量增加，接近木质素标品，是因为提取过程中杂质被去除，提高了木质素的纯度。而烟草木质素的 H/C(原子比)增加，表明烟草木质素苯环含量更多，梗丝样品中含有少量 N、S 元素，经过处理后，N、S 含量减少，说明去除了含 N、S 的杂质。

表 4-5 烟草梗丝、烟草木质素和木质素的元素分析

样品名称	C/(%)	H/(%)	S/(%)	N/(%)	H/C(原子比)
烟草梗丝	33.170	5.398	0.412	0.985	1.989
烟草木质素	41.380	5.846	0.183	0.121	1.695
木质素(标品)	43.680	5.974	0.045	0.062	1.641

第 5 章　烟草大分子的热解特性及产物分析

5.1　纤维素的热解特性及产物分析

首先对梗丝样品开展热解研究，考查了 400 ℃～800 ℃之间梗丝热解特征产物的变化规律和特性。所得热解产物的 TIC 色谱图和主要产物相对含量如图 5-1 和表 5-1 所示。

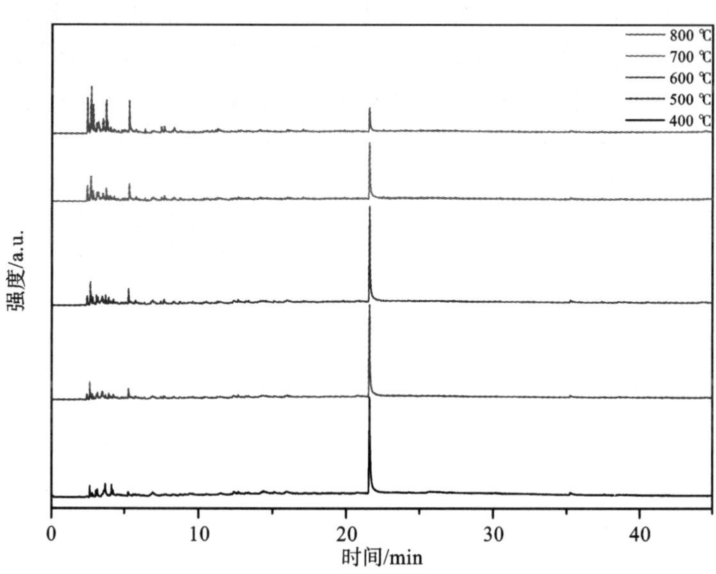

图 5-1　梗丝热解产物的 TIC 色谱图

表 5-1　梗丝热解主要产物

保留时间/min	化合物
2.640	$C_6H_8O_2$（烯酸类）
3.699	$C_5H_8O_2$（戊二酮）
4.140	$C_2H_4O_2$（乙酸）
5.278	C_7H_8（甲苯）
6.932	$C_9H_{18}O$（壬酮）
8.769	$C_7H_{14}O$（环己甲醇）

续表

保留时间/min	化合物
11.52～15.11	$C_{10}H_{20}O$(薄荷醇)
17.249	$C_9H_{15}NO_2$(二丙酮丙烯酰胺)
17.844	$C_{16}H_{30}O$(麝香酮)
19.812	$C_{16}H_{30}O_4$(十六烷二酸)
21.575	$C_{10}H_{14}N_2$(烟碱)
25.752	$C_{18}H_{32}O_{16}$(松三糖)

通过与 NIST 谱库对比，发现可鉴别的热解产物主要有 145 种，主要包括致香成分：酚类、醇类、烯烃、薄荷醇等；随着热解温度的升高，烟碱含量先增加后急剧减少，这说明烟碱在较高的热解温度下容易发生二次反应生成小分子产物；热解温度的升高也导致甲苯、环戊二烯、戊二酮、乙酸等小分子含量增多，说明较高的热解温度有利于芳烃类物质生成。

对所提取得到的烟草纤维素进行热解研究，热解温度选取 700 ℃、800 ℃和 900 ℃，此外还选取了烟草梗丝作为对比，所得到的结果如图 5-2 所示。从图中可以看出，烟草纤维素热解谱图与烟草梗丝相比有较显著差异，随热解温度增加纤维素热解谱图也有明显不同。其中，纤维素在 800 ℃和 900 ℃条件下所得到的谱图基本相同。通过谱库的检索对烟草梗丝和纤维素热解产物进行定性和相对含量的确定，所得结果如表 5-2～表 5-6 所示。

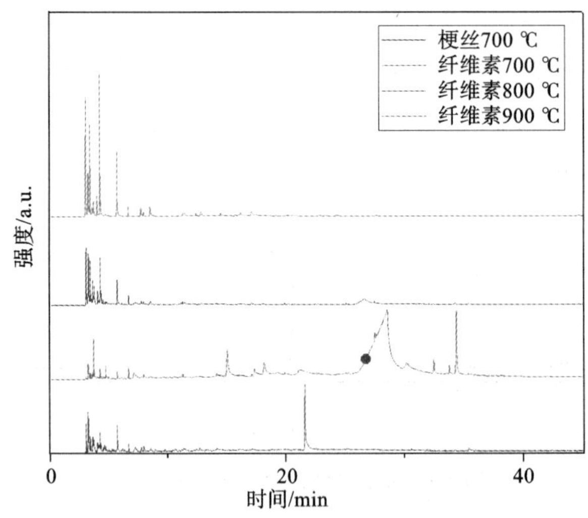

图 5-2　烟草梗丝及其提取物的 Py-GC/MS 分析的 TIC 色谱图

表 5-2　梗丝在不同温度下热解主要产物的变化情况

时间/min	产物	400 ℃	500 ℃	600 ℃	700 ℃	800 ℃
3.699	$C_5H_8O_2$	8.01	3.67	7.72	5.69	19.87
4.140	$C_2H_4O_2$	2.67	4.32	1.51	—	—
5.278	C_7H_8	0.79	3.52	5.05	7.04	11.36
21.575	$C_{10}H_{14}N_2$	52.61	53.81	57.55	23.95	14.81

表 5-3　烟草梗丝在 700 ℃的热解产物组成及相对含量

分子式	名称	相对含量/(%)
$C_{10}H_{14}N_2$	烟碱	29.56
C_3H_6O	环氧丙烷	7.13
C_7H_8	甲苯	6.56
C_4H_8	2-丁烯	5.53
C_8H_{10}	乙基苯	5.25
C_5H_8	间戊二烯	4.88
$C_{11}H_{20}O$	10-十一烯醛	3.42
C_6H_6	苯	3.29
C_6H_8	1,3,5-己三烯	2.91
C_6H_{10}	环己烯	2.32

表 5-4　烟草纤维素 700 ℃的热解产物组成及相对含量

分子式	名称	相对含量/(%)
$C_6H_{12}O_6$	阿洛糖	52.48
$C_{18}H_{39}N$	十六烷基二甲基叔胺	9.49
$C_{18}H_{32}O_{16}$	松三糖	8.89
$C_6H_6O_3$	左旋葡萄糖酮	7.18
$C_6H_8O_4$	富马酸二甲酯	4.06
C_5H_6O	2-甲基呋喃	1.77
$C_{18}H_{36}O$	硬脂烷醛	1.72
$C_5H_4O_2$	糠醛	1.71
$C_{12}H_{14}N_4O_4$	环己酮 2,4-二硝基苯腙	1.63
C_6H_8O	2,4-己二烯醛	1.20

表 5-5　烟草纤维素 800 ℃的热解产物组成及相对含量

分子式	名称	相对含量/(%)
$C_5H_{10}O$	1-甲基环丙烷甲醇	17.34
$C_6H_{12}O_6$	阿洛糖	12.5
C_6H_6	苯	7.62
C_4H_8	2-丁烯	7.43
C_6H_8	1,3-环己二烯	6.28
C_5H_6	环戊二烯	5.98
C_7H_8	甲苯	5.85
C_4H_5NO	3-异氰酸丙烯	4.77
C_5H_{10}	环戊烷	3.80
C_8H_{10}	乙基苯	2.36

表 5-6　烟草纤维素 900 ℃的热解产物组成及相对含量

分子式	名称	相对含量/(%)
C_6H_6	苯	17.71
C_4H_6	1-甲基环丙烯	15.64
C_5H_9N	2-甲基-3-丁炔-2-胺	10.85
C_7H_8	甲苯	10.74
C_5H_6	环戊二烯	8.73
C_6H_8	1,3-环己二烯	6.32
C_8H_8	苯乙烯	4.22
C_8H_{10}	乙基苯	2.54
C_9H_{10}	2,3-二氢茚	2.29
$C_{10}H_{10}$	3-甲基-1H-茚	2.23

由上述表分析结果可知，烟草梗丝在 700 ℃热解时会产生大量的烟碱，而从烟草中提取出纤维素时，再经过去烟碱的过程大部分烟碱被去除，其含量降低到 29.56 wt%。苯酚也是卷烟对人体产生危害的来源之一，700 ℃下热解烟草梗丝会产生的苯环和苯环类物质，经过提取后，相同温度下热解烟草纤维素，苯及苯环类物质含量下降，但随着热解温度的升高，其含量又开始上升。

烟草纤维素在 700 ℃热解时产生的热解产物种类比较多，在 800 ℃和 900 ℃热解时产生的热解产物以烯烃和芳香族化合物为主，其中热解烟草纤维素产生的阿洛糖随温度的升高而降低，苯、甲苯和环戊二烯的生成量随温度的升高而增加，这说明纤维素热解的高温阶段，主要生成这三种物质，而阿洛糖主要在低温阶段产生。纤维素的热解产物主要以直链化合物为主，且随温度的升高，含氧化合物的含量有所降低，这是由含氧化合物在高温下容易发生二次反应生成小分子产物所致。

经过脱脂后，脱脂样品的氮含量出现明显降低，说明脱脂的预处理过程可以降低含氮类物质。为了进一步认识脱脂过程对热解特征产物的影响规律，对脱脂后的样品进行了热解分析，所得结果如图 5-3 所示。脱脂样品的热解产物有 150 余种，热解产物主要包括酮类、醇类、酸类还有少量的苯类、酯类。随着热解温度升高，烟碱含量先增加后减少，2-丁烯、甲苯含量明显增加，与烟草梗丝样品的变化规律一致。

对梗丝及其脱脂样品的色谱图进行了对比，如图 5-4 所示。可以看出经脱脂后，热解产物中烟碱特征峰出现明显降低，这主要是由于脱脂过程中溶剂作用使烟碱类物质得到有效脱除，最终导致脱脂样品中生成更少的烟碱。此外，可以发现，经脱脂后样品在其他谱峰上的特征峰未出现较明显差异。这说明脱脂过程未改变梗丝中 C—O 键的结构特征。

为进一步认识烟草梗丝在预处理前后及热解后形貌变化情况，对样品进行了 SEM 分析，结果如图 5-5 所示。可以看出烟草梗丝结构排列紧密、间隙分布一致且均匀。SEM 谱图上可看到一些球形小颗粒，这可能是梗丝中存在的无机盐组分所致。结合 XRD 分析，可推测无机盐组分为氯化钾和碳酸钙等混合物。经溶剂脱脂处理后，脱脂样品保留了烟草梗丝的层状结构，说明有机溶剂预处理不会改变梗丝的层状结构。但可以发现，脱脂样品比梗丝

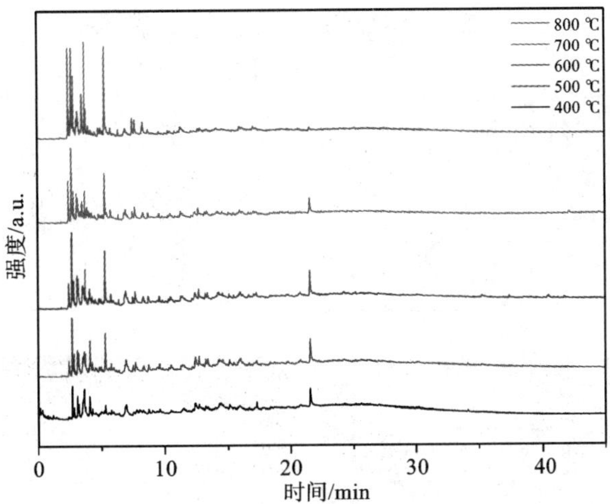

图 5-3　烟草脱脂样品在不同温度下的 TIC 色谱图

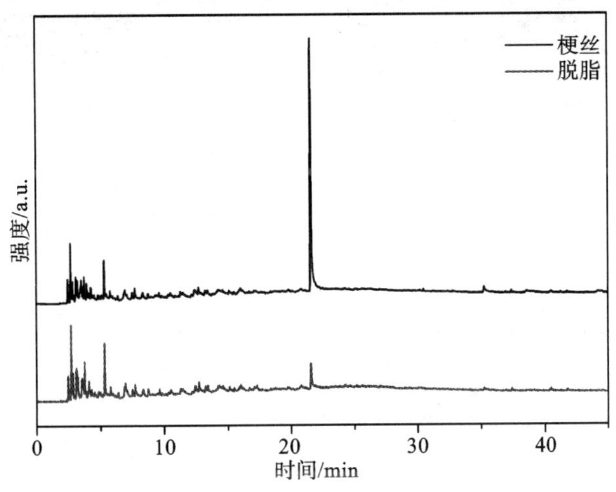

图 5-4　梗丝及其脱脂样品的 TIC 色谱图

样品的排列更整齐，骨架更松散，说明在脱脂过程中溶剂具有溶胀作用。此外可以发现脱脂后样品表面的小球形物质减少，说明存在于梗丝中的无机盐组分被有效去除。

如图 5-6 所示，热解产物包括脱水葡萄糖及其衍生物、呋喃类化合物、酚类、链状小分子含氧化合物等，说明酸性洗涤样品包含纤维素、半纤维素、木质素三大组分。热解产物出现了一些新物质（酰胺类、醇类），说明真实的生物质热解，三大组分并不完全是各自独立热解，而是存在一定相互作用。产物分布随反应温度不同而有所变化：随温度升高，1，6-脱水-β-D-葡萄糖先增加后减少，高温下，小分子含氧化合物增加，说明在高温下容易进一步分解为小分子含氧化合物。400 ℃和 500 ℃时，热解产物含有左旋葡萄糖酮（$C_6H_6O_3$）、二脱水吡喃葡萄糖（$C_6H_8O_4$），热解温度升高容易发生分解。

对比脱脂样品，酸洗后出现了很多新的热解特征峰：十六醛、1-十六烷醇甲酸酯、二甲基棕榈基胺，如图 5-7 所示。热解产物含量有差别：1，6-脱水-β-D-葡萄糖含量显著增加，这是纤维素中糖苷键断裂以及转糖基作用导致；呋喃含量、1-甲基环丙甲醇含量也明显增加。羟基乙醛、羟基丙酮等链状含氧小分子化合物减少。

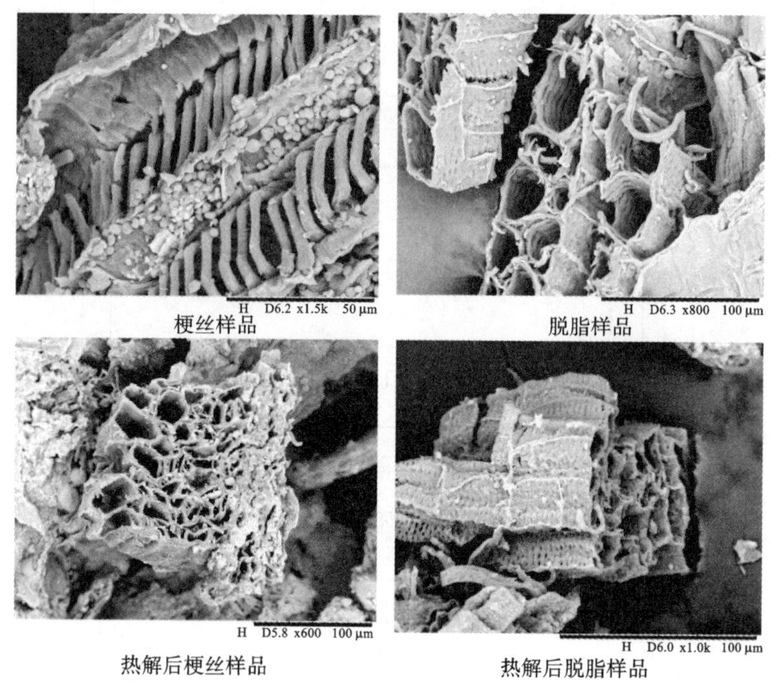

图 5-5 烟草梗丝、脱脂样品及热解后样品的 SEM 分析

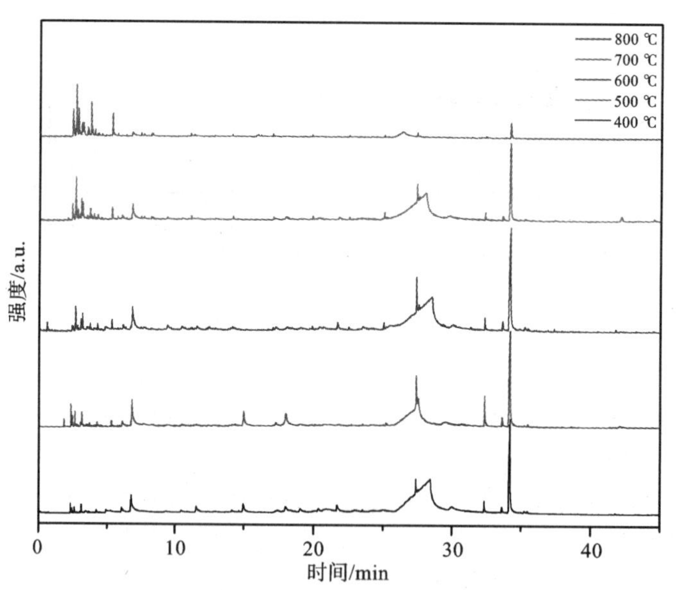

图 5-6 梗丝酸洗样品的 TIC 色谱图

对脱木质素样品进行热解特性研究，考查了 400 ℃～800 ℃范围内脱木质素样品的 TIC 色谱图差异，结果如图 5-8 和图 5-9 所示。随热解温度升高，1,6-脱水-β-D-葡萄糖和二甲基棕榈基胺含量均先增加后减少。可以发现，随热解温度升高，小分子类化合物，如醇类、3-戊烯-1-醇、4-环戊烯-1,3-二酮、吡唑含量明显增加。随热解温度升高，1,6-脱水-β-D-葡萄糖和二甲基棕榈基胺在高温作用下发生 C—C 键等断裂生成上述小分子产物。此外，热解温度

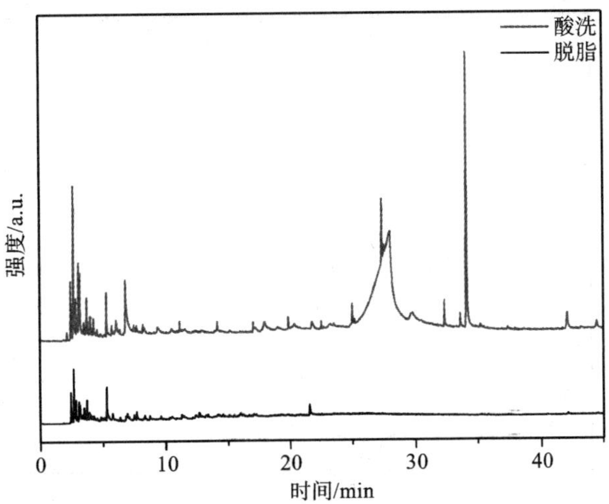

图 5-7　酸洗样品和脱脂样品的 TIC 色谱图

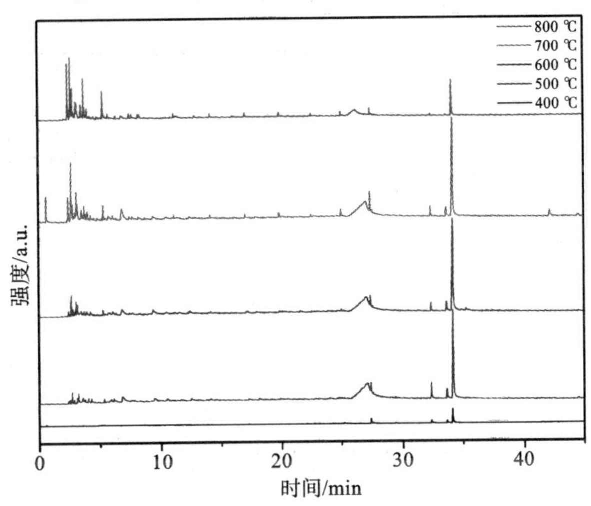

图 5-8　脱木质素样品热解产物的 TIC 色谱图

升高也会导致十六醛、十六醇、十七烷-9-醇等产物含量逐渐减少。在高温下，长链的醛、醇等含氧类物质也容易发生二次反应生成小分子产物。

对提取的烟草纤维素样品进行热解分析，考查不同热解温度对烟草纤维素热解产物分布及组成变化的影响规律，所得结果如图 5-10 所示。纤维素热解产物包括小分子含氧化合物（链状和呋喃环类）、多种脱水葡萄糖物质组成，其中松三糖是烟草纤维素热解的主要产物，这与烟草热解产物的特征峰相符合。纤维素热解油品中的有机物大部分是脱水糖，这是由于糖苷键断裂以及转糖基作用所导致。随着热解温度升高，3-戊烯-1-醇，甲酸戊酯含量逐渐升高；1，4-二甲基吡唑、蜜二糖、1，6-脱水-β-D-葡萄糖、乳糖、二甲基棕榈基胺先增加后减少。

对不同处理过程得到的样品进行了热解产物的对比，考查了在 600 ℃热解温度下产物组成的差异。图 5-11 显示经过脱脂后烟草样品中烟碱含量出现显著降低，当产物中出现二甲基棕榈基胺，则可以判定反应物已经为酸洗后的样品。

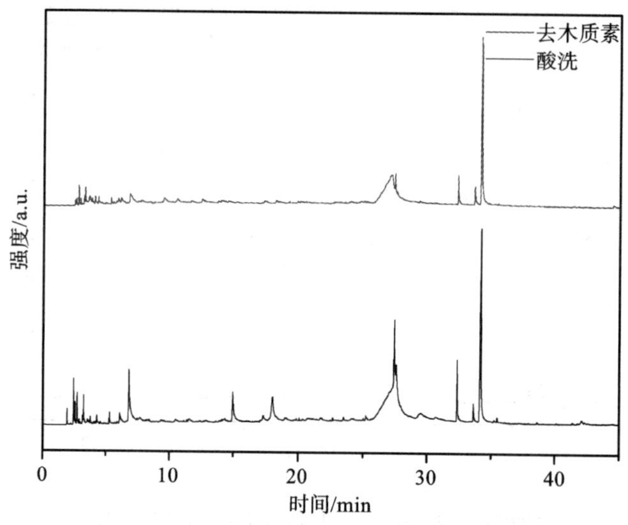

图 5-9　脱木质素样品热解产物的 TIC 色谱图

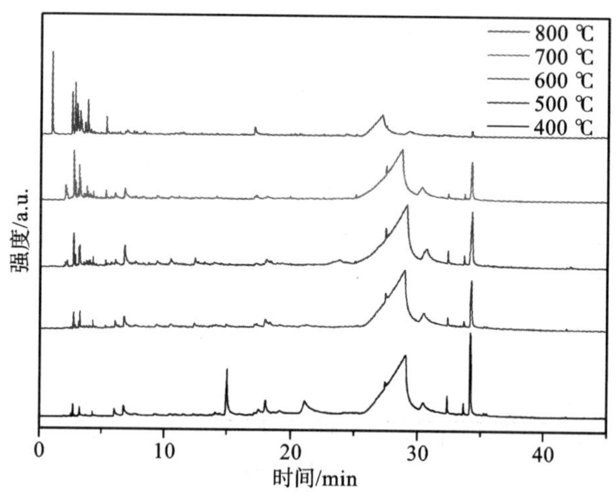

图 5-10　烟草纤维素样品热解产物的 TIC 色谱图

烟草原料组成差异也是导致其热解产物存在较明显差别的主要因素，因此研究了烟草原料组成的影响。图 5-12 为梗丝、烟丝和薄片三种不同来源的烟草在不同热解温度下的热解产物差异对比。可以看出梗丝、烟丝、薄片热解出峰位置不变，产生的物质种类基本一致，但是薄片比烟丝、梗丝热解产生的物质种类多，因为薄片是混合物，热解产物种类增多。烟丝、烟梗的热解产物的差异主要体现在含量上：烟丝产生的致香成分更多（例如薄荷醇），梗丝产生的酚类物质的总量高于烟丝，是因为烟梗中高分子聚合物（木质素和纤维素）多是烟气中单酚的最主要前体。相同的热解温度下，梗丝热解产生的烟碱少，梗丝热解产物中的烟碱含量明显比烟丝中的低。

图 5-13 显示在相同的热解温度下，薄片脱脂后样品热解产生的物质最多，梗丝次之，烟丝热解产生的物质种类最少。例如 600 ℃梗丝脱脂检测到 150 余种化合物，烟丝脱脂检测到 109 种化合物，薄片脱脂检测到 177 种化合物。与其他样品相比，薄片样品热解后仍然含有大量的烟碱，说明采用溶剂预处理的方法能够降低薄片中烟碱含量，但是与梗丝和烟丝相

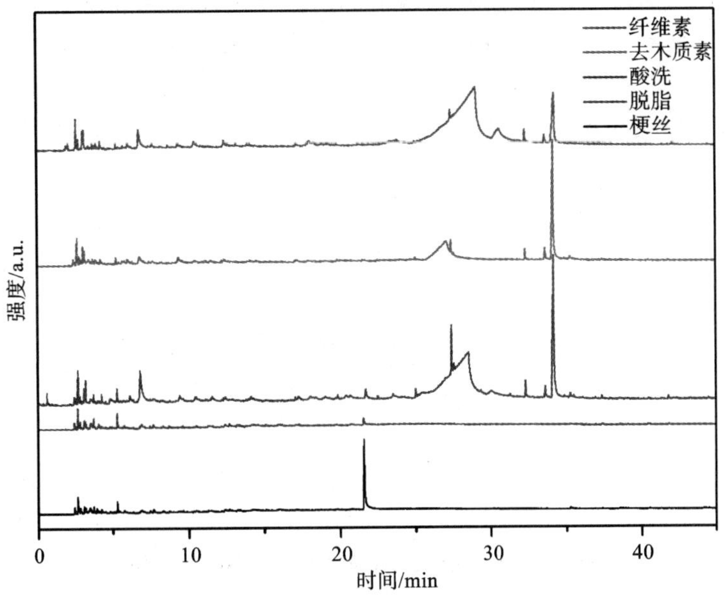

图 5-11　600 ℃下不同烟草提取物样品热解的 TIC 色谱图

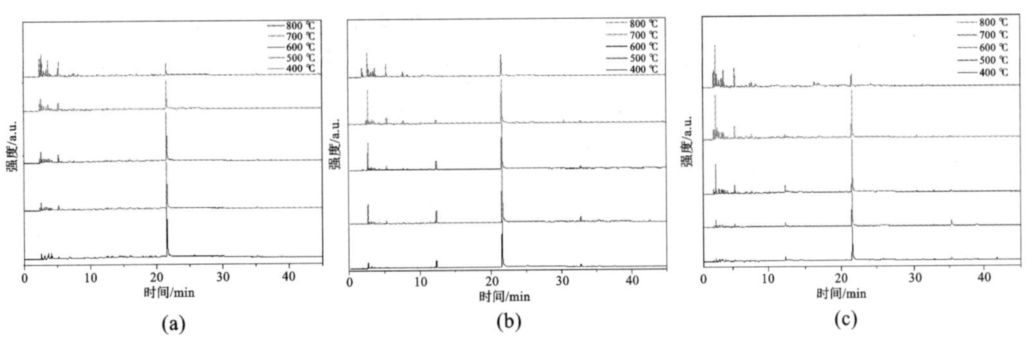

图 5-12　烟草梗丝(a)、烟丝(b)和薄片(c)在不同热解温度下的 TIC 色谱图

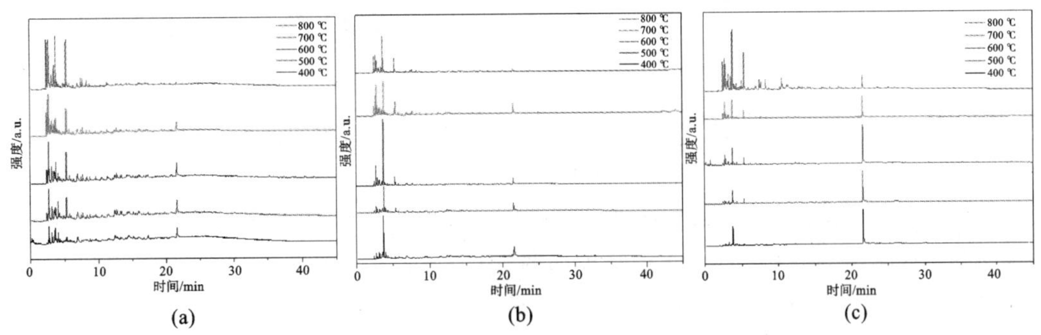

图 5-13　脱脂样品在不同温度下的 TIC 色谱图

(a)梗丝;(b)烟丝;(c)薄片

比,预处理的效果降低。同一温度下,梗丝脱脂样品热解后产生甲苯、环己酮类物质含量最高,这可能是因为梗丝中含有更多的高分子聚合物(例如:纤维素、木质素)。

对酸洗后样品热解产物进行分析(图 5-14)，可以发现，烟丝酸洗热解后 $C_6H_8O_4$(二脱水吡喃葡萄糖)含量较多，占 15.3%，薄片中含有 10.98%，梗丝中检测不到此物质。在同一温度下，(以 600 ℃为例)热解主产物 $C_6H_{10}O_5$(1,6-脱水-β-D-葡萄糖)在梗丝酸洗的热解产物中占 49%；在烟丝酸洗中占 20%；薄片占比不到 10%，这是由于梗丝中的纤维素/半纤维等含量最高所致。

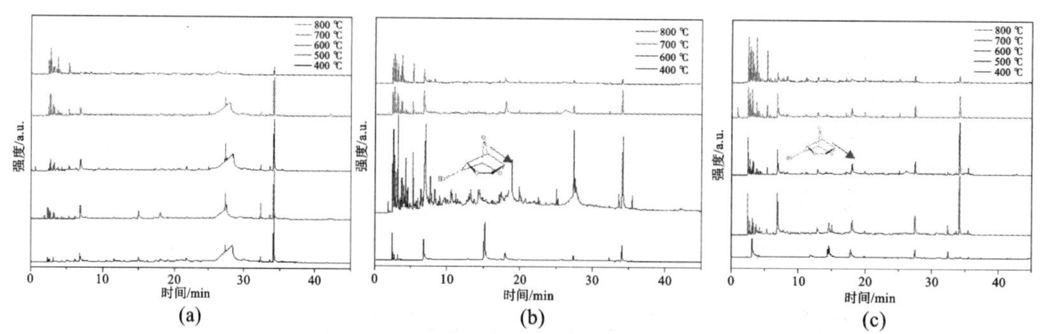

图 5-14　酸洗样品在不同温度下的 TIC 色谱图

(a)梗丝；(b)烟丝；(c)薄片

图 5-15 显示，在相同温度下(400 ℃)，梗丝去木质素样品热解产生的 1,6-脱水-β-D-葡萄糖比烟丝和薄片少，这是由于梗丝中含有更多的木质素所致，去除木质素后，产率有所下降。脱木质素后，三种不同烟草的热解产物基本一致，且随着热解温度的升高产物的变化规律也基本一致。其中，1,6-脱水-β-D-葡萄糖和二甲基棕榈基胺含量均先增加后减少，小分子类化合物含量随着温度升高增加。

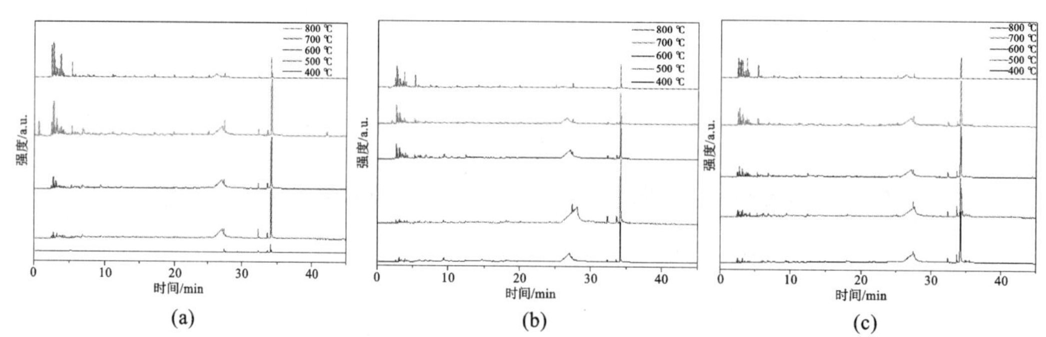

图 5-15　脱木质素样品在不同温度下的 TIC 色谱图

(a)梗丝；(b)烟丝；(c)薄片

对梗丝、烟丝和薄片提取得到的纤维素样品进行热解分析，对比不同热解温度下热解产物逸出情况及相对含量的变化，所得结果如图 5-16 所示。可以发现，烟丝纤维素样品热解产生的 1,6-脱水-β-D-葡萄糖最多，梗丝次之，薄片最少。可以发现，通过多步提取得到的烟草纤维素样品其热解产物基本一致，并且产物分布随着热解温度升高的变化规律也一致。其中 1,6-脱水-β-D-葡萄糖和二甲基棕榈基胺含量均先增加后减少，小分子类化合物含量随着温度升高增加。如表 5-7 所示，梗丝纤维素在 500 ℃时热解产生的 1,6-脱水-β-D-葡萄糖含量最大，为 83.58%，且随着热解温度的升高而降低，当热解温度为 800 ℃时，降低到 60.41 wt%。烟丝纤维素和薄片纤维素热解所产生的 1,6-脱水-β-D-葡萄糖含量均低于梗丝纤维素。可以发现，烟丝纤维素在 400 ℃时含量最大，为 77.12 wt%；薄片纤维素在 600 ℃时所产生的 1,6-脱水-β-D-葡萄糖含量最大，为 68.85 wt%。

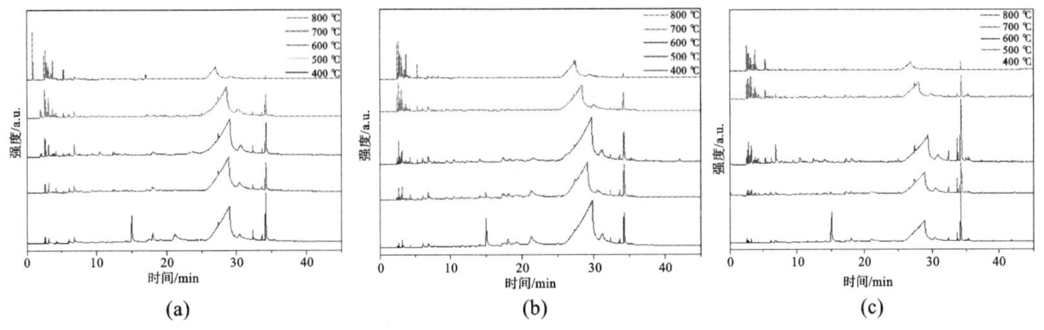

图 5-16　纤维素样品在不同温度下的 TIC 色谱图

梗丝(a)、烟丝(b)和薄片(c)

表 5-7　梗丝、烟丝和薄片纤维素样品在不同热解温度下其相对含量的变化情况

时间/min	产物	400 ℃	500 ℃	600 ℃	700 ℃	800 ℃
脱水葡萄糖/(wt%)	梗丝纤维素	75.69	83.58	81.81	79.81	60.41
	烟丝纤维素	77.12	70.68	76.12	72.80	61.03
	薄片纤维素	62.74	60.52	68.85	65.05	52.35

5.2　淀粉的热解特性与产物分析

对烟草淀粉和梗丝脱脂样品进行热解特征产物的对比及行为分析，所得热解产物色谱图如图 5-17 所示。可以发现烟草淀粉热解产物谱峰和梗丝脱脂总含氮类物质总类明显减少，这是因为在淀粉提取过程中大部分的含氮类物质发生了明显脱除，如表 5-8 所示。这与元素分析相符合。此外，谱图中可以看出热解产物主要以含氧类物质为主，这与烟草淀粉和梗丝脱脂样品含氧官能团种类丰富和氧含量高有关。

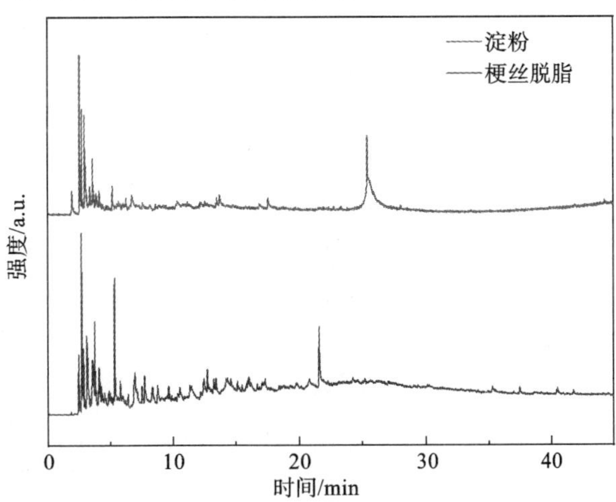

图 5-17　烟草淀粉和梗丝脱脂样品的热解 TIC 色谱图

表 5-8 烟草淀粉热解产物

时间/min	产物	相对含量/(%)
2.394	C_4H_6	0.73
2.635	$C_7H_{14}O$	4.72
2.783	C_5H_6	0.88
3.047	$C_6H_4O_6$	1.51
3.138	C_5H_6O	4.01
3.476	C_6H_8	0.7
3.636	$C_2H_4O_2$	2.72
4.1	$C_7H_{14}O$	1.46
4.18	C_6H_8O	2.05
4.243	$C_9H_{14}O$	1.22
5.198	C_7H_8	0.53
6.097	$C_4H_4O_2$	5.32
6.674	C_6H_8O	6.89
6.938	$C_7H_8O_2$	1.43
7.573	$C_7H_{14}O$	1.21
7.664	C_9H_{16}	0.61
8.002	C_9H_{16}	3
9.301	$C_5H_6O_2$	7.36
10.302	$C_{10}H_{18}$	4.57
10.743	$C_7H_{10}O$	2.07
11.418	$C_8H_{16}O$	5.3
12.548	$C_7H_{10}O$	3
13.575	$C_{10}H_{20}O$	0.64
13.947	$C_6H_8O_3$	9.71
14.891	$C_{11}H_{20}O_2$	1.05
15.996	$C_{11}H_{20}O_2$	1.87
17.094	$C_9H_{18}O$	8.67
17.855	$C_6H_{10}O_2$	3.17
18.222	$C_{12}H_{24}O$	0.59
18.925	$C_{11}H_{22}O$	0.7
19.904	$C_9H_{18}O$	1.4
21.025	$C_{15}H_{30}O$	1.01
25.54	$C_{11}H_{16}O_4$	6.87
41.133	$C_{15}H_{24}O$	0.54

5.3 果胶的热解特性与产物分析

实验采用气相色谱质谱联用仪分析烟草梗丝及传统法和离子液体法提取所得的果胶在600 ℃下的热解行为。

热解实验对烟草梗丝以及采用传统法和离子液体法提取所得果胶进行了 Py-GC/MS 分析。图 5-18 和表 5-9 为梗丝和果胶在 600 ℃下的 TIC 色谱图和相应各峰的热解产物。由图可知，三个样品的热解产物主要以烯烃、醇类和烷烃为主。其中，烟草梗丝的主要热解产物为 1，3-戊二烯和 3，7，11-三甲基-1-十二烷醇；传统法提取所得果胶的主要热解产物为 3-戊烯-1-醇、1，3-丁二烯、2-丁烯和 E-2-二十烯-1-醇；离子液体法提取所得果胶的主要热解产物为 1-丁醇、2-丁烯、4-甲基-4-戊烯-2-醇和 1-丁烯-3-炔。

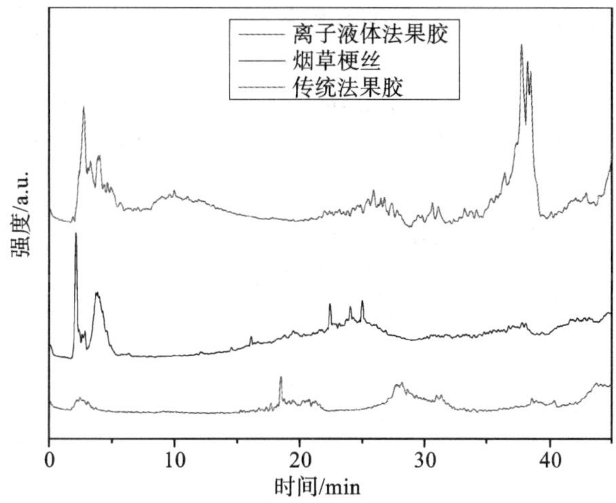

图 5-18　600 ℃下的不同方法提取果胶样品的 TIC 色谱图

表 5-9　600 ℃下的不同样品的热解产物分析表

样品名称	分子式	相对含量/(%)
烟草梗丝	C_4H_8	7.36
	C_4H_6	8.69
	$C_5H_{10}O$	1.75
	$C_{10}H_{14}N_2$	11.92
	C_5H_8	64.31
	C_5H_{10}	4.50
传统法果胶	C_4H_8	7.61
	C_4H_6	2.84
	$C_5H_{10}O$	27.67
	$C_{18}H_{36}O$	18.59
	$C_6H_8O_2$	18.19
	C_9H_{16}	6.37
	$C_{18}H_{34}$	8.84

续表

样品名称	分子式	相对含量/(%)
离子液体法果胶	C_4H_8	19.00
	C_4H_4	18.60
	$C_4H_{10}O$	27.25
	$C_6H_{12}O$	34.12
	$C_{25}H_{36}O_2$	1.03

烟草梗丝和传统法所提取的果胶热解后2-丁烯含量差异性不大，但是采用离子液体法提取的果胶热解后2-丁烯含量明显增加。烟草梗丝中1,3-丁二烯的含量为8.69%，传统法提取果胶中1,3-丁二烯的含量为2.84%，有所减少，但用离子液体法提取果胶中1,3-丁二烯的含量很少，并不是热解主要产物。烟草梗丝热解主要产物是烯烃，传统果胶热解主要产物是醇类和酯类，而离子液体法的果胶热解既含有烯烃类和炔烃类化合物，又含有醇类化合物。

采用离子液体法提取果胶时，与传统法所提取出来的果胶局部结构不同，导致热解部位不同，从而使得两种方法下提取的果胶的热解产物不同。同时由于离子液体法中可能存在残留的离子液体，在热解过程中可能起到的催化作用，也会导致两种提取方法所得到的果胶在600 ℃下的热解产物不同，这与元素分析结果一致。

实验采用气相色谱质谱联用仪分析传统法提取所得的果胶在500 ℃、600 ℃、700 ℃和800 ℃下的热解行为，所得TIC色谱图如图5-19所示。

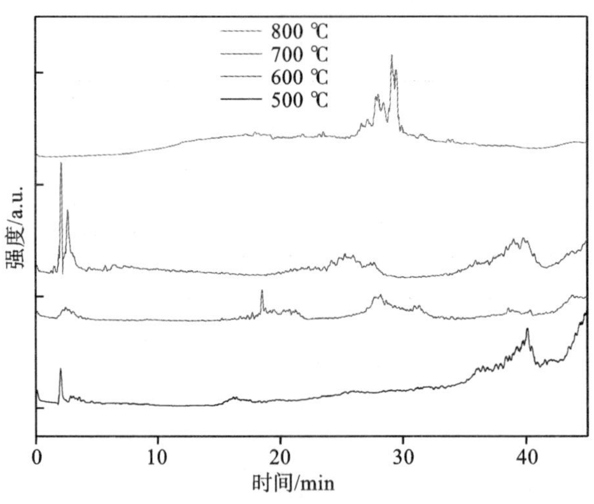

图5-19 传统法烟草果胶在不同温度下的TIC色谱图

图5-19和表5-10为烟草果胶在500 ℃、600 ℃、700 ℃、800 ℃下TIC色谱图和相应各峰的热解产物，各个温度的热解产物有所不同。其中，烟草果胶的500 ℃主要热解产物为13-十七炔-1-醇、17-十八炔酸、十八烯酸、4,4-二甲基-环戊烯等；烟草果胶的600 ℃主要热解产物为3-戊烯-1-醇、E-2-二十烯-1-醇、2-亚甲基-环丙羧酸甲酯、十八炔、3,3-二甲基-1,6-庚二烯等；烟草果胶的700 ℃主要热解产物为2-丁烯、1,3-丁二烯、9-十八烯酸(Z)-苯甲酯等；烟草果胶的800 ℃主要热解产物为(Z)-2-十七碳烯、2-甲基-1-十六醇、十九烷、9-十六碳烯酸等。

表 5-10　传统法烟草果胶在不同温度下的产物组成及相对含量

温度	分子式	相对含量/(%)
500 ℃	$C_{17}H_{32}O$	71.5
	C_7H_{12}	2.82
	$C_{18}H_{32}O_2$	8.48
	$C_{16}H_{30}O_2$	1.4
	$C_{18}H_{34}O_2$	4.23
600 ℃	$C_5H_{10}O$	27.67
	$C_6H_8O_2$	18.19
	$C_{18}H_{34}$	8.84
	C_9H_{16}	6.37
	$C_{18}H_{36}O$	18.59
700 ℃	C_4H_8	42.64
	C_4H_6	28.34
	$C_{25}H_{40}O_2$	6.08
	$C_{19}H_{32}$	6.34
	$C_{18}H_{32}O_2$	2.94
800 ℃	$C_{16}H_{30}O_2$	6.38
	$C_{17}H_{32}O$	1.18
	$C_{17}H_{34}$	34.07
	$C_{17}H_{36}O$	25.33
	$C_{18}H_{34}O_2$	0.97
	$C_{19}H_{40}$	14.58

烟草果胶在 500 ℃热解时产物主要是 13-十七炔-1-醇，该产物相对含量达到 71.5%，而在 600 ℃热解时产物主要是 3-戊烯-1-醇和 E-2-二十烯-1-醇，而在 700 ℃和 800 ℃却未出现较大含量的烯醇或炔醇类化合物，这说明烟草果胶热解为 500 ℃时对炔醇类的选择性较高，而 600 ℃时对烯醇的选择性较高。而烟草果胶在 700 ℃热解时产物主要是 2-丁烯和 1,3-丁二烯，烟草果胶在 800 ℃热解时产物主要是(Z)-2-十七碳烯、2-甲基-1-十六醇和十九烷，相比 500 ℃和 600 ℃热解时的产物，700 ℃和 800 ℃热解产物中，烯烃、烷烃和饱和醇相对含量增加，而不饱和醇相对含量较低，这说明在烟草果胶 700 ℃热解温度时对小分子烯烃选择性较高，而 800 ℃时对饱和醇和烷烃选择性较高。

热解产物中不饱和酸酯产率随温度增加呈现先增加后降低趋势，当热解温度低于 600 ℃及以下，果胶未能完全分解；但当温度达到 700 ℃时，初次热解产生的某些组分可能会发生二次反应，热解产物集中于小分子烯烃，不饱和酸酯相对含量较低，而当温度达到 800 ℃时，烟草果胶热解产物发生了聚合。

5.4 半纤维的热解特性与产物分析

将烟草原料经过提取操作后得到的烟草半纤维素样品进行热解特征产物行为分析，所得热解产物谱图如图 5-20 所示。烟草半纤维素样品的主要热解产物包括 2,3-丁二酮乙酸、2-丁烯醛、2,3-戊二酮、乙酸甲酯、丁二醛、糠醛、2-呋喃甲醇、γ-丁内酯、苯酚、脱水葡萄糖等，如表 5-11 所示。从图 5-20 可以看出，同一温度下，烟草半纤维素样品热解后产生的烟碱含量对比烟草原料急剧减少，这是因为在提取过程中大部分的烟碱已经被去除，这进一步说明所提取的半纤维素纯度较高。另外，从图中可观察到热解温度从 400 ℃～800 ℃，随热解温度升高，大分子类化合物含量逐渐降低，小分子化合物(例如 2,3-丁二酮、乙酸、2-丁烯醛、2,3-戊二酮)含量增加。这是由于当温度高于 600 ℃时，初次热解产生的某些组分可能会进行二次甚至三次热解，热解产物集中于小分子烯烃，不饱和酸酯的相对含量较低。温度变化规律与烟草原料一致，即温度越高，大分子化合物进一步趋向于向小分子化合物分解。

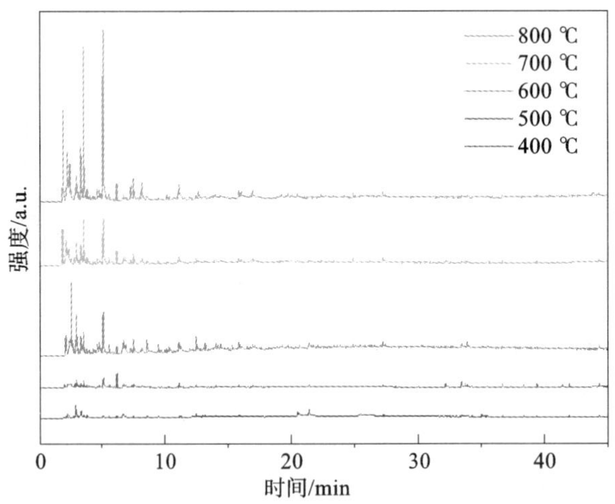

图 5-20 烟草半纤维素在不同热解温度下的 TIC 色谱图

表 5-11 烟草半纤维素样品热解后的主要产物

时间/min	产物	相对含量/(%)
2.492	2,3-丁二酮	7.15
2.674	乙酸	11.94
3.191	2-丁烯醛	2.02
3.713	甲酸甲酯	3.95
3.956	2,3-戊二酮	1.96
5.703	1-羟基-2-丁酮	3.39
5.833	乙酸甲酯	4.69
6.078	丁二醛	6.24
7.707	糠醛	6.04

续表

时间/min	产物	相对含量/(%)
8.543	2-呋喃甲醇	6.45
8.982	羟基丙酮乙酸酯	1.28
10.35	γ-丁内酯	1.89
12.899	苯酚	2.74
13.108	2-羟基-γ-丁内酯	0.36
17.21	3-甲基-3,4(3H,5H)-呋喃二酮	0.37
18.477	2,3-二羟基苯甲醛	0.15
21.384	脱水葡萄糖	2.09

5.5　木质素的热解特性与产物分析

对烟草木质素样品进行热解特征产物行为分析，所得热解 TIC 色谱图如图 5-21 所示。可以发现当热解温度达到 600 ℃时，烟草木质素的热解产物中含氧产物大幅降低并形成大量的烯烃、芳香烃等产物，如表 5-12 所示。烟草木质素的热解产物包括苯酚、2,3-二氢苯并呋喃、对-异丙基苯酚、2-羟基-5-甲基苯乙酮等，这是由于呋喃环发生断裂脱羰生成 CO 等小分子气体。酮类及醛类组成的羰基化合物主要来源于糖类组分的分解。其他含氧化合物中主要包括有机酸、酯、醚等化合物，主要是因为脱羧及脱水反应需克服的能垒低于脱羰反应。

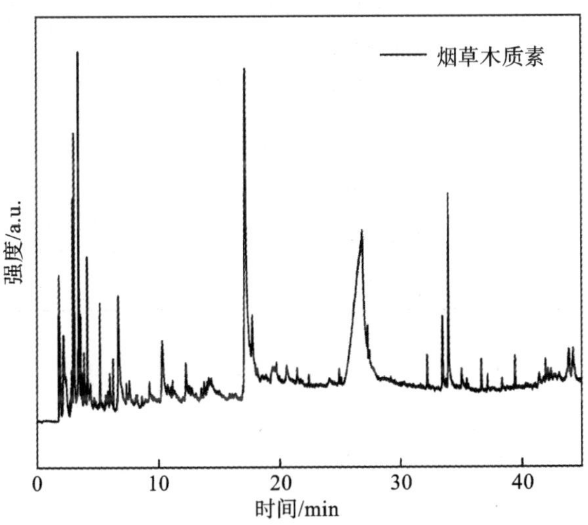

图 5-21　烟草木质素样品的热解 TIC 色谱图

表 5-12　烟草木质素样品热解后的主要产物

时间/min	产物	相对含量/(%)
12.825	苯酚	1.13
14.672	2-羟基苯甲醛(安息香醛)	0.39

续表

时间/min	产物	相对含量/(%)
15.145	2-甲基苯酚	19.01
17.713	2-乙基苯酚	1.17
18.009	2,4-二甲基苯酚	0.06
18.456	2,3-二羟基苯甲醛	0.71
18.571	4-乙基苯酚	0.28
18.903	2-甲氧基-3-甲基苯酚	0.15
19.559	邻二苯酚	0.14
20.133	2,3-二氢苯并呋喃	0.74
20.34	对-异丙基苯酚	0.36
20.977	2-羟基-5-甲基苯乙酮	0.24
21.282	3-甲氧基-1,2-苯二酚	0.36
21.794	4-乙基-2-甲氧基苯酚	0.12
22.106	4-甲基-1,2-苯二酚	0.05
22.446	对-异丙烯基苯酚	0.17
23.464	2-乙基-苯甲醛	0.08
23.751	2,6-二甲氧基苯酚	0.14
24.586	4-乙基-邻苯二酚	0.44
24.997	香草醛	0.53
26.225	1,2,4-三甲氧基苯	0.31
27.207	4-羟基-3-甲氧基苯乙酮	0.12
28.167	1,2,3-三甲氧基-5-甲基苯	0.14
29.083	4-甲基-2,5-二甲氧基苯甲醛	0.08
30.898	4-羟基-3-甲氧基苯乙酸	0.39
31.075	2,6-二甲氧基-4-(2-丙烯基)苯酚	0.57

第6章　烟草大分子的热解模型构建及验证

6.1　烟草样品热解数据库的建立

卷烟烟气是一种动态变化的复杂混合物，已测定的化学成分有数千种，其中一部分来自烟草本身，其余主要通过烟叶原料燃烧、热解等反应产生。第5章主要分析了从烟草提取的木质素、纤维素、半纤维素、淀粉、果胶等物质的热解图谱，而烟草本身是一个复杂物质，与单纯提取物之间的热解产物有较大的区别，因此需要建立相应的烟草样品热解数据库。

表6-1为66个烟草样品的基本信息，包含原料来源、大分子种类和含量、水分等信息。其中所分析的大分子包括木质素、纤维素、半纤维素、淀粉、果胶等，其中木质素包含酸溶木质素和酸不溶木质素两种，淀粉包含直链淀粉和支链淀粉两种。在建模过程中将酸不溶木质素和酸溶木质素归纳为木质素，将直链淀粉和支链淀粉归纳为淀粉。

表6-1　不同烟草样品的主要大分子种类及其含量

序号	样品信息	酸不溶木质素/(%)	酸溶木质素/(%)	纤维素/(%)	半纤维素/(%)	果胶/(%)	直链含量/(%)	支链含量/(%)	水分/(%)
1	普洱景东-B1F-B01	1.57	2.59	4.40	2.36	5.92	0.520	1.371	13.22
2	普洱景东-B2F-B01	2.22	3.10	4.01	2.66	6.78	0.234	1.302	12.61
3	普洱景东-C1F-B01	1.24	2.00	4.23	2.01	5.74	0.622	1.818	14.44
4	普洱景东-C1F-C02	1.23	1.96	4.80	1.99	5.44	0.576	1.766	13.58
5	普洱景东-C1F-C03	0.98	2.29	4.89	2.17	5.66	0.540	1.440	13.57
6	普洱景东-C3F-B01	0.75	2.29	4.46	2.16	5.47	0.684	1.852	12.76
7	普洱景东-C3F-C02	1.17	1.77	5.05	2.03	5.69	0.629	1.664	15.03
8	普洱景东-C3F-C03	1.11	2.53	4.81	2.32	6.57	0.317	1.156	13.03
9	普洱景东-C3L-C03	1.30	2.29	6.36	2.44	6.52	0.675	1.992	12.81
10	普洱景东-C4F-C03	1.27	2.43	5.74	2.59	6.88	0.537	1.353	13.91
11	沾益-B1F-B01	1.03	2.27	4.17	2.11	5.61	0.649	1.755	12.56
12	沾益-B2F-B01	1.09	2.51	4.36	2.13	5.56	0.624	1.497	12.19

续表

序号	样品信息	酸不溶木质素/(%)	酸溶木质素/(%)	纤维素/(%)	半纤维素/(%)	果胶/(%)	直链含量/(%)	支链含量/(%)	水分/(%)
13	沾益-C3L-C03	1.51	2.13	4.19	2.12	5.20	0.413	1.084	15.06
14	沾益-C3V-C03	1.34	2.14	5.05	2.16	5.80	0.603	1.520	14.60
15	沾益-C4F-C03	1.63	1.94	4.86	1.99	5.24	0.713	1.776	15.11
16	永定 C1F-B01	1.32	1.88	6.14	2.20	5.89	1.416	3.386	12.23
17	永定 C1F-C02	0.83	1.67	6.45	1.98	5.66	1.508	3.261	12.29
18	永定 C1F-C03	1.37	1.98	6.40	2.13	6.18	1.349	2.778	12.28
19	永定 C2F-B01	0.99	1.82	5.62	2.41	6.40	0.882	1.998	12.31
20	永定 C2F-C02	1.02	1.61	6.06	1.93	5.92	1.071	2.629	12.75
21	永定 C2F-C03	1.35	1.79	5.56	2.25	6.65	0.471	1.462	12.26
22	永定 C3F-B01	1.41	1.67	5.68	2.42	6.83	0.796	2.401	11.96
23	永定 C3F-C02	0.78	1.63	5.16	2.00	6.31	0.694	2.022	12.91
24	永定 C3F-C03	1.26	1.72	5.54	2.19	6.57	0.607	1.891	12.30
25	长汀 C2F-B01	2.78	2.00	6.54	2.76	7.81	1.110	2.464	12.48
26	长汀 C2F-C02	0.95	1.57	5.62	2.06	6.61	0.869	2.122	12.79
27	长汀 C2F-C03	1.26	2.21	7.62	2.67	7.48	0.487	1.334	13.23
28	长汀 C3F-B01	1.20	1.88	6.25	2.30	7.03	1.398	2.549	12.09
29	长汀 C3F-C02	1.37	1.76	5.85	2.42	7.77	0.950	2.376	11.99
30	长汀 C3F-C03	2.01	1.71	7.03	2.23	6.54	1.135	2.947	11.52
31	尤溪 C2F-B01	1.25	1.84	7.05	2.73	7.11	1.126	2.557	11.63
32	尤溪 C2F-C02	0.55	2.08	6.98	2.68	8.31	0.808	1.861	11.31
33	尤溪 C2F-C03	0.90	1.96	7.77	2.63	7.98	0.962	1.952	11.68
34	尤溪 C3F-B01	1.22	2.00	7.04	2.76	7.87	1.047	2.423	12.28
35	尤溪 C3F-C02	0.79	1.68	7.10	2.05	7.69	1.037	2.659	12.28
36	尤溪 C3F-C03	1.11	2.04	6.99	2.56	8.33	0.592	1.939	12.60
37	宁化 C2F-B01	1.94	2.08	7.24	2.65	7.95	0.744	2.057	12.50
38	宁化 C2F-C02	2.12	1.94	7.23	3.01	7.47	0.869	1.949	12.54
39	宁化 C2F-C03	1.95	1.76	7.31	2.38	7.60	0.976	2.093	12.78
40	清流 C2F-B01	1.95	1.98	7.26	2.60	7.50	0.997	2.127	12.47
41	清流 C2F-C02	1.78	1.87	7.41	2.46	7.39	0.804	1.898	12.63
42	清流 C2F-C03	1.71	1.91	8.00	2.40	7.31	1.149	2.743	13.35

续表

序号	样品信息	酸不溶木质素/(%)	酸溶木质素/(%)	纤维素/(%)	半纤维素/(%)	果胶/(%)	直链含量/(%)	支链含量/(%)	水分/(%)
43	清流 C3F-B01	1.63	2.05	7.23	2.65	7.91	0.964	2.304	12.28
44	清流 C3F-C02	1.66	1.98	6.95	2.49	7.36	0.735	1.902	12.89
45	清流 C3F-C03	1.62	1.84	5.86	1.90	7.56	0.860	1.919	13.56
46	大理 C1F-B01	1.53	1.75	5.85	1.92	5.89	1.259	2.703	12.98
47	大理 C1F-C02	1.71	1.66	5.40	2.05	6.22	0.776	1.502	12.79
48	大理 C1F-C03	1.74	1.63	6.34	2.15	6.65	1.053	2.321	12.80
49	大理 C2F-B01	1.78	1.86	5.95	1.66	6.34	1.096	2.194	13.05
50	大理 C2F-C02	2.03	1.65	5.46	1.99	6.51	0.877	2.274	13.90
51	大理 C2F-C03	1.86	1.89	5.86	2.32	7.40	0.789	2.253	13.34
52	大理 C3F-B01	1.94	2.31	4.30	2.26	6.63	0.597	1.664	14.76
53	大理 C3F-C02	1.60	1.98	5.85	2.33	6.50	0.650	1.666	13.83
54	大理 C3F-C03	1.86	1.99	6.37	2.30	7.15	0.568	1.588	13.17
55	沾益 C2F-B01	1.88	2.35	4.80	2.44	6.40	0.532	1.226	13.90
56	沾益 C2F-C02	2.08	2.20	5.81	2.47	6.79	0.580	1.211	14.00
57	沾益 C2F-C03	1.43	1.96	4.82	2.16	6.08	0.427	1.074	12.76
58	马鸣 C1F-B01	2.38	2.22	5.33	2.69	7.00	0.593	1.543	13.25
59	马鸣 C1F-C02	2.25	1.89	5.69	2.34	6.80	0.665	1.578	13.35
60	马鸣 C1F-C03	2.71	2.27	5.91	2.72	7.87	0.345	1.317	12.18
61	马鸣 C2F-B01	2.33	2.86	5.06	2.65	6.64	0.603	1.376	13.69
62	马鸣 C2F-C02	2.36	1.82	5.70	2.18	6.19	0.807	1.681	13.41
63	马鸣 C2F-C03	2.27	2.10	6.18	2.42	6.54	0.664	1.553	13.62
64	马鸣 C3F-B01	2.50	2.88	5.20	2.66	7.21	0.573	1.415	12.84
65	马鸣 C3F-C02	2.31	2.06	5.68	2.55	6.81	0.565	1.384	13.21
66	马鸣 C3F-C03	1.87	2.26	6.02	2.63	7.51	0.463	1.236	14.00

通过对 66 个样品开展热解实验并对热解生成的色谱图、具体产物进行分析。图 6-1 为选取的 4 个烟草样品的热解气相色谱图，从图中可以看出烟草热解所得色谱图在热解峰的出峰位置基本相同，但部分热解峰在强度上有较为明显的差异。表 6-2 列出了烟草样品热解主要产物的种类、分子式及其含量。根据烟草热解产物的分子式可将烟草热解分为含氧类、含氮类和烃类产物等。由于烟草结构的特殊性，其热解产物中含氮类的物质占主要成分，其中尼古丁是烟草热解的特征产物，在烟草样品热解产物中含量占比为 45.41 wt%。此外热解生成的产物中含氧类物质为呋喃类、醛类、酮类等物质。

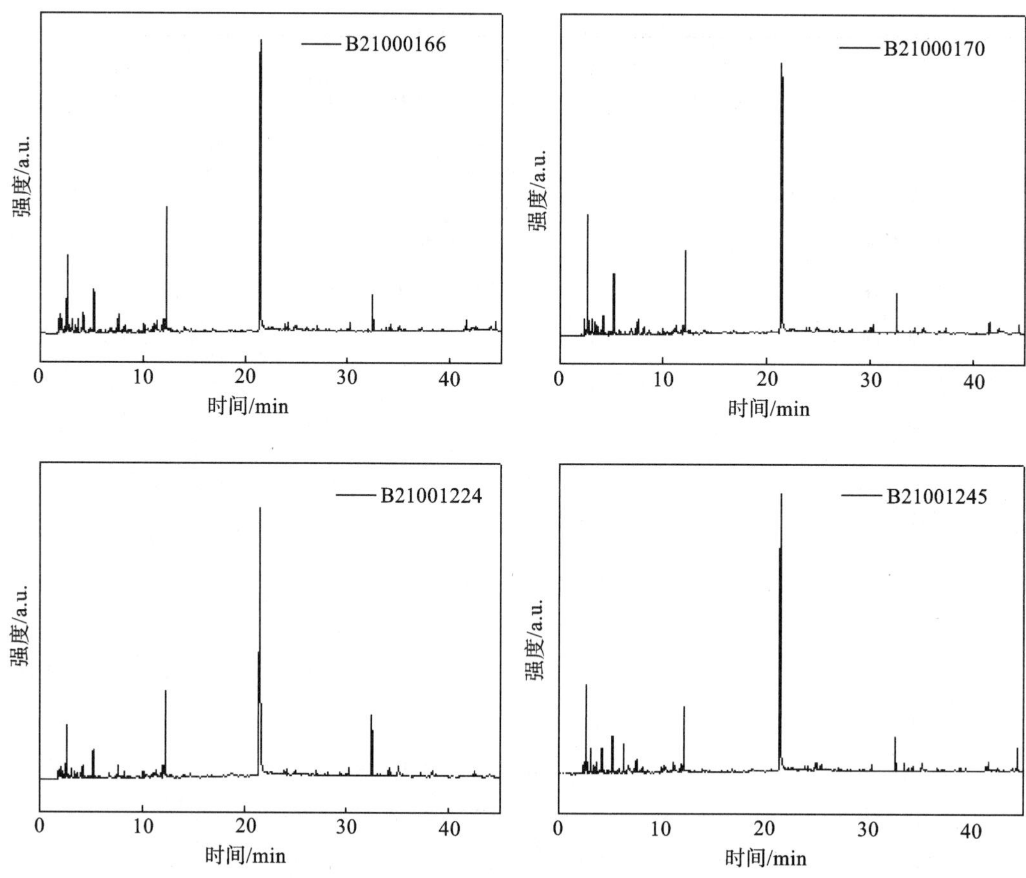

图 6-1 烟草样品热解气相色谱图

表 6-2 烟草样品热解产物组成及含量

峰	面积	RT	峰面积总和/(%)	化合物	分子式
1	2813840.15	2.371	1.06	2-Butene	C_4H_8
2	4143405.24	2.583	1.56	Cyclopropane,1,2-dimethyl-	C_5H_{10}
3	15571294.11	2.623	5.87	1,3-Pentadiene	C_5H_8
4	4500545.5	2.663	1.70	2-Pentene	C_5H_{10}
5	1820273.71	2.755	0.69	1,3-Cyclopentadiene	C_5H_6
6	1467463.95	3.058	0.55	2-Butanone	C_4H_8O
7	2809582.71	3.104	1.06	Furan,3-methyl-	C_5H_6O
8	2031827.61	3.407	0.77	1,3,5-Hexatriene	C_6H_8
9	1469186.08	3.447	0.55	1,3-Cyclopentadiene,5-methyl-	C_6H_8
10	1541675.93	3.636	0.58	Benzene	C_6H_6
11	3875303.75	3.911	1.21	acetic acid	$C_2H_4O_2$
12	825204.92	4.162	0.27	Furan,2,5-dimethyl-	C_6H_8O
13	2094459.21	4.7	0.79	1-Methylcyclohexa-1,3-diene	C_7H_{10}

续表

峰	面积	RT	峰面积总和/(%)	化合物	分子式
14	1668483.53	4.86	0.63	1-Methylcyclohexa-1,4-diene	C_7H_{10}
15	1198722.7	4.923	0.45	1,3-Pentadiene,2,4-dimethyl-	C_7H_{12}
16	1572783.06	5.089	0.59	1,3,5-Heptatriene,(3E,5Z)-	C_7H_{10}
17	14593948.65	5.181	5.5	Toluene	C_7H_8
18	1807105.54	5.667	0.68	2-Butenal,2-methyl-	C_5H_8O
19	1518630.19	6.743	0.57	3-Cyclopentene-1-acetaldehyde	$C_7H_8O_2$
20	3264563.34	6.823	1.23	2,4-Hexadien-1-ol	$C_6H_{10}O$
21	1186524.64	6.972	0.45	3-Heptene	C_7H_{14}
22	1494281.01	7.338	0.56	Ethylbenzene	C_8H_{10}
23	4564549.78	7.544	1.72	p-Xylene	C_8H_{10}
24	2166008.36	8.128	0.82	C8H8	C_8H_8
25	1263086.57	8.185	0.48	1-Cyclohexene,1-ethynyl-	C_8H_{10}
26	1798020.53	8.586	0.68	2-Cyclopenten-1-one,2-methyl-	C_6H_8O
27	1444162.84	10.005	0.54	1,5-Cyclooctadiene,1,5-dimethyl-	$C_{10}H_{16}$
28	1638008.5	11.258	0.62	4-Methyl-1,4-heptadiene	C_8H_{14}
29	2659215.06	11.927	1	Cyclohexene,3-methyl-6-(1-methylethyl)-	$C_{10}H_{18}$
30	19369784.7	12.145	7.3	D-Limonene	$C_{10}H_{16}$
31	1085299.17	12.511	0.26	2-Cyclopenten-1-one,2,3-dimethyl-	$C_7H_{10}O$
32	1579068.29	13.947	0.59	2,5-Dimethylfuran-3,4(2H,5H)-dione	$C_6H_8O_3$
33	1339512.15	13.999	0.3	2,2-Dimethyl-3-vinyl-bicyclo[2.2.1]heptane	$C_{11}H_{18}$
34	1342188.63	15.944	0.51	2-Methyl-3-phenyl-2-propen-1-ol	$C_{10}H_{12}O$
35	117882876.8	21.449	45.41	Pyridine,3-(1-methyl-2-pyrrolidinyl)-	$C_{10}H_{14}N_2$
36	1900253.84	24.859	0.72	Tricyclo[6.4.0.0(3,7)]dodeca-1,9,11-triene	$C_{12}H_{14}$
37	1562850.77	27.113	0.59	Aromandendrene	$C_{15}H_{24}$
38	1546522.73	29.98	0.58	Retinal	$C_{20}H_{28}O$
39	2269740.89	30.261	0.86	1-Nonadecene	$C_{19}H_{38}$
40	10238057.03	32.561	3.86	$C_{20}H_{38}$	$C_{20}H_{38}$
41	1531714.35	34.306	0.58	Geranylgeraniol	$C_{20}H_{34}O$
42	1642736.4	35.067	0.62	Estra-1,3,5(10)-trien-17β-ol	$C_{18}H_{24}O$
43	1841980.69	35.187	0.69	$C_{20}H_{28}O$	$C_{20}H_{28}O$
44	1309189.73	36.698	0.49	1-Heptatriacotanol	$C_{37}H_{76}O$
45	1626514.85	37.35	0.61	Aromadendrene oxide-(2)	$C_{15}H_{24}O$
46	4353792.61	41.539	1.69	2-Ethylhexyl trans-4-methoxycinnamate	$C_{18}H_{26}O_3$
47	2707079.88	44.371	1.16	Octan-2-yl palmitate	$C_{24}H_{48}O_2$

6.2 烟草纤维素热解特征产物与预测模型建立

纤维素是一种由D-葡萄糖以β-1,4糖苷键组成的大分子多糖,纤维素热解时,会发生剧烈的解聚反应生成以脱水糖为主的中间态纤维素,并通过蒸发或气溶胶的方式向焦油转移。在此过程中,纤维素和脱水糖发生吡喃环断裂反应生成诸如羟基乙醛(HAA)、5-羟甲基糠醛(5-HMF)等小分子物质。通过前期数据分析发现,烟草纤维素热解产生的松三糖$C_{18}H_{32}O_{16}$(Melezitose)为热解特征产物,通过建立热解特征产物松三糖含量与纤维素含量的关系最终实现对烟草中纤维素含量的预测。

(一)一元线性回归模型

选用MATLAB建立线性回归模型,所选用的代码如下。

```
Clear;clc;
Load('dianfen.xlsl');% 导入数据
n= length(a);
X= a(:,1);% 提取自变量
X1= [ones(n,1),X];% 自变量矩阵前加一列 1
Y= a(:,2);% 提取自变量
[b,bint,r,rint,stats]= regress(Y,X1);% 多指标
% 输出向量 b,bint 为回归系数估计值和它们的置信区间,r,rint 为残差及其置信区间,
% stats 是用于检验回归模型的统计量,有三个量,
% 第一个是决定系数 R 的平方,第二个是 F 统计量值,第三个是与 F 统计量对应的概率 P
Z= b(1)+ b(2)* X;% 回归方程
plot(X,Y,'rp',X,Z,'b');
title('原始数据散点图与回归线');
set(0,'defaultfigurecolor','w').
```

图6-2为纤维素热解特征产物松三糖与纤维素含量关系图及其一元线性拟合曲线。松三糖含量与纤维素在烟草中的含量呈现出很好的线性关系,随着纤维素含量的增加,松三糖含量也随之线性增加。借助一元线性回归模型建立松三糖含量与纤维素含量的数学模型,所建立的模型为

$$y=0.65832+12.88176x \tag{6-1}$$

式中:y——纤维素在烟草中的含量;

x——松三糖含量。

从图6-2拟合表格结果可以看出,所建立数学模型的残差平方和为4.40178,调整后r^2为0.93023。对于线性回归模型,当残差平方和的数值小而调整后r^2的数据大于0.75时说明所建立的模型具有较好的线性关系,且其数值越接近于1说明该数学模型的线性关系越好,这证明松三糖含量与纤维素含量之间存在明确的线性关系。图6-3的残差分析也表明Sheet 1列的常规残差在0附近的柱状图呈现出较好的高斯分布。由此可见,所建立的模型能够很好地预测烟草中纤维素的含量。

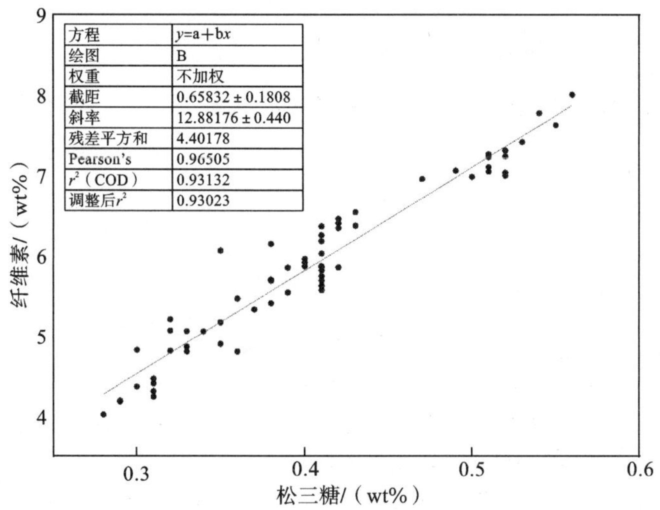

图 6-2　松三糖含量与纤维素含量线性关系图

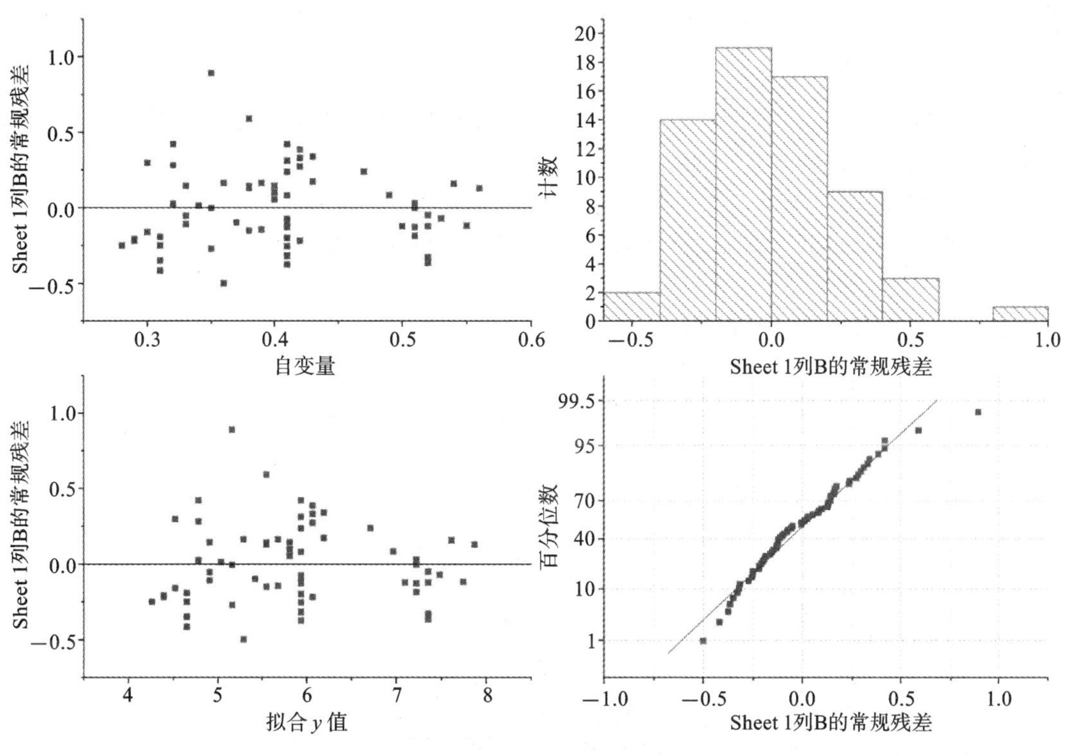

图 6-3　一元线性回归模型的残差分析(1)

6.3　烟草淀粉热解特征产物与预测模型建立

通过前期数据分析发现淀粉热解生成的 2,3-二甲基-2-环戊烯酮和 2,5-二甲基-3,4(2H,5H)-呋喃酮为热解特征产物，通过建立这两种热解特征产物含量与淀粉含量的关系，最终实现对烟草中淀粉含量的预测。

（一）一元线性回归模型

选用 MATLAB 建立线性回归模型，所选用的代码如下。

```
Clear;clc;
Load('dianfen.xlsl');% 导入数据
n= length(a);
X= a(:,1);% 提取自变量
X1= [ones(n,1),X];% 自变量矩阵前加一列 1
Y= a(:,2);% 提取自变量
[b,bint,r,rint,stats]= regress(Y,X1);% 多指标
% 输出向量 b,bint 为回归系数估计值和它们的置信区间,r,rint 为残差及其置信区间,
% stats 是用于检验回归模型的统计量,有三个量,
% 第一个是决定系数 R 的平方,第二个是 F 统计量值,第三个是与 F 统计量对应的概率 P
Z= b(1)+ b(2)* X;% 回归方程
plot(X,Y,'rp',X,Z,'b');
title('原始数据散点图与回归线');
set(0,'defaultfigurecolor','w').
```

图 6-4 为淀粉热解特征产物 2,3-二甲基-2-环戊烯酮与淀粉含量关系图及其一元线性拟合曲线。2,3-二甲基-2-环戊烯酮含量与淀粉在烟草中的含量呈现出很好的线性关系，随着淀粉含量的增加，2,3-二甲基-2-环戊烯酮含量也随之增加。借助一元线性回归模型建立 2,3-二甲基-2-环戊烯酮含量与淀粉含量的数学模型，所建立的模型为

$$y = 0.61692 + 7.29458x \tag{6-2}$$

式中：y——淀粉在烟草中的含量；

x——2,3-二甲基-2-环戊烯酮含量。

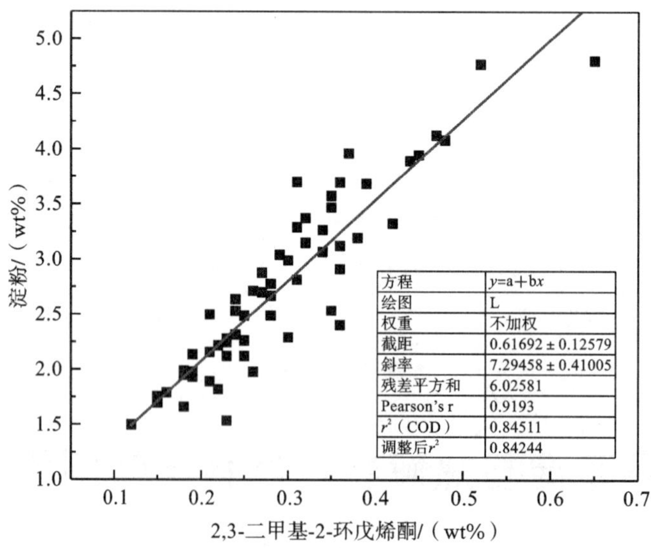

图 6-4　2,3-二甲基-2-环戊烯酮含量与淀粉含量线性关系图

从图 6-4 拟合表格结果可以看出，所建立的数学模型的残差平方和为 6.02581，调整后 r^2 为 0.84244。对于线性回归模型，当残差平方和的数值小而调整后 r^2 的数据大于 0.75 时，说明所建立的模型具有较好的线性关系，且其数值越接近于 1 说明该数学模型的线性关系越好。图 6-5 的残差分析也表明 Sheet 1 列的常规残差在 0 附近的柱状图呈现出很好的高斯分布，此外所对应的残差百分位基本上在直线两侧均匀分布。

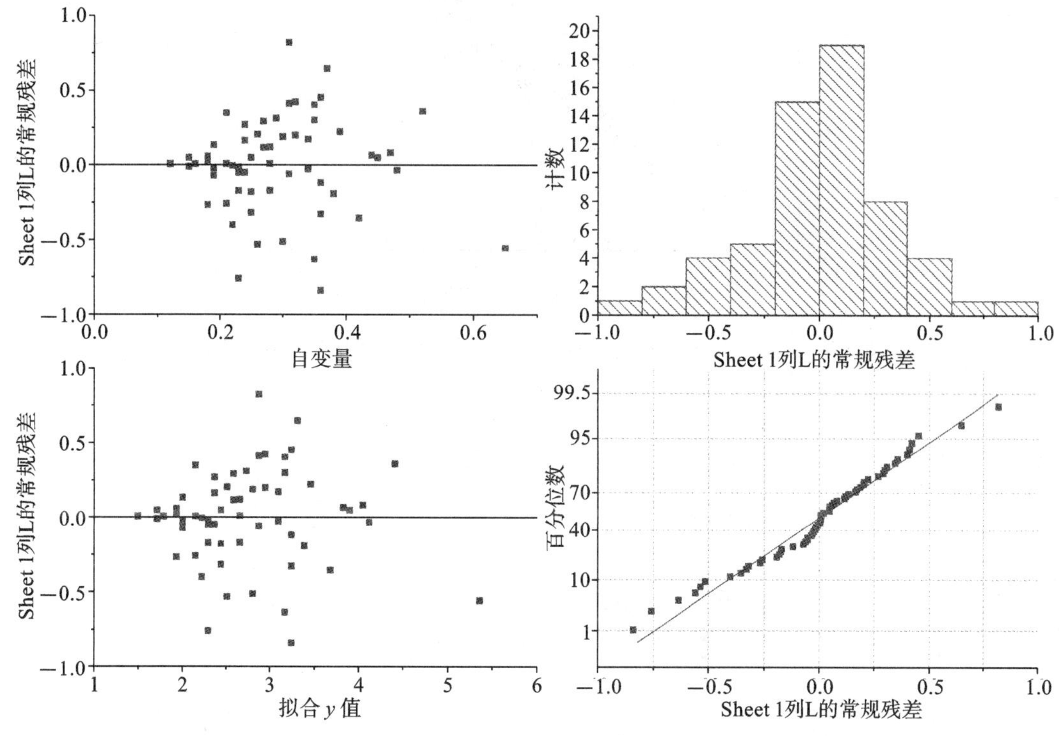

图 6-5 一元线性回归模型的残差分析(2)

2,5-二甲基-3,4(2H,5H)-呋喃酮也是淀粉的热解特征产物之一，采用与上述相同的方法构建线性回归模型，如图 6-6 所示。可以看出，2,5-二甲基-3,4(2H,5H)-呋喃酮含量与淀粉在烟草中的含量呈现出很好的线性关系，即随着淀粉含量的增加，2,5-二甲基-3,4(2H,5H)-呋喃酮含量也随之增加。2,5-二甲基-3,4(2H,5H)-呋喃酮含量与淀粉含量的关系可用一元线性回归模型来表示，所建立的模型为

$$y=-0.13554+5.45328x \tag{6-3}$$

式中：y——淀粉在烟草中的含量；

x——2,5-二甲基-3,4(2H,5H)-呋喃酮含量。

从图 6-6 拟合表格结果可以看出，所建立的数学模型的残差平方和为 4.23426，调整后 r^2 为 0.89584。调整后 r^2 的数据大于 0.75 且其数值越接近于 1 说明该数学模型的线性关系越好。图 6-7 的残差分析也表明 Sheet 1 列的常规残差在 0 附近的柱状图呈现出很好的高斯分布，此外所对应的残差百分位基本上在直线两侧均匀分布。这证明当选用 2,3-二甲基-2-环戊烯酮和 2,5-二甲基-3,4(2H,5H)-呋喃酮作为淀粉热解特征产物时，其含量的变化与淀粉在烟草中的含量密切相关，并且表现出很好的线性关系。

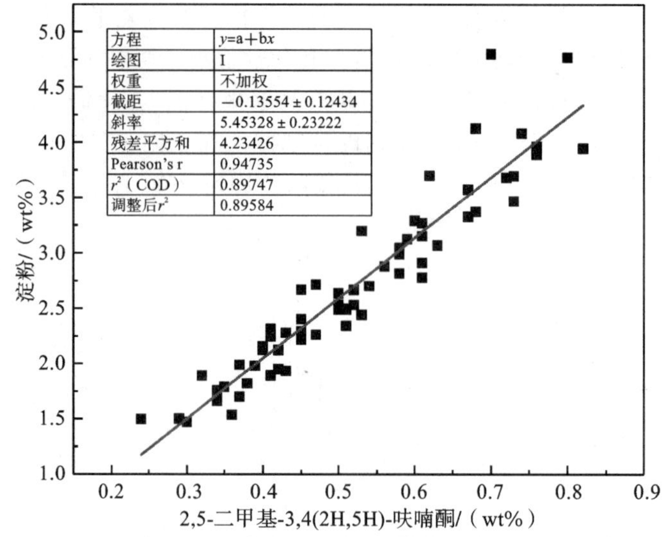

图 6-6 2,5-二甲基-3,4(2H,5H)-呋喃酮含量与淀粉含量线性关系图

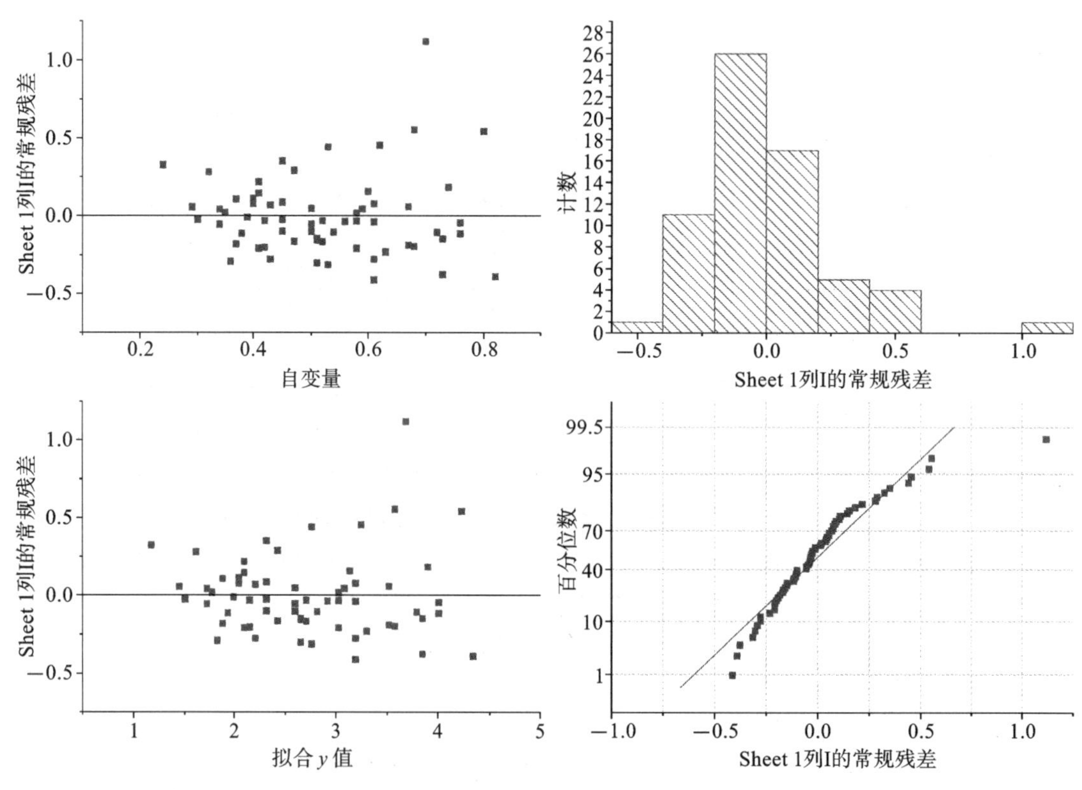

图 6-7 一元线性回归模型的残差分析(3)

（二）二元线性回归模型

淀粉的含量往往与多种热解特征产物是关联的，前期的研究表明，当单独选用 2,3-二甲基-2-环戊烯酮和 2,5-二甲基-3,4(2H,5H)-呋喃酮为热解特征产物时，可很好的建立热解特征产物含量与淀粉含量的线性关系，但热解特征产物含量与大分子含量之间的相关系数有

待进一步提高。为了提升所建立模型预测的有效性和准确性，将两个热解特征产物的含量与淀粉含量进行关联，在此基础上建立二元线性回归模型。所选用模型在 MATLAB 上进行预算，选用代码如下。

```
clc;clear;close all;
load('abalone_data.mat')
n= size(data,2);
x= data(:,1:n-1);% 自变量
y= data(:,n);% 因变量
x1= x;% 扩展变量
X= ones(size(x,1),1);
X= [X,x];
alpha= 0.05;% 置信区间
[b,bint,r,rint,stats]= regress(y,X,alpha);
% alpha:显著性水平,默认时为 0. 05。
% b:回归系数的最小二乘估计值。
% bint:回归系数的区间估计。
% r:模型拟合残差。
% rint:残差的置信区间。
% stats:用于检验回归模型的统计量。有四个数值:可决系数 R^{2}、方差分析 F统计量的值
% 方差分析的显著性概率 P 的值以及模型方差估计值(剩余方差)。
y_n1= b(1)+ X(:,2:end)* b(2:end);
wucha= sum(abs(y_n1-y)./y)/length(y);
figure(1)
color1= [111  168  86]/255;
color2= [128  199  252]/255;
plot(y(3000:end),'Color',color1,'LineWidth',1)
hold on
plot(y_n1(3000:end),'* ','Color',color2)
hold on
legend('真实数据','多元线性回归拟合数据')
disp('多元线性回归系数为:')
disp(b')
disp('平均相对误差为:')
disp(wucha)
fprintf('可决系数 R^2 为:% 4.2f\n 显著性概率 P 的值为:% 4.2f\n',stats(1),stats(3));
```

经过拟合，所建立的二元线性回归模型为

$$y=-0.0288+3.4876x_1+3.21242x_2 \tag{6-4}$$

式中：y——淀粉在烟草中的含量；

x_1——2,3-二甲基-2-环戊烯酮含量；

x_2——2,5-二甲基-3,4(2H,5H)-呋喃酮含量。

可以看出 x_1 和 x_2 所对应的常数项分别为 3.4876 和 3.21242，两个常数项的数值大小基本相同，这说明在所建立的模型中，两种对淀粉在烟草中含量的贡献基本相当。所建立模

型的残差平方和为 2.24632，调整后 r^2 为 0.94023。可以发现，二元线性回归模型所得到的残差平方和明显低于一元线性回归模型所得到的残差平方和。此外，二元线性回归模型所得到的调整后 r^2 也从 0.84 和 0.89 提高到 0.94，说明二元线性回归的数学模型更优。

图 6-8 显示自变量 1 和自变量 2 的常规残差均很好地在 0 左右分布，并且呈现较好的对称性，说明所建立的模型对于两个自变量均有很好的预测效果。

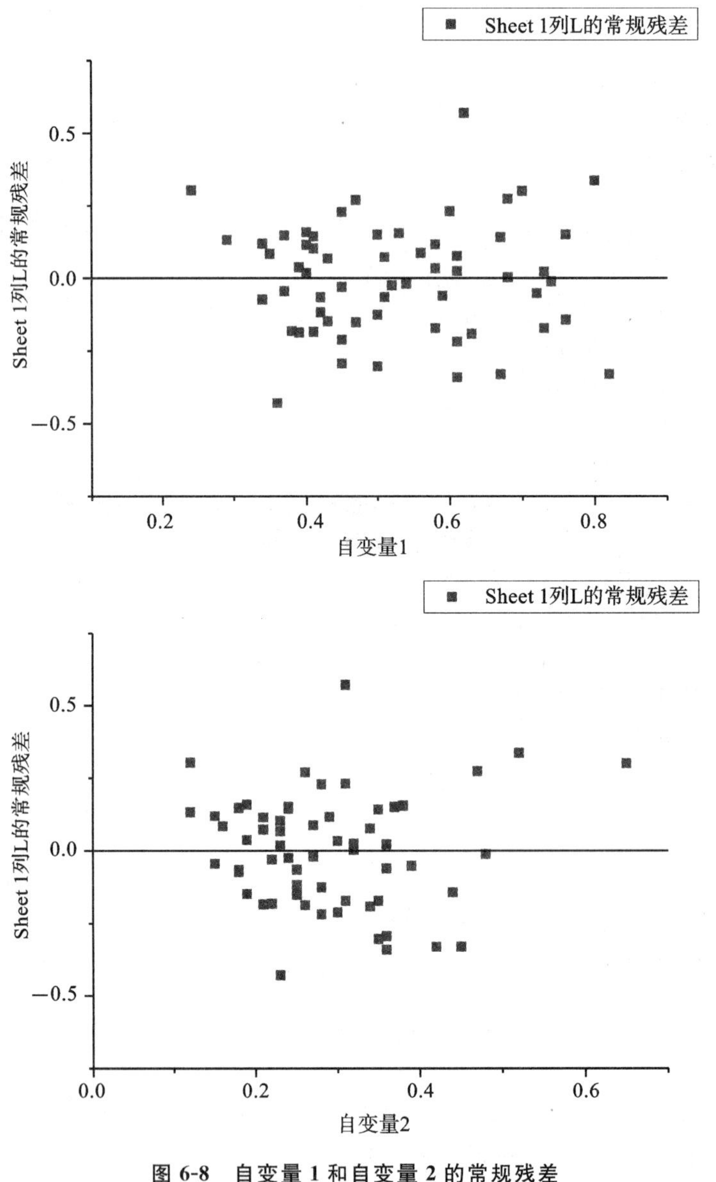

图 6-8 自变量 1 和自变量 2 的常规残差

6.4 烟草果胶热解特征产物与预测模型建立

通过前期的数据总体分析，发现热解特征产物 2,5-二甲基呋喃的含量与果胶大分子在烟草中的含量呈线性关系，即随着果胶含量的增加热解特征产物 2,5-二甲基呋喃在总产物中的含量也随之增加。因此，在本研究中选用线性回归模型来预测烟草热解特征产物 2,5-二甲基呋喃与果胶大分子含量之间的关系。选用 MATLAB 进行相关模型的建立及结果的分析，MATLAB 建立线性回归模型代码如下所示。

```
Clear;clc;
Load('guojiao.xlsl');% 导入数据
n= length(a);
X= a(:,1);% 提取自变量
X1= [ones(n,1),X];% 自变量矩阵前加一列 1
Y= a(:,2);% 提取自变量
[b,bint,r,rint,stats]= regress(Y,X1);% 多指标
% 输出向量 b,bint 为回归系数估计值和它们的置信区间,r,rint 为残差及其置信区间,
% stats 是用于检验回归模型的统计量,有三个量,
% 第一个是决定系数 R 的平方,第二个是 F 统计量值,第三个是与 F 统计量对应的概率 P
Z= b(1)+ b(2)* X;% 回归方程
plot(X,Y,'rp',X,Z,'b');
title('原始数据散点图与回归线');
set(0,'defaultfigurecolor','w').
```

图 6-9 为果胶热解特征产物 2,5-二甲基呋喃含量与果胶含量线性关系图，从图中可以看出 2,5-二甲基呋喃含量与果胶含量呈线性关系。通过一元线性回归模型建立 2,5-二甲基呋喃含量与果胶含量的数学模型，所建立的模型为

$$y = 3.85415 + 12.95119x \tag{6-5}$$

式中：y——果胶在烟草中的含量；

x——2,5-二甲基呋喃含量。

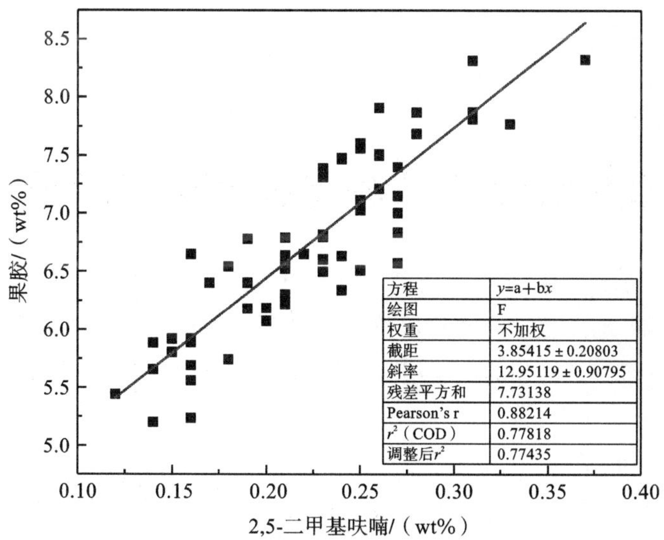

图 6-9　2,5-二甲基呋喃含量与果胶含量线性关系图

从图 6-9 拟合表格结果可以看出，所建立的数学模型的残差平方和为 7.73138，调整后 r^2 为 0.77435。对于线性回归模型，当残差平方和的数值小而调整后 r^2 的数据大于 0.75 时说明所建立的模型具有较好的线性关系。图 6-10 的残差分析也表明 Sheet 1 列的常规残差在 0 附近的柱状图呈现出较为对称的分布，此外，所对应的残差百分位基本上在直线两侧均匀分布。上述分析结果表明所建立的模型能够较好地预测烟草中果胶的含量。

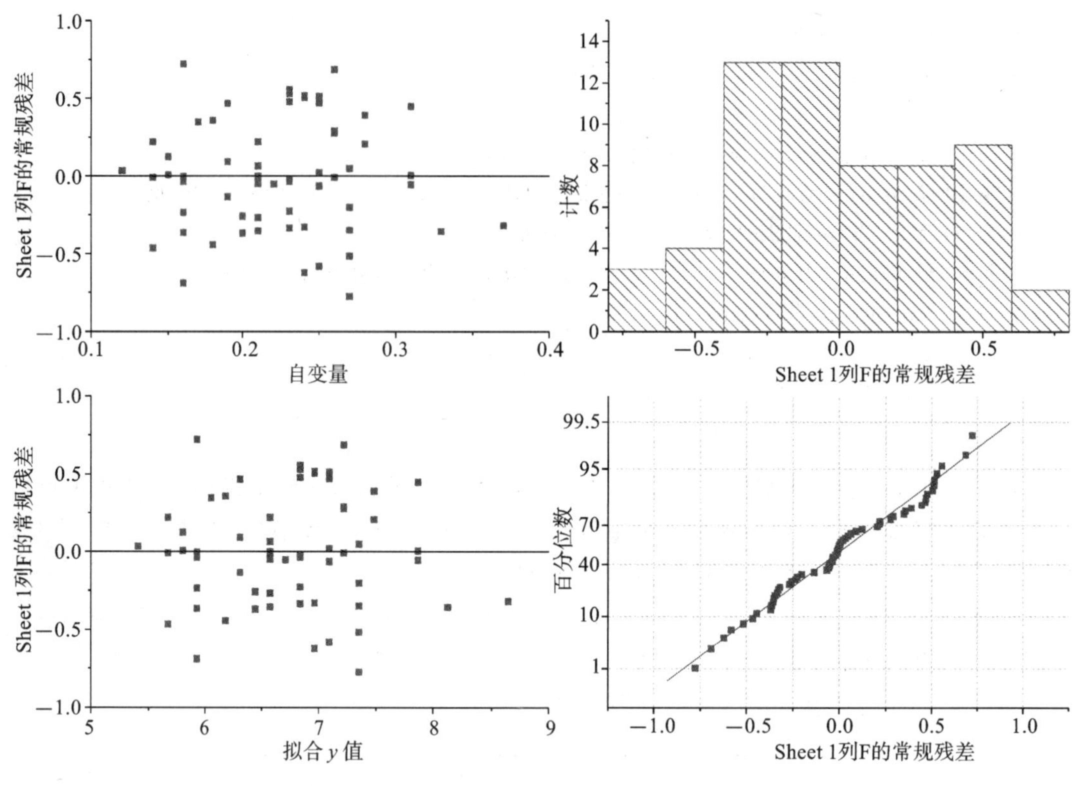

图 6-10　一元线性回归模型的残差分析(4)

6.5　烟草半纤维素热解特征产物与预测模型建立

通过前期数据分析发现，烟草半纤维素热解生成特征产物 3-甲基-3，4(3H，3-甲基-3，4(3H，5H)-呋喃二酮，通过建立这种热解特征产物含量与烟草半纤维素含量的关系，最终实现对烟草中半纤维素含量的预测。选用 MATLAB 建立线性回归模型，所选用的代码如下。

```
Clear;clc;
Load('dianfen.xlsl');% 导入数据
n= length(a);
X= a(:,1);% 提取自变量
X1= [ones(n,1),X];% 自变量矩阵前加一列 1
Y= a(:,2);% 提取自变量
```

```
[b,bint,r,rint,stats]= regress(Y,X1);% 多指标
% 输出向量 b,bint 为回归系数估计值和它们的置信区间,r,rint 为残差及其置信区间,
% stats 是用于检验回归模型的统计量,有三个量,
% 第一个是决定系数 R 的平方,第二个是 F 统计量值,第三个是与 F 统计量对应的概率 P
Z= b(1)+ b(2)* X;% 回归方程
plot(X,Y,'rp',X,Z,'b');
title('原始数据散点图与回归线');
set(0,'defaultfigurecolor','w').
```

图 6-11 为烟草半纤维素热解特征产物 3-甲基-3,4(3H,3-甲基-3,4(3H,5H)-呋喃二酮含量与烟草半纤维素含量线性关系图，从图中可以看出 3-甲基-3,4(3H,3-甲基-3,4(3H,5H)-呋喃二酮含量与烟草半纤维素含量呈线性关系。随着烟草半纤维素含量的增加，3-甲基-3,4(3H,3-甲基-3,4(3H,5H)-呋喃二酮的含量也随之增加。通过一元线性回归模型建立 3-甲基-3,4(3H,3-甲基-3,4(3H,5H)-呋喃二酮含量与烟草半纤维素含量的数学模型，并可以对未知样品中的半纤维素进行一个初步的预测，所建立的模型为

$$y=1.56207+2.21981x \tag{6-6}$$

式中：y——烟草半纤维素在烟草中的含量；

x——3-甲基-3,4(3H,3-甲基-3,4(3H,5H)-呋喃二酮的含量。

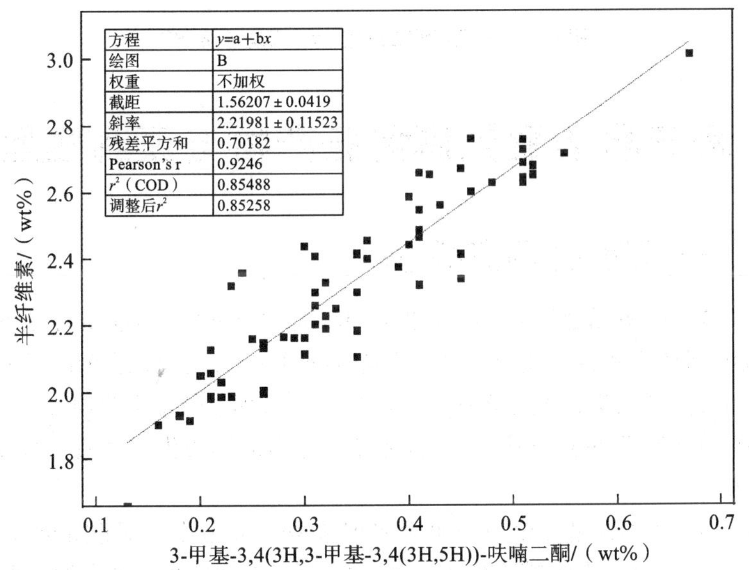

图 6-11　3-甲基-3,4(3H,3-甲基-3,4(3H,5H)-呋喃二酮含量与烟草半纤维素含量线性关系图

从图 6-11 拟合表格结果可以看出，所建立的数学模型的残差平方和为 0.70182，调整后 r^2 为 0.85258。对于线性回归模型，当残差平方和的数值小而调整后 r^2 的数据大于 0.75 时，说明所建立的模型具有较好的线性关系。图 6-12 的残差分析也表明 Sheet 1 列的常规残差在 0 附近呈现出较为对称的分布，此外所对应的残差百分位基本上在直线两侧均匀分布。上述分析结果表明所建立的模型能够较好地预测烟草中半纤维素的含量。

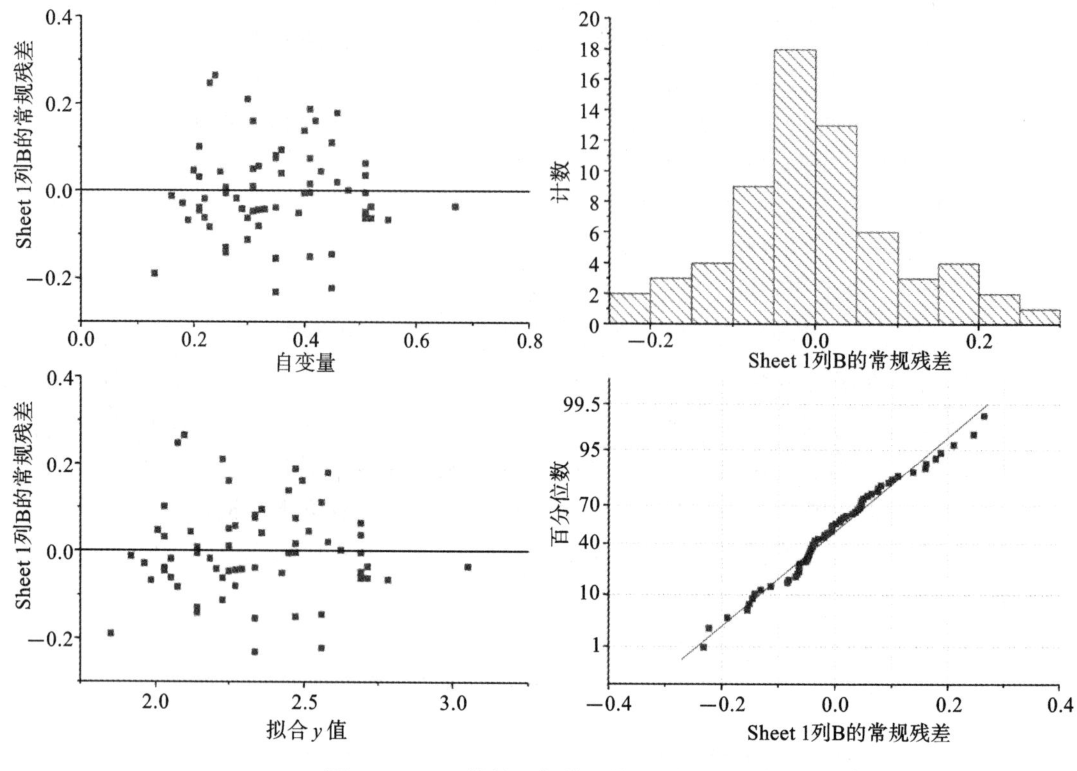

图 6-12 一元线性回归模型的残差分析(5)

6.6 烟草木质素热解特征产物与预测模型建立

6.6.1 一元线性回归模型

木质素是由苯丙烷单元通过 C—C 键和 C—O 键(醚键)链接而成的无定型聚合物,含有丰富的芳环结构、脂肪族和芳香族羟基以及醌基等活性单元。前面分析结果表明,木质素热解会产生大量的芳香烃类化合物,其中以甲苯、苯乙烯和对二甲苯最为明显。因此选用这三种芳烃类物质作为木质素热解特征产物,开展单一组分含量变化与木质素含量变化关系的拟合与数学建模。

如图 6-13 所示,甲苯含量变化与木质素在烟草中含量变化呈现很好的线性关系,随着木质素含量的增加,甲苯含量也随之增加。通过一元线性回归模型很好的说明甲苯含量与木质素含量之间的关系,所建立为

$$y=3.45978\times10^{-4}+0.01164x \tag{6-7}$$

所建立的一元线性回归模型的调整后 r^2 为 0.91566,残差平方和为 2.38416×10^{-4}。模型的调整 r^2 数值大于 0.90,说明甲苯含量与木质素含量之间存在明确的线性关系。图 6-14 的残差分析也表明 Sheet 1 列的常规残差在 0 附近呈现均匀对称的分布,此外所对应的残差百分位基本上在直线两侧均匀分布。上述分析结果表明所建立的模型能够很好地预测烟草中木质素的含量。

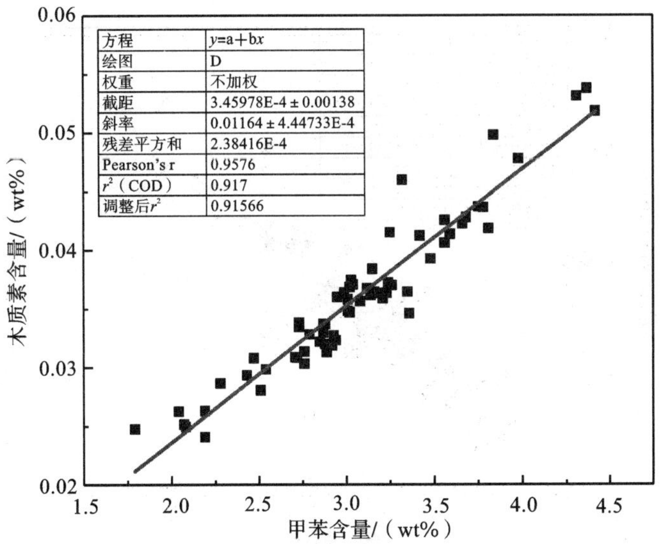

图 6-13　甲苯含量与木质素含量线性关系图

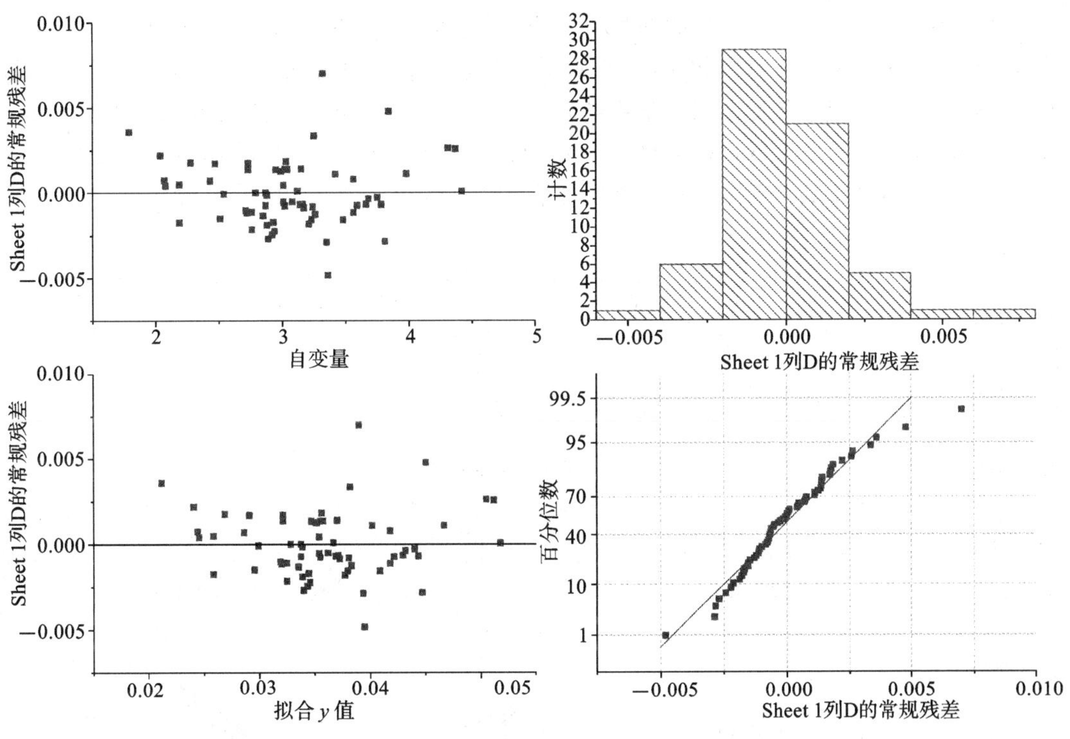

图 6-14　一元线性回归模型的残差分析(6)

图 6-15 为苯乙烯含量与木质素含量线性关系图。可以看出苯乙烯的含量主要集中在 0.25 wt%～0.45 wt%之间。热解特征产物苯乙烯的含量变化与木质素在烟草中的含量变化呈现出较好的线性关系，木质素含量增加，热解生成的苯乙烯的含量也随之增加。通过一元线性回归模型可以较好地建立苯乙烯含量与木质素含量之间的关系，并可以对未知样品中的木质素进行一个初步的预测，所建立为

$$y = 0.00418 + 0.08801x \tag{6-8}$$

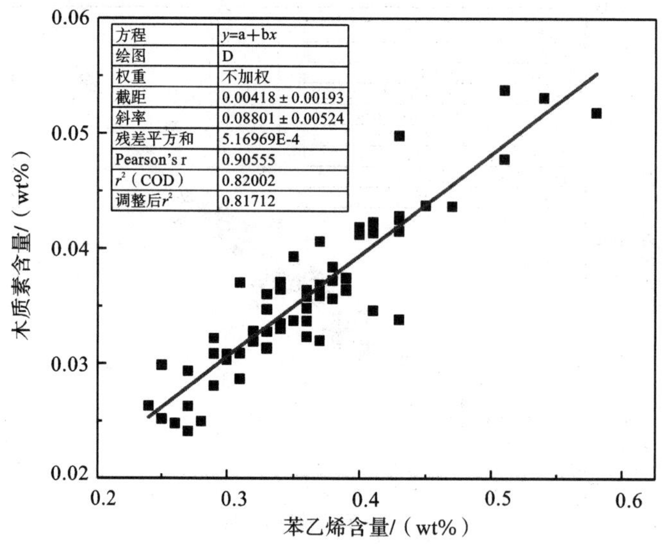

图 6-15　苯乙烯含量与木质素含量线性关系图

所建立的一元线性回归模型的调整后 r^2 为 0.81712，残差平方和为 5.16969×10^{-4}。与甲苯所建立的模型调整 r^2 数值相比，苯乙烯模型的调整 R^2 数值出现降低，但仍大于 0.75，说明苯乙烯含量与木质素含量之间存在较好的线性关系。图 6-16 的残差分析也表明 Sheet 1 列的常规残差在 0 附近呈现较好对称的分布，此外所对应的残差百分位基本上在直线两侧均匀分布。上述分析结果表明所建立的模型能够较好地预测烟草中木质素的含量。

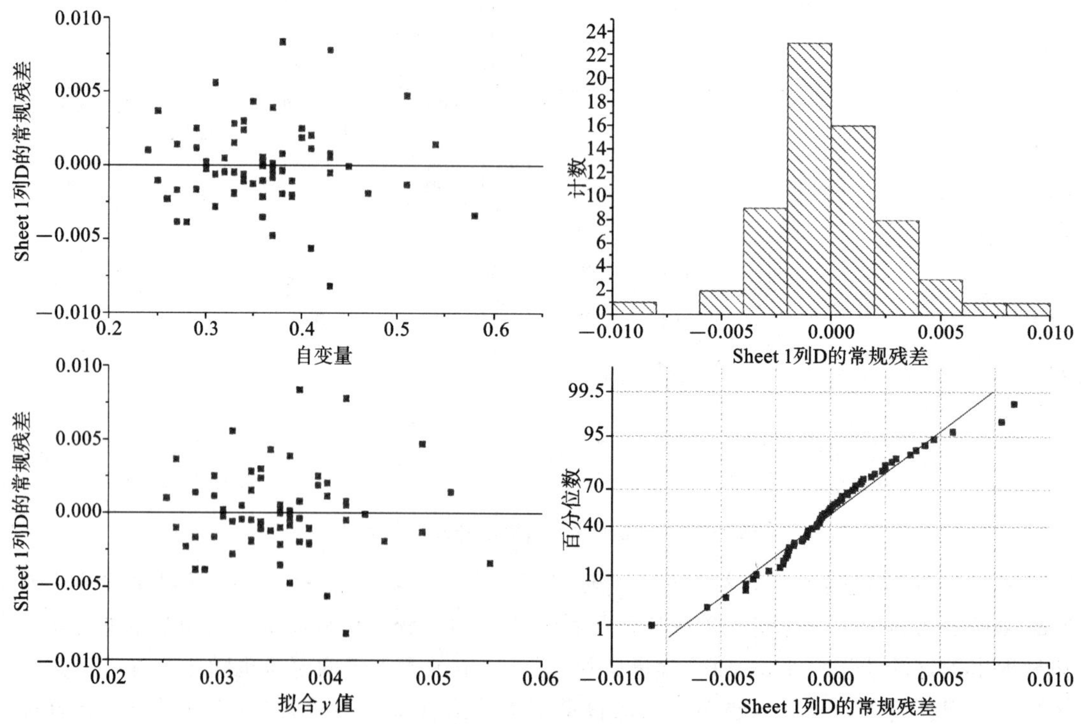

图 6-16　一元线性回归模型的残差分析(7)

图 6-17 为对二甲苯含量与木质素含量线性关系图，对二甲苯的含量主要集中在 0.60 wt%～1.20 wt%之间，其含量高于苯乙烯，但低于甲苯。对二甲苯含量变化与木质素在烟草中含量变化呈现出较好线性关系，烟草中木质素含量的增加导致热解生成的对二甲苯的含量也随之增加。通过一元线性回归模型可以较好地建立对二甲苯含量与木质素含量之间的关系，所建立的具体模型为

$$y = 0.01057 + 0.02605x \tag{6-9}$$

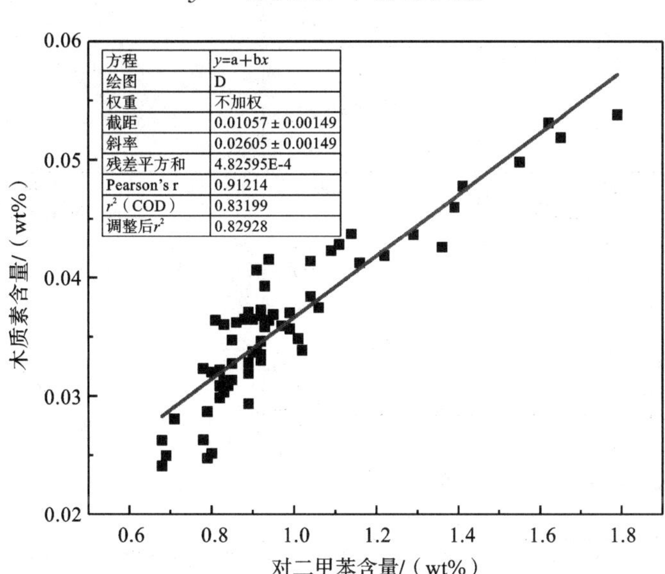

图 6-17 对二甲苯含量与木质素含量线性关系图

所建立的一元线性回归模型的调整后 r^2 为 0.82928，残差平方和为 4.82595×10^{-4}。与甲苯和苯乙烯所建立的模型调整后 r^2 数值相比，对二甲苯模型的调整后 r^2 数值与苯乙烯模型(调整 r^2 为 0.81712)数值基本相同，低于甲苯模型所对应的调整后 r^2。因此从热解模型的相关系数上看，甲苯与木质素之间存在的线性关系更好。图 6-18 的残差分析也表明 Sheet 1 列的常规残差在 0 附近呈现较好对称的分布，此外，所对应的残差百分位基本上在直线两侧均匀分布。上述分析结果表明所建立的模型能够较好地预测烟草中木质素的含量。

6.6.2 二元线性回归模型

基于上述分析，以甲苯、苯乙烯和对二甲苯为热解特征产物，对特征产物进行两两组合建立二元回归模型。所得到预测值 vs 次数图如图 6-19 所示。图中黑点为因变量，灰点为经线性回归拟合所得到的拟合数据结果。可以发现在图 6-19 中，黑点与灰点均能较好的出现重叠，在图 6-19(c)中重叠程度更好，说明所建立的模型有更好的预测能力。式 6-10 至式 6-12 为所建立模型的基本参数及其对应的相关拟合数据。从所建立的方程式上看，式6-12的调整后 r^2 数值最大为 0.95808，远大于上述通过单一热解特征产物所建立模型的调整后 r^2 数值，说明建立的二元拟合，尤其是建立对二甲苯和甲苯的二元线性回归模型的线性度最好，所建立的模型为

$$y=0.0051+0.01468x_1+0.04584x_2 \tag{6-10}$$

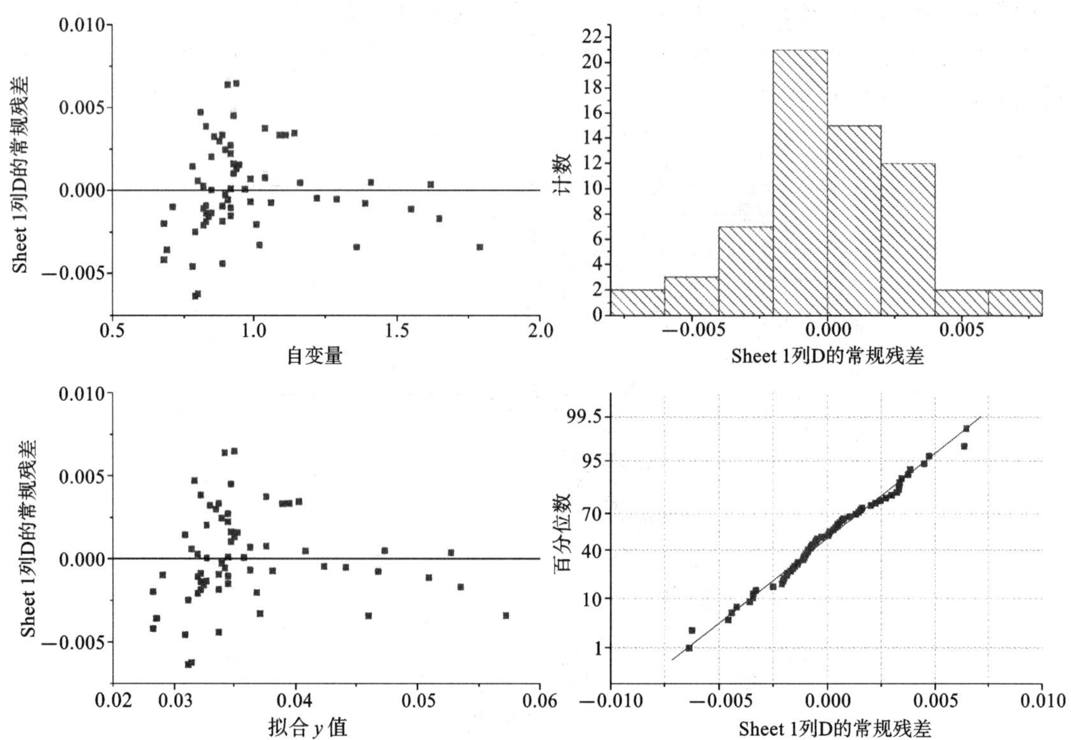

图 6-18　二元线性回归模型的残差分析

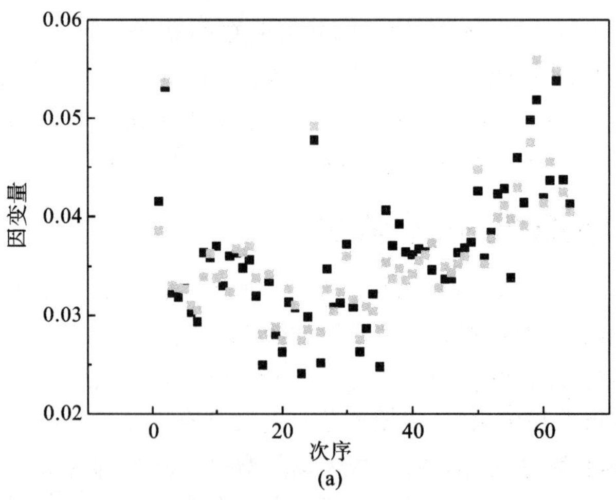

图 6-19　预测 vs 次序数据拟合图

(a)对二甲苯和苯乙烯;(b)苯乙烯和甲苯;(c)对二甲苯和甲苯

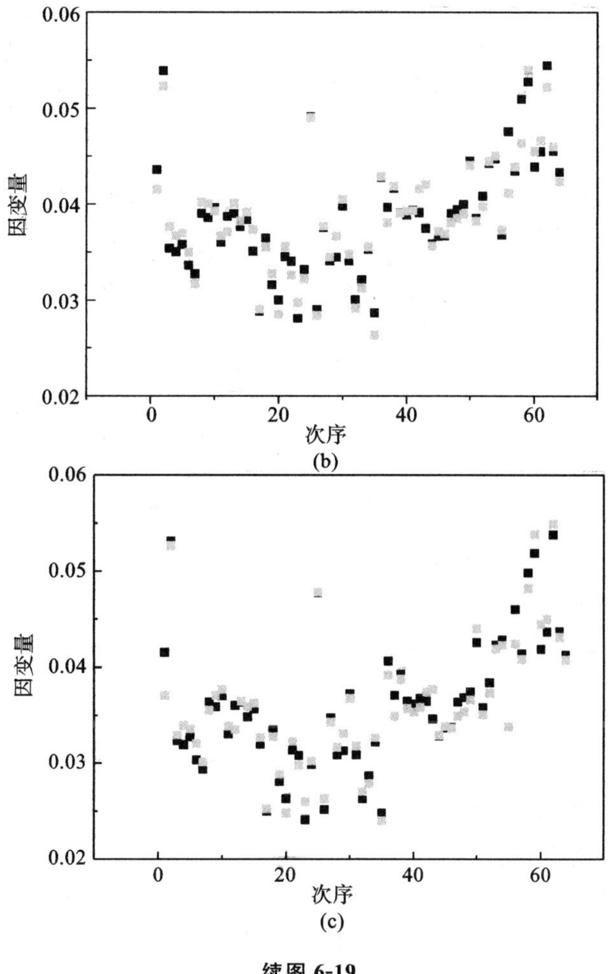

续图 6-19

式中，x_1 和 x_2 分别对应为对二甲苯和苯乙烯，所建立的模型中调整后 r^2 为 0.8925，残差平方和为 2.98984×10^{-4}。

$$y=-7.82664\times10^{-6}+0.02191x_1+0.00917x_2 \tag{6-11}$$

式中，x_1 和 x_2 分别对应为苯乙烯和甲苯，所建立的模型中调整后 r^2 为 0.9241，残差平方和为 2.11093×10^{-4}。

$$y=0.00153+0.01065x_1+0.0786x_2 \tag{6-12}$$

式中，x_1 和 x_2 分别对应为对二甲苯和甲苯，所建立的模型中调整后 r^2 为 0.95808，残差平方和为 1.16582×10^{-4}。

6.6.3 三元线性回归模型

选用三元线性回归对所选取的三个热解特征产物进行建模分析，所得到的预测 vs 次序的结果如图 6-20 所示。可以看出，黑点和灰点出现能够很好地重叠，说明建立的三元线性回归模型具有很好的预测效果。式(6-13)为具体所建立的模型。

经过拟合得到的调整后 r^2 为0.95778，残差平方和为 1.15513×10^{-4}。在所建立的模型中，截距所对应的标准误差为0.001，x_1 常数项所对应的标准误差为 0.00145，x_2 常数项所对

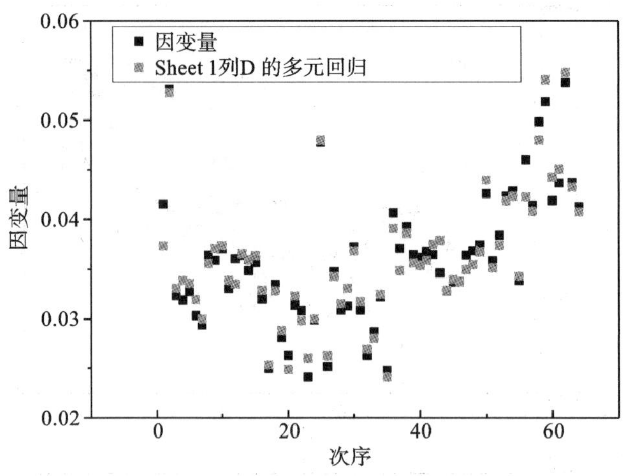

图 6-20 预测 vs 次序数据拟合图

应的标准误差为 0.00631，x_3 所对应的标准误差为 7.65996×10^{-4}。与二元的甲苯和对二甲苯模型相比，三元模型所对应的调整 r^2(0.95778)与二元的调整 r^2(0.95808)基本一样，这说明当模型中加入苯乙烯后对模型的相关系数贡献率很低，模型中主要通过甲苯和对二甲苯对烟草中木质素的含量进行预测。

$$y = 0.0014 + 0.01023x_1 + 0.0047x_2 + 0.00748x_3 \tag{6-13}$$

式中：y——木质素含量；

x_1——对二甲苯含量；

x_2——苯乙烯含量；

x_3——甲苯含量。

图 6-21 为式(6-13)建立模型的残差直方图，可以看出残差直方图在 0 附近出现很好的高斯分布，说明所建立模型具有很好的预测效果。

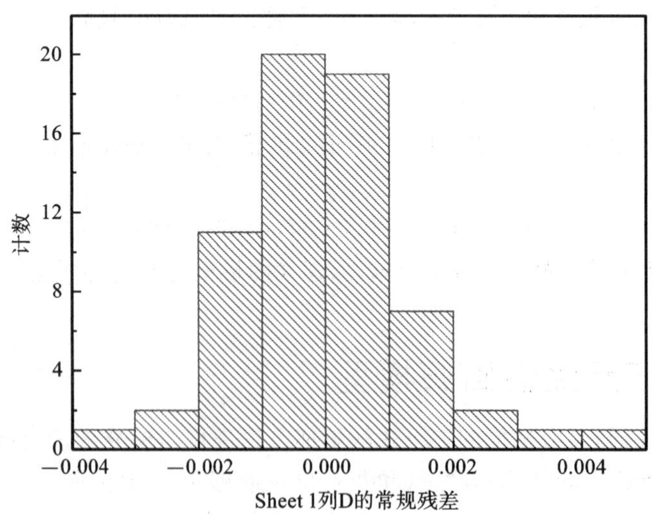

图 6-21 三元线性回归模型的残差直方图

6.7　热解模型的验证

为了验证所建立模型的准确度，将 35 个烟草样品代入模型进行核验，表 6-3 为 35 个烟草样品的基本信息，包含原料来源、大分子种类和含量、水分等信息。

表 6-3　不同烟草样品的主要大分子种类及其含量

样品信息	酸溶木质素含量/(%)	纤维素含量/(%)	半纤维素含量/(%)	果胶含量/(%)	直链含量/(%)	支链含量/(%)	水分/(%)
楚雄大姚-B1F-B01	2.20	3.58	1.70	4.70	0.616	1.113	13.17
楚雄大姚-B2F-B01	2.12	4.72	1.83	5.38	0.914	1.750	13.55
楚雄大姚-C1F-C02	1.68	4.50	1.74	5.04	0.900	1.544	13.01
楚雄大姚-C1F-C03	1.72	6.06	1.55	5.22	1.592	2.506	12.60
楚雄大姚-C3F-B01	2.03	4.42	1.49	5.91	0.618	0.814	14.72
楚雄大姚-C3F-C02	2.12	4.37	2.14	5.39	0.563	0.943	13.91
楚雄大姚-C3F-C03	1.90	4.52	2.01	5.03	0.669	1.102	13.52
楚雄大姚-C3L-C03	1.94	4.66	2.13	5.16	0.731	1.267	11.46
楚雄大姚-C4F-C03	2.27	4.49	1.99	5.16	0.642	1.174	12.67
楚雄牟定-B1F-B01	2.15	4.06	1.96	5.10	0.664	1.181	13.01
楚雄牟定-B2F-B01	2.04	3.74	1.93	5.15	0.643	1.270	13.70
楚雄牟定-C3F-B01	2.62	3.53	2.16	5.35	0.347	0.968	12.81
楚雄牟定-C3F-C02	1.96	4.88	2.08	5.31	0.578	1.012	14.19
楚雄牟定-C3F-C03	1.74	4.44	1.95	5.27	0.495	1.025	13.14
楚雄牟定-C3L-C03	1.67	5.25	1.98	5.64	0.705	1.511	13.39
楚雄牟定-C4F-C03	2.39	5.72	2.97	5.92	0.440	0.852	13.02
大理祥云-B1F-B01	2.00	4.02	1.85	4.75	0.804	1.813	8.19
大理祥云-B2F-B01	1.88	4.23	1.74	4.85	0.784	1.352	8.94
大理祥云-C1L-B01	1.43	3.88	1.93	6.14	1.252	2.436	9.54
大理祥云-C1L-C02	1.75	5.96	1.80	5.89	0.894	1.761	9.86
大理祥云-C1L-C03	1.48	6.55	1.63	6.37	1.056	2.329	9.00
大理祥云-C2L-B01	2.01	6.33	1.74	4.59	1.435	2.358	8.84
大理祥云-C2L-C02	1.64	5.62	1.65	4.84	1.092	2.022	7.74
大理祥云-C2L-C03	1.59	6.25	1.87	5.84	1.151	2.062	8.64
大理祥云-C3L-C03	1.68	7.35	1.95	6.14	1.052	2.228	7.92
大理祥云-C4F-C03	2.07	5.39	1.99	6.46	0.742	1.584	9.32

续表

样品信息	酸溶木质素含量/(%)	纤维素含量/(%)	半纤维素含量/(%)	果胶含量/(%)	直链含量/(%)	支链含量/(%)	水分/(%)
马龙旧县-B1F-B01	2.41	4.27	2.15	6.60	0.453	1.224	8.55
马龙旧县-B2F-B01	2.27	4.17	2.18	5.89	0.656	1.567	8.55
马龙旧县-C3F-B01	2.69	4.04	3.40	6.05	0.320	1.233	8.82
马龙旧县-C3F-C02	2.72	4.02	1.97	6.04	0.602	1.460	8.70
马龙旧县-C3F-C03	1.99	3.71	2.14	5.09	0.395	0.862	9.05
马龙旧县-C4F-C03	2.02	3.23	1.93	4.27	0.378	1.202	8.61
马龙马鸣-B1F-B01	1.88	4.13	2.45	6.37	0.412	1.254	9.22
马龙马鸣-C3L-C03	2.06	4.42	2.65	5.55	0.375	1.084	9.06
马龙马鸣-C4F-C03	1.68	7.10	2.05	7.69	1.037	2.659	12.28

6.7.1 烟草纤维素模型的验证

通过前期数据分析发现，烟草纤维素热解产生的松三糖 $C_{18}H_{32}O_{16}$(Melezitose)为热解特征产物，借助一元线性回归模型建立松三糖含量与纤维素含量的数学模型，所建立的模型见式(6-1)。

为了验证所建立的模型的准确度，将 35 个烟草样品热解，得到的特征峰松三糖 $C_{18}H_{32}O_{16}$(Melezitose)的峰面积为 x 值，带入模型进行计算得到的为理论的烟草纤维素含量 y 值，与烟草样品的实际纤维素含量作对比，结果如表 6-4 所示。

表 6-4 烟草纤维素的模型计算值与实际值

样品信息	松三糖相对含量/(%)	模型计算纤维素含量/(%)	实际纤维素含量/(%)	误差/(%)	相对误差/(%)
楚雄大姚-B1F-B01	0.25	3.88	3.58	0.08	2.23
楚雄大姚-B2F-B01	0.34	5.04	4.72	0.06	1.27
楚雄大姚-C1F-C02	0.31	4.65	4.50	0.03	0.67
楚雄大姚-C1F-C03	0.43	6.20	6.06	0.02	0.33
楚雄大姚-C3F-B01	0.31	4.65	4.42	0.05	1.13
楚雄大姚-C3F-C02	0.30	4.52	4.37	0.04	0.92
楚雄大姚-C3F-C03	0.30	4.52	4.52	0.00	0.92
楚雄大姚-C3L-C03	0.33	4.91	4.66	0.05	1.07
楚雄大姚-C4F-C03	0.32	4.78	4.49	0.06	1.33
楚雄牟定-B1F-B01	0.33	4.91	4.06	0.21	5.17
楚雄牟定-B2F-B01	0.3	4.52	3.74	0.21	5.61
楚雄牟定-C3F-B01	0.25	3.88	3.53	0.10	2.83

续表

样品信息	松三糖相对含量/(%)	模型计算纤维素含量/(%)	实际纤维素含量/(%)	误差/(%)	相对误差/(%)
楚雄牟定-C3F-C02	0.33	4.91	4.88	0.01	0.20
楚雄牟定-C3F-C03	0.3	4.52	4.44	0.02	0.45
楚雄牟定-C3L-C03	0.36	5.30	5.25	0.01	0.19
楚雄牟定-C4F-C03	0.41	5.94	5.72	0.04	0.70
大理祥云-B1F-B01	0.31	4.65	4.02	0.16	3.97
大理祥云-B2F-B01	0.32	4.78	4.23	0.13	3.06
大理祥云-C1L-B01	0.25	3.88	3.88	0.00	0
大理祥云-C1L-C02	0.43	6.20	5.96	0.04	0.67
大理祥云-C1L-C03	0.46	6.58	6.55	0.01	0.15
大理祥云-C2L-B01	0.43	6.20	6.33	0.02	0.31
大理祥云-C2L-C02	0.41	5.94	5.62	0.06	1.07
大理祥云-C2L-C03	0.41	5.94	6.25	0.05	0.80
大理祥云-C3L-C03	0.51	7.23	7.35	0.02	0.27
大理祥云-C4F-C03	0.38	5.55	5.39	0.03	0.56
马龙旧县-B1F-B01	0.29	4.39	4.27	0.03	0.70
马龙旧县-B2F-B01	0.26	4.01	4.17	0.04	0.96
马龙旧县-C3F-B01	0.34	5.04	4.04	0.25	6.19
马龙旧县-C3F-C02	0.31	4.65	4.02	0.16	3.97
马龙旧县-C3F-C03	0.29	4.39	3.71	0.18	4.85
马龙旧县-C4F-C03	0.23	3.62	3.23	0.12	3.71
马龙马鸣-B1F-B01	0.35	5.17	4.13	0.25	6.05
马龙马鸣-C3L-C03	0.34	5.04	4.42	0.14	3.17
马龙马鸣-C4F-C03	0.33	4.91	4.22	0.16	3.79

通过热解产生得到特征峰松三糖 $C_{18}H_{32}O_{16}$(Melezitose)的峰面积为 x 值，代入模型计算得到理论烟草纤维素含量 y 值，误差计算公式为

$$误差 = \frac{计算值 - 实际值}{计算值} \tag{6-14}$$

根据表 6-4 中的结果，模型计算的纤维素含量与实际的纤维素含量的误差均小于 0.25，相对误差最大值为 6.19%，因此建立的松三糖含量与纤维素含量的数学模型预测烟草中纤维素含量准确性较高。

6.7.2　烟草淀粉模型的验证

通过前期数据分析发现淀粉热解产生的 2,3-二甲基-2-环戊烯酮和 2,5-二甲基-3,4(2H,5H)-呋喃酮为特征产物，通过建立这两种热解特征产物含量与淀粉含量的关系经过

拟合，所建立的二元线性回归模型见式(6-4)。

为了验证所建立的模型的准确度，将 35 个烟草样品热解，得到的特征峰 2,3-二甲基-2-环戊烯酮的峰面积含量为 x_1，2,5-二甲基-3,4(2H,5H)-呋喃酮的峰面积含量为 x_2，带入模型进行计算得到的为理论的烟草淀粉含量 y，与烟草样品的实际淀粉含量作对比，结果如表 6-5 所示。

表 6-5 烟草淀粉的模型计算值与实际值

样品信息	2,3-二甲基-2-环戊烯酮面积(x_1)	2,5-二甲基 3,4(2H,5H)-呋喃酮面积(x_2)	模型计算淀粉含量/(%)	实际淀粉含量/(%)	相对误差/(%)
楚雄大姚-B1F-B01	0.25	0.40	2.13	1.73	1.32
楚雄大姚-B2F-B01	0.32	0.45	2.53	2.66	1.48
楚雄大姚-C1F-C02	0.31	0.41	2.37	2.44	1.34
楚雄大姚-C1F-C03	0.5	0.71	4.00	4.10	2.97
楚雄大姚-C3F-B01	0.15	0.35	1.62	1.43	0.73
楚雄大姚-C3F-C02	0.14	0.33	1.52	1.51	0.53
楚雄大姚-C3F-C03	0.21	0.42	2.05	1.77	1.19
楚雄大姚-C3L-C03	0.23	0.41	2.09	2.00	1.13
楚雄大姚-C4F-C03	0.2	0.44	2.08	1.82	1.21
楚雄牟定-B1F-B01	0.21	0.41	2.02	1.84	1.11
楚雄牟定-B2F-B01	0.24	0.45	2.25	1.91	1.40
楚雄牟定-C3F-B01	0.15	0.38	1.72	1.32	0.95
楚雄牟定-C3F-C02	0.15	0.43	1.88	1.59	1.03
楚雄牟定-C3F-C03	0.15	0.42	1.84	1.52	1.02
楚雄牟定-C3L-C03	0.23	0.42	2.12	2.22	1.08
楚雄牟定-C4F-C03	0.12	0.34	1.48	1.29	0.61
大理祥云-B1F-B01	0.5	0.45	3.16	2.62	2.33
大理祥云-B2F-B01	0.3	0.4	2.30	2.14	1.37
大理祥云-C1L-B01	0.4	0.59	3.26	3.69	2.13
大理祥云-C1L-C02	0.32	0.46	2.56	2.65	1.53
大理祥云-C1L-C03	0.35	0.55	2.96	3.38	1.81
大理祥云-C2L-B01	0.43	0.72	3.78	3.79	2.78
大理祥云-C2L-C02	0.33	0.51	2.76	3.11	1.63
大理祥云-C2L-C03	0.3	0.49	2.59	3.21	1.35
大理祥云-C3L-C03	0.35	0.53	2.89	3.28	1.76
大理祥云-C4F-C03	0.21	0.45	2.15	2.33	1.07

续表

样品信息	2,3-二甲基-2-环戊烯酮面积(x_1)	2,5-二甲基-3,4(2H,5H)-呋喃酮面积(x_2)	模型计算淀粉含量/(%)	实际淀粉含量/(%)	相对误差/(%)
马龙旧县-B1F-B01	0.16	0.43	1.91	1.68	1.03
马龙旧县-B2F-B01	0.32	0.47	2.60	2.22	1.74
马龙旧县-C3F-B01	0.16	0.43	1.91	1.55	1.10
马龙旧县-C3F-C02	0.28	0.42	2.30	2.06	1.40
马龙旧县-C3F-C03	0.13	0.32	1.45	1.26	0.59
马龙旧县-C4F-C03	0.14	0.41	1.78	1.58	0.89
马龙马鸣-B1F-B01	0.16	0.48	2.07	1.67	1.27
马龙马鸣-C3L-C03	0.13	0.41	1.74	1.46	0.90
马龙马鸣-C4F-C03	0.14	0.4	1.74	1.44	0.92

根据表 6-5 中的结果，模型计算的淀粉含量与实际的淀粉含量的相对误差最大值为 2.97%。因此建立的 2,3-二甲基-2-环戊烯酮和 2,5-二甲基-3,4(2H,5H)-呋喃酮与淀粉含量的关系经过拟合出的数学模型预测烟草中淀粉含量准确性较高。

6.7.3　烟草果胶模型的验证

通过前期数据分析发现淀粉热解产生的 2,5-二甲基呋喃为特征产物，通过一元线性回归模型建立 2,5-二甲基呋喃含量与果胶含量的数学模型，所建立的模型见式(6-5)。

为了验证所建立的模型的准确度，将 35 个烟草样品热解，产生得到的特征峰 2,5-二甲基呋喃的峰面积含量为 x 值，带入模型进行计算得到的为理论的烟草果胶含量 y 值，与烟草样品的实际果胶含量作为对比，如表 6-6 所示。

表 6-6　烟草果胶的模型计算值与实际值

样品信息	特征峰 2,5-二甲基呋喃面积	模型计算果胶含量/(%)	实际果胶含量/(%)	误差/(%)	相对误差/(%)
楚雄大姚-B1F-B01	0.06	4.63	4.70	0.01	0.21
楚雄大姚-B2F-B01	0.12	5.41	5.38	0.01	0.19
楚雄大姚-C1F-C02	0.09	5.02	5.04	0.00	0
楚雄大姚-C1F-C03	0.12	5.41	5.22	0.04	0.77
楚雄大姚-C3F-B01	0.16	5.93	5.91	0.00	0
楚雄大姚-C3F-C02	0.13	5.54	5.39	0.03	0.56
楚雄大姚-C3F-C03	0.09	5.02	5.03	0.00	0
楚雄大姚-C3L-C03	0.12	5.41	5.16	0.05	0.97
楚雄大姚-C4F-C03	0.11	5.28	5.16	0.02	0.39

续表

样品信息	特征峰 2,5-二甲基呋喃面积	模型计算果胶含量/(%)	实际果胶含量/(%)	误差/(%)	相对误差/(%)
楚雄牟定-B1F-B01	0.11	5.28	5.10	0.03	0.59
楚雄牟定-B2F-B01	0.11	5.28	5.15	0.03	0.58
楚雄牟定-C3F-B01	0.13	5.54	5.35	0.04	0.75
楚雄牟定-C3F-C02	0.12	5.41	5.31	0.02	0.38
楚雄牟定-C3F-C03	0.13	5.54	5.27	0.05	0.95
楚雄牟定-C3L-C03	0.13	5.54	5.64	0.02	0.35
楚雄牟定-C4F-C03	0.16	5.93	5.92	0.00	0
大理祥云-B1F-B01	0.07	4.76	4.75	0.00	0
大理祥云-B2F-B01	0.09	5.02	4.85	0.03	0.62
大理祥云-C1L-B01	0.19	6.31	6.14	0.03	0.49
大理祥云-C1L-C02	0.15	5.80	5.89	0.02	0.34
大理祥云-C1L-C03	0.25	7.09	6.37	0.11	1.73
大理祥云-C2L-B01	0.07	4.76	4.59	0.04	0.87
大理祥云-C2L-C02	0.08	4.89	4.84	0.01	0.21
大理祥云-C2L-C03	0.14	5.67	5.84	0.03	0.51
大理祥云-C3L-C03	0.18	6.19	6.14	0.01	0.16
大理祥云-C4F-C03	0.28	7.48	6.46	0.16	2.47
马龙旧县-B1F-B01	0.31	7.87	6.60	0.19	2.88
马龙旧县-B2F-B01	0.14	5.67	5.89	0.04	0.68
马龙旧县-C3F-B01	0.16	5.93	6.05	0.02	0.33
马龙旧县-C3F-C02	0.14	5.67	6.04	0.06	0.99
马龙旧县-C3F-C03	0.13	5.54	5.09	0.09	1.77
马龙旧县-C4F-C03	0.06	4.63	4.27	0.08	1.87
马龙马鸣-B1F-B01	0.25	7.09	6.37	0.11	1.73
马龙马鸣-C3L-C03	0.23	6.83	5.55	0.23	4.14
马龙马鸣-C4F-C03	0.15	5.80	5.90	0.02	0.34

根据表 6-6 中的结果，模型计算的果胶含量与实际的果胶含量的相对误差大部分都小于 1%，其中最大的相对误差为 4.14%。因此，所建立的 2,5-二甲基呋喃与果胶含量的关系经过拟合的数学模型预测烟草中的果胶含量准确性高。

6.7.4 烟草半纤维素模型的验证

通过前期数据分析发现半纤维素热解产生的 3-甲基-3,4(3H,3-甲基-3,4(3H,5H)-呋喃二酮为特征产物，通过一元线性回归模型建立 3-甲基-3,4(3H,3-甲基-3,4(3H,5H)-呋喃二酮含量与半纤维素含量的数学模型，所建立的模型见式(6-6)。

为了验证所建立的模型的准确度，将 35 个烟草样品热解，产生得到的特征峰 3-甲基-3,4(3H,3-甲基-3,4(3H,5H)-呋喃二酮的峰面积含量为 x 值，带入模型进行计算得到的为理论的烟草半纤维素含量 y 值，与烟草样品的实际半纤维素含量作为对比，如表 6-7 所示。

表 6-7　烟草半纤维素的模型计算值与实际值

样品信息	3-甲基-3,4(3H,3-甲 3,4(3H,5H)-呋喃二酮面积	模型计算半纤维素含量/(%)	实际半纤维素含量/(%)	误差/(%)	相对误差/(%)
楚雄大姚-B1F-B01	0.06	1.69	1.70	0.00	0
楚雄大姚-B2F-B01	0.17	1.94	1.83	0.06	3.44
楚雄大姚-C1F-C02	0.07	1.72	1.74	0.01	0.57
楚雄大姚-C1F-C03	0.02	1.6	1.55	0.04	2.58
楚雄大姚-C3F-B01	0.02	1.6	1.49	0.07	4.70
楚雄大姚-C3F-C02	0.27	2.16	2.14	0.01	0.47
楚雄大姚-C3F-C03	0.20	2	2.01	0.00	0
楚雄大姚-C3L-C03	0.26	2.15	2.13	0.01	0.47
楚雄大姚-C4F-C03	0.19	1.98	1.99	0.00	0
楚雄牟定-B1F-B01	0.17	1.93	1.96	0.02	1.02
楚雄牟定-B2F-B01	0.18	1.97	1.93	0.02	1.04
楚雄牟定-C3F-B01	0.30	2.23	2.16	0.03	1.39
楚雄牟定-C3F-C02	0.26	2.14	2.08	0.03	1.44
楚雄牟定-C3F-C03	0.17	1.93	1.95	0.01	0.51
楚雄牟定-C3L-C03	0.18	1.96	1.98	0.01	0.51
楚雄牟定-C4F-C03	0.62	2.93	2.97	0.01	0.34
大理祥云-B1F-B01	0.11	1.8	1.85	0.03	1.62
大理祥云-B2F-B01	0.08	1.73	1.74	0.01	0.57
大理祥云-C1L-B01	0.15	1.9	1.93	0.02	1.04
大理祥云-C1L-C02	0.10	1.79	1.80	0.01	0.56
大理祥云-C1L-C03	0.06	1.69	1.63	0.03	1.84
大理祥云-C2L-B01	0.09	1.76	1.74	0.01	0.57
大理祥云-C2L-C02	0.04	1.64	1.65	0.01	0.61
大理祥云-C2L-C03	0.13	1.86	1.87	0.03	1.60
大理祥云-C3L-C03	0.17	1.93	1.95	0.01	0.51
大理祥云-C4F-C03	0.19	1.98	1.99	0.16	8.00

续表

样品信息	3-甲基-3,4(3H,3-甲 3,4(3H,5H)-呋喃二酮面积	模型计算半纤维素含量/(%)	实际半纤维素含量/(%)	误差/(%)	相对误差/(%)
马龙旧县-B1F-B01	0.27	2.17	2.15	0.19	8.80
马龙旧县-B2F-B01	0.26	2.13	2.18	0.04	1.83
马龙旧县-C3F-B01	0.82	3.38	3.40	0.02	0.59
马龙旧县-C3F-C02	0.18	1.96	1.97	0.06	3.04
马龙旧县-C3F-C03	0.26	2.15	2.14	0.09	4.20
马龙旧县-C4F-C03	0.17	1.94	1.93	0.08	4.14
马龙马鸣-B1F-B01	0.42	2.5	2.45	0.11	4.49
马龙马鸣-C3L-C03	0.50	2.67	2.65	0.23	8.67
马龙马鸣-C4F-C03	0.24	2.09	2.07	0.02	0.87

根据表 6-7 中的结果,模型计算的半纤维素含量与实际的半纤维素含量的相对误差大部分都小于 5%,但有少数验证集的误差超过 8%,其中最大的相对误差为 8.80%。因此建立的 3-甲基-3,4(3H,3-甲基-3,4(3H,5H)-呋喃二酮与半纤维素含量的关系经过拟合出的数学模型预测烟草中半纤维素含量的准确性高。

6.7.5 烟草木质素模型的验证

通过前期数据分析发现木质素热解产生的对二甲苯、苯乙烯、甲苯为热解特征产物,通过三元线性回归方程建立对二甲苯、苯乙烯、甲苯与木质素含量的数学模型,所建立的模型见式(6-13)。

为了验证所建立的模型的准确度,将 35 个烟草样品热解,产生得到的特征峰二甲苯的峰面积含量为 x_1 值,苯乙烯的峰面积含量为 x_2 值,甲苯的峰面积含量为 x_3 值,带入模型进行计算得到的为理论的烟草木质素含量 y 值,与烟草样品的实际木质素含量作为对比,如表 6-8 所示。

表 6-8 烟草木质素的模型计算值与实际值

样品信息	对二甲苯面积(x_1)	苯乙烯面积(x_2)	甲苯面积(x_3)	模型计算木质素含量/(%)	实际木质素含量/(%)	误差/(%)	相对误差/(%)
楚雄大姚-B1F-B01	0.94	0.42	3.02	1.99	2.20	0.09	4.10
楚雄大姚-B2F-B01	0.89	0.4	3.28	2.01	2.12	0.05	2.36
楚雄大姚-C1F-C02	0.68	0.31	2.12	1.74	1.68	0.04	2.38
楚雄大姚-C1F-C03	0.81	0.24	2.51	1.88	1.72	0.10	5.81
楚雄大姚-C3F-B01	1.02	0.35	2.51	1.98	2.03	0.02	0.96

续表

样品信息	对二甲苯面积(x_1)	苯乙烯面积(x_2)	甲苯面积(x_3)	模型计算木质素含量/(%)	实际木质素含量/(%)	误差/(%)	相对误差/(%)
楚雄大姚-C3F-C02	1.01	0.34	2.54	1.98	2.12	0.06	2.83
楚雄大姚-C3F-C03	0.91	0.36	2.29	1.89	1.90	0.01	0.52
楚雄大姚-C3L-C03	0.94	0.35	2.34	1.91	1.94	0.01	0.52
楚雄大姚-C4F-C03	0.97	0.44	3.01	2.01	2.27	0.12	5.28
楚雄牟定-B1F-B01	0.99	0.47	3.11	2.03	2.15	0.06	2.79
楚雄牟定-B2F-B01	0.84	0.41	2.92	1.92	2.04	0.06	2.94
楚雄牟定-C3F-B01	1.17	0.51	3.24	2.14	2.62	0.18	6.87
楚雄牟定-C3F-C02	0.91	0.44	2.91	1.96	1.96	0.00	0
楚雄牟定-C3F-C03	0.86	0.36	2.58	1.90	1.74	0.09	5.17
楚雄牟定-C3L-C03	0.85	0.35	2.41	1.87	1.67	0.12	7.18
楚雄牟定-C4F-C03	1.07	0.48	3.37	2.11	2.39	0.12	5.03
大理祥云-B1F-B01	0.88	0.45	3.03	1.95	2.00	0.02	1.00
大理祥云-B2F-B01	0.89	0.43	2.79	1.93	1.88	0.03	1.60
大理祥云-C1L-C02	0.69	0.43	2.48	1.77	1.75	0.01	0.57
大理祥云-C2L-B01	0.96	0.47	2.69	1.95	2.01	0.03	1.49
大理祥云-C2L-C02	0.82	0.39	2.47	1.85	1.64	0.13	7.92
大理祥云-C3L-C03	0.85	0.43	2.53	1.87	1.68	0.11	6.55
大理祥云-C4F-C03	1.02	0.53	3.01	2.02	2.07	0.03	1.45
马龙旧县-B1F-B01	1.08	0.66	3.34	2.07	2.41	0.14	5.81
马龙旧县-B2F-B01	1.03	0.61	3.21	2.03	2.27	0.10	4.40
马龙旧县-C3F-B01	1.23	0.87	3.56	2.15	2.69	0.20	7.43
马龙旧县-C3F-C02	1.17	0.81	3.53	2.12	2.72	0.22	8.09
马龙旧县-C3F-C03	0.91	0.45	3.08	1.98	1.99	0.00	0
马龙旧县-C4F-C03	0.93	0.47	3.09	1.99	2.02	0.01	0.50
马龙马鸣-B1F-B01	0.89	0.49	2.91	1.94	1.88	0.03	1.60
马龙马鸣-C3L-C03	0.99	0.51	3.13	2.02	2.06	0.02	0.97
马龙马鸣-C4F-C03	0.94	0.51	3.17	2.00	1.95	0.02	1.03

根据表6-8中的结果，模型计算的木质素含量与实际的木质素含量的误差最大值为0.22，最大的相对误差为8.09%。因此建立的对二甲苯、苯乙烯、甲苯与木质素含量之间的关系经过拟合出来的数学模型预测烟草中木质素含量的准确性高。

第 7 章　烟草秸秆纤维素的中试提取与表征

7.1　烟草秸秆纤维素的应用

近年来对于纤维素的资源化利用，成为国内外的研究热点。木材是纤维素主要来源之一，但从木材、棉花等物质中提取纤维素成本较高。我国是世界上烟草总种植面积最大的国家，每年有大量的烟草秸秆无法处理，且烟草秸秆成分复杂，还田处理会造成环境污染，因此对烟草秸秆的再利用成为烟草行业关注的焦点。烟草的行业特殊性，使得烟草秸秆废弃物更加集中，相较于其他作物秸秆，烟草秸秆更易于集中利用。烟草秸秆主要组成成分为纤维素、半纤维素和木质素，宋丽丽等研究发现烟草秸秆中纤维素含量比玉米秸秆、稻草秸秆和小麦秸秆更高，半纤维素含量更低，且生物转化效率高，说明烟草秸秆中的纤维素具有较高的利用价值，且烟草秸秆再利用的产物可应用到烟草薄片的制备中，可使废弃物循环利用，因此充分利用烟草秸秆中的生物质资源意义更加重大。

7.2　烟草秸秆纤维素提取工艺研究

7.2.1　烟草秸秆纤维素实验室小试提取工艺优化研究

一、烟草秸秆纤维素中间体 A(PT-A)的一般提取工艺

称取 1000 g 烟草秸秆原料干燥后剁至小块，清水洗净，沥干，70 ℃烘干后，放至万能粉碎机粉碎，过 60 目筛，即得粉状烟末(PT)。准确称取烘干的 100 g PT，加水 2 L，在 70 ℃条件下用磁力搅拌器搅拌，过滤除去水溶性杂质。60 ℃烘干后，置于索氏提取器中，用 500 mL 无水乙醇抽提 6 h，去除脂溶性杂质，于 60 ℃烘箱中烘干，称重，记为纤维素中间体 A(PT-A)。

二、纤维素单因素提取条件优化研究

称取 60 g PT-A 加入一定体积(1.0 L、1.5 L、2.0 L、2.5 L)、一定质量分数(8%、10%、12%、14%)的 NaOH 溶液混合均匀后放置于磁力搅拌器上加热至 60 ℃、70 ℃、80 ℃、90 ℃，以 500 r/min 分别搅拌反应 1.0 h、1.5 h、2.0 h、2.5 h，抽滤，得到烟草秸秆纤维素粗提物(PT-B)。

①取 4 个 3000 mL 锥形瓶，各称取 60 g PT-A 分别加入 1.0 L、1.5 L、2.0 L、2.5 L 质量分数为 8％的 NaOH 溶液，混合均匀后放置于磁力搅拌器上加热至 60 ℃，500 r/min 搅拌反应 1 h，抽滤，再用去离子水洗涤滤渣至中性，得到烟草秸秆纤维素粗提物(PT-B)，采用范氏法测定其纤维素含量。

实验结果如图 7-1 所示。

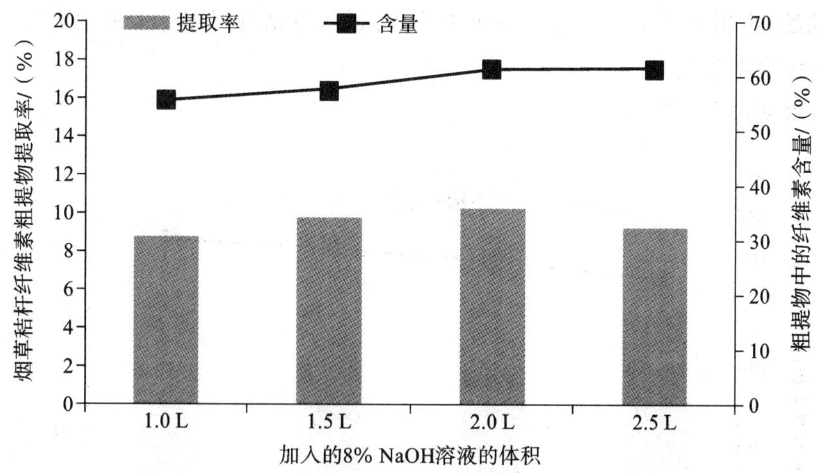

图 7-1　加入的 8% NaOH 溶液的体积对烟草秸秆纤维素粗提物提取率及含量的影响

从图 7-1 可知，当加入的 8％ NaOH 溶液体积为 2.0 L 时，烟草秸秆纤维素粗提物提取率为 60.28％，经范氏法测定，其烟草秸秆纤维素最高含量为 61.38％，因此，由单因素实验结果确定最优的加入体积的量为 2.0 L。

②取 4 个 3000 mL 锥形瓶，各称取 60 g PT-A 分别加入 2.0 L 质量分数分别为 8％、10％、12％、14％的 NaOH 溶液，混合均匀后放置于磁力搅拌器上加热至 60 ℃，500 r/min 搅拌反应 1 h，抽滤，再用去离子水洗涤滤渣至中性，得到烟草秸秆纤维素粗提物(PT-B)，采用范氏法测定其纤维素含量。

实验结果如图 7-2 所示。

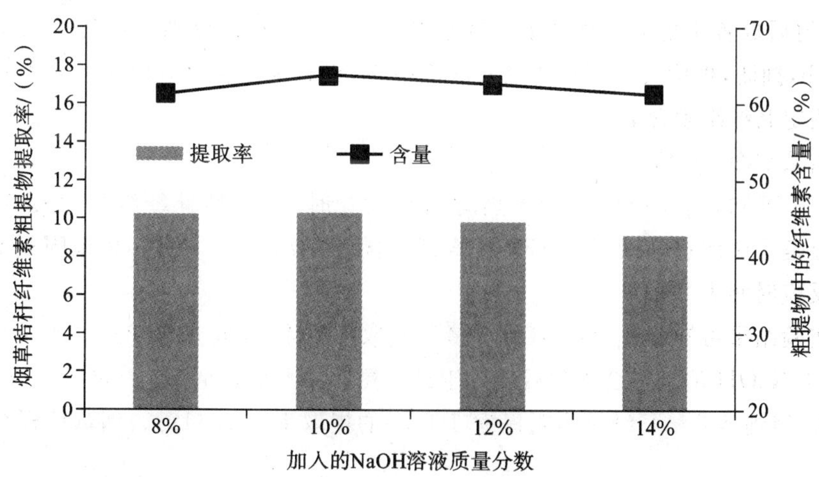

图 7-2　加入的 NaOH 溶液质量分数对烟草秸秆纤维素粗提物提取率及含量的影响

从图 7-2 可知，当加入的 NaOH 溶液质量分数为 10%时，烟草秸秆纤维素粗提物提取率为 64.32%，经范氏法测定，其烟草秸秆纤维素最高含量为 63.79%，因此，由单因素实验结果确定最优的 NaOH 溶液质量分数为 10%。

③取 4 个 3000 mL 锥形瓶，各称取 60 g PT-A 加入 2.0 L 质量分数为 10%的 NaOH 溶液，混合均匀后放置于磁力搅拌器上分别加热至 60 ℃、70 ℃、80 ℃、90 ℃，500 r/min 搅拌反应 1 h，抽滤，再用去离子水洗涤滤渣至中性，得到烟草秸秆纤维素粗提物(PT-B)，采用范氏法测定其纤维素含量。

实验结果如图 7-3 所示。

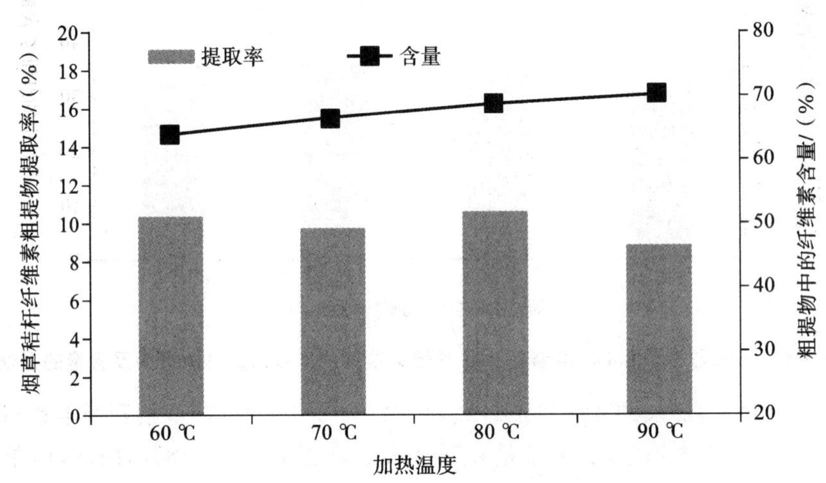

图 7-3 加热温度对烟草秸秆纤维素粗提物提取率及含量的影响

从图 7-3 可知，当反应体系的加热温度到 80 ℃时，烟草秸秆纤维素粗提物提取率为 67.59%，经范氏法测定，其烟草秸秆纤维素最高含量为 68.55%，因此，由单因素实验结果确定最优的加热温度为 80 ℃。

④取 4 个 3000 mL 锥形瓶，各称取 60 g PT-A 加入 2.0 L 质量分数为 10%的 NaOH 溶液，混合均匀后放置于磁力搅拌器上加热至 80 ℃，500 r/min 分别搅拌反应 1.0 h、1.5 h、2.0 h、2.5 h，抽滤，再用去离子水洗涤滤渣至中性，得到烟草秸秆纤维素粗提物(PT-B)，采用范氏法测定其纤维素含量。

实验结果如图 7-4 所示。

从图 7-4 可知，当反应体系的加热时间在 2 h 时，烟草秸秆纤维素粗提物提取率为 72.19%，经范氏法测定，其烟草秸秆纤维素最高含量为 75.89%，因此，由单因素实验结果确定最优的反应时间为 2 h。

综上实验结果可知，烟草秸秆纤维素最佳提取条件为：称取 60 g PT-A 加入 2.0 L 质量分数为 10% NaOH 溶液混合均匀后放置于磁力搅拌器上加热至 80 ℃，500 r/min 搅拌反应 2.0 h，抽滤，得到烟草秸秆纤维素粗提物(PT-B)的提取率为 72.19%，烟草秸秆纤维素含量为 75.89%。

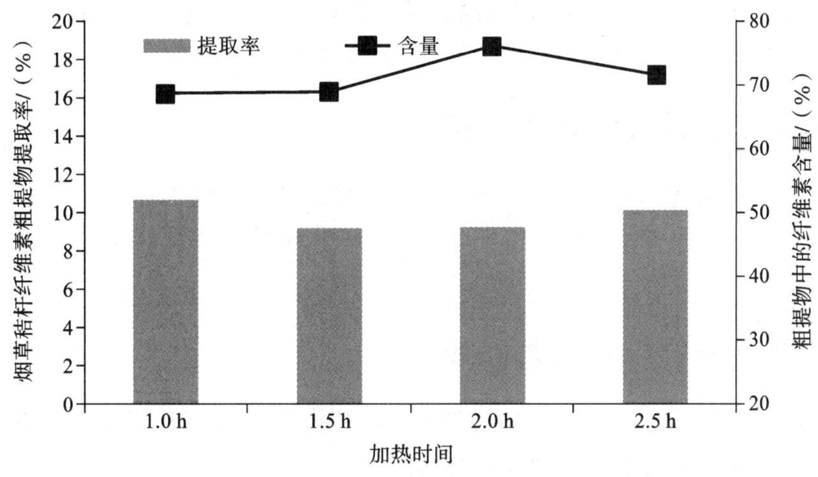

图 7-4　加热时间对烟草秸秆纤维素粗提物提取率及含量的影响

三、范氏法测定烟草秸秆纤维素的含量

采用 Van Soest 法测定碱液分离法提取所得烟草秸秆纤维素的含量。准确称取经过漂白且烘干之后的烟草秸秆纤维素(TC) G(大约 1.00 g)置于 200 mL 圆底烧杯中，加入 100 mL 酸性洗涤剂(称取 2 g 分析纯十六烷三甲基溴化铵，溶于 100 mL 0.5 mol/L 的硫酸水溶液中，即得酸性洗涤剂)。将圆底烧杯套上冷凝装置，加热至沸腾，并持续保持微沸 60 min。趁热用恒重过且已知重量的玻璃坩埚抽滤，并用沸水反复冲洗玻璃坩埚及残渣至滤液呈中性为止，再用少量丙酮冲洗残渣至冲下的丙酮液呈无色为止。将玻璃坩埚置于 105 ℃烘箱中烘 2 h 后，在干燥器中冷却 30 min 后称重，重复操作两次直至玻璃坩埚恒重，记为 G_1(g)。将上述酸性洗涤液处理之后的烟草秸秆纤维素加入 2 mL 72%硫酸，20 ℃条件下消化 3 h 后过滤，并冲洗至中性。105 ℃烘箱烘至恒重，步骤同上，记为 G_2(g)。再将各数值代入计算公式，烟草秸秆纤维素含量(%)的计算公式为

$$\text{烟草秸秆纤维素含量}=\frac{G_1-G_2}{G}\times 100\%$$

四、测定烟草秸秆纤维素粗提物的提取率

准确称取粉碎的烟草秸秆(PT)Y 克，经过水洗、除脂、NaOH 碱解之后，水洗至中性，60 ℃条件下烘 8 h 至近干，即得烟草秸秆纤维素粗提物(PT-B) y(g)，烟草秸秆纤维素粗提物提取率(%)的计算公式为

$$\text{烟草秸秆纤维素粗提物提取率}=\frac{y}{Y}\times 100\%$$

7.2.2　烟草秸秆纤维漂白条件优化研究

一、烟草秸秆纤维素漂白工艺

准确称取 2.0 g PT-B 样品，加入 60 mL 3%亚氯酸钠进行漂白，用冰醋酸调节至适当的

pH，水浴加热，直至固体物质变为白色，除去其中的色素和木质素。用布氏漏斗抽滤，水洗至中性，60 ℃条件下烘 8 h 至近干，即得烟草秸秆纤维素（TC）。

二、烟草秸秆纤维素压片制样

准确称取 0.20 g TC，放入圆柱形模具中，压实。将磨具放上压片机，调节压力至 10 MPa，保持 10～20 s，把成型的烟草秸秆纤维素压片从模具中轻轻取出，压片厚度为 0.3～0.5 mm。

三、烟草秸秆纤维素压片拍照

将数码相机固定于支架上，烟草秸秆纤维素压片放置在相机正下方，调节焦距，每个样品平行拍摄三次，得到烟草秸秆纤维素压片的图片。

四、Image J 色度分析

将烟草秸秆纤维素压片的图片在 Image J 色度分析软件中打开，点击工具栏中的“图像”选项，选择“8 比特”把图片转化成灰度图片。然后在“抠除背景”中勾选“浅色背景”，消除图片背景的影响。点击工具栏中的“分析”选项，下拉选择“测量值测定”，在弹出的对话框中勾选：区域、平均色度值、最大及最小色度值和综合密度。最后把烟草秸秆纤维素的图片通过“编辑”中的“转换”转换成亮色，点击“测定”即可计算出烟草秸秆纤维素的表观色度值。

以普通白色的 70 g/m^2 A4 纸进行 Image J 色度分析，得到的表观色度值作为内参 Ir 值。烟草秸秆纤维素压片样品的表观色度值减去 Ir 表观色度值作为压片样品的实测色度值，并将未漂白的烟草秸秆纤维素粗提物 PT-B (Con)的色度比定义为 100%，每个烟草秸秆纤维素样品平行测定三次，作图数值以三次实验值的平均数±SD 表示。烟草秸秆纤维素的色度比(%)的计算公式为

$$\text{烟草秸秆纤维素的色度比}=\frac{\text{烟草秸秆纤维素样品表观色度值}-\text{Ir 表观色度值}}{\text{未漂白烟草秸秆纤维素表观色度值}-\text{Ir 表观色度值}}\times 100\%$$

五、测定烟草秸秆纤维素的漂白提取率

准确称取未经过漂白且烘干之后的烟草秸秆纤维粗提物(PT-B)M(g)，经过亚氯酸钠漂白，水洗涤至中性，60 ℃条件下烘 8 h 至近干，即得烟草秸秆纤维素(TC)m(g)，烟草秸秆纤维素漂白提取率(%)的计算公式为

$$\text{烟草秸秆纤维素漂白提取率}=\frac{m}{M}\times 100\%$$

六、范氏法测定烟草秸秆纤维素的含量

步骤同 7.2.1 节关于范氏法测定烟草秸秆纤维素的含量的内容，烟草秸秆纤维素含量(%)的计算公式为

$$\text{烟草秸秆纤维素含量}=\frac{G_1-G_2}{G}\times 100\%$$

七、温度、时间、pH 以及漂白次数对烟草秸秆纤维素漂白效果的影响

采用 Imagc J 色度法分析色度比，对加热温度、时间、pH 以及次数对漂白效果、漂白提取率和含量进行定量表征，从而研究确定烟草秸秆纤维素漂白最佳工艺。

（1）加热温度对漂白效果的影响。

分别称取 4 组 2 g PT-B 样品，加入 60 mL 3%的 $NaClO_2$，用冰醋酸调 pH 至 4，并分别在 75 ℃、60 ℃、40 ℃和 25 ℃水浴中加热 30 min，加热结束后，水洗至中性，得到漂白后的烟草秸秆纤维素样品，并对得到的烟草秸秆纤维素样品进行压片和拍照，未经过漂白处理的 PT-B 样品作为对照组（Con），结果如图 7-5 所示。在 25 ℃条件下，烟草秸秆纤维素相对于对照组的颜色明显变淡，但样品还是黄褐色，而随着加热温度的增加，样品的黄褐色逐渐褪去，75 ℃条件下的样品黄褐色最淡。

图 7-5　不同漂白加热温度中烟草秸秆纤维素的压片照片

将烟草秸秆纤维素压片的图片在 Image J 色度分析软件上进行分析处理，分析结果如图 7-6 所示。以对照组 PT-B 样品的色度比为 100%作为参照，从图 7-6 可以看出，当加热温度从 25 ℃升到 75 ℃时，烟草秸秆纤维素压片照片的色度比逐渐下降，从 39.19%下降到 22.14%。当加热温度达到 75 ℃时，其色度比最小，即漂白效果最佳。实验过程中发现如果把加热温度继续增加到 90 ℃，将有大量刺激性气体逸出，会造成空气污染，会对实验人员造成伤害，因此在本实验中选定 75 ℃的加热温度为最佳。各加热温度条件下烟草秸秆纤维素的漂白提取率和含量变化如图 7-7 所示，加热温度为 25 ℃时，烟草秸秆纤维素的提取率是 82.35%，其烟草秸秆纤维素的含量只有 79.79%，而当加热温度上升到 75 ℃时，烟草秸秆纤维素的漂白提取率下降到 70.36%，其烟草秸秆纤维素的含量上升到 90.42%。

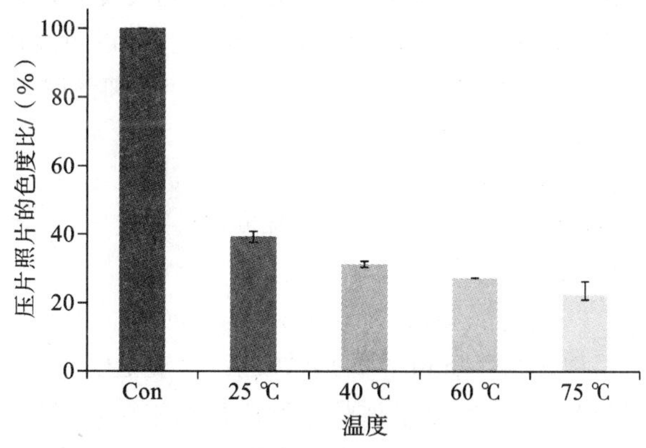

图 7-6　不同漂白加热温度烟草秸秆纤维素压片照片的色度比

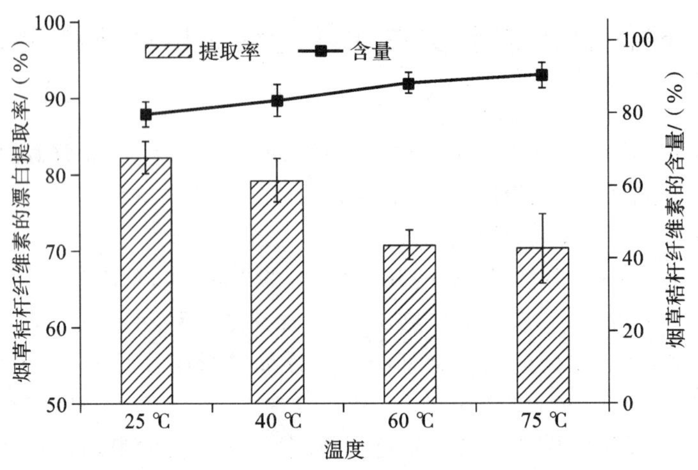

图 7-7 不同漂白加热温度中烟草秸秆纤维素的漂白提取率和含量的变化

(2) 加热时间对漂白效果的影响。

分别称取 3 组 2 g PT-B 样品,加入 60 mL 3%的 $NaClO_2$,用冰醋酸调 pH 为 4,并分别在 75 ℃水浴中加热 10 min、30 min 和 60 min。加热结束后,水洗至中性,得到漂白后的烟草秸秆纤维素样品,并对得到的烟草秸秆纤维素样品进行压片和拍照,未经过漂白处理的 PT-B 样品作为对照组(Con),结果如图 7-8 所示。结果发现,在 75 ℃加热 10 min 进行漂白时,烟草秸秆纤维素相对于对照组的颜色明显变淡,样品呈淡黄色,而漂白时间达到 30 min 或 60 min 时,样品的图片已看不到黄色,趋近于白色。

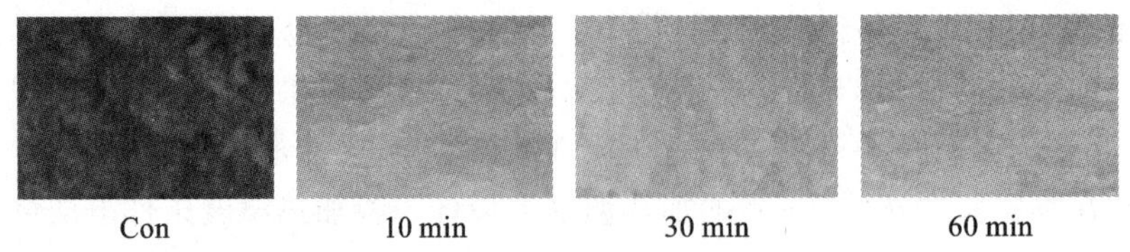

图 7-8 不同漂白加热时间中烟草秸秆纤维素的压片照片

将烟草秸秆纤维素压片的图片在 Image J 色度分析软件上进行分析处理,结果如图 7-9 所示。以对照组 PT-B 样品的色度比为 100%作为参照,随着加热时间的增加,烟草秸秆纤维素压片照片的色度比逐渐下降,加热 30 min、60 min 时样品的色度比分别降至 22.14%和 22.37%,无明显再下降趋势,因此在本实验中选定 30 min 的加热时间。不同漂白加热时间条件下烟草秸秆纤维素的漂白提取率和含量变化如图 7-10 所示,加热时间分别为 10 min、30 min 和 60 min 时,烟草秸秆纤维素的漂白提取率分别是 76.80%、70.36%和 67.40%,其烟草秸秆纤维素的含量分别是 79.77%、90.42%和 90.35%。

(3) pH 对漂白效果的影响。

分别称取 3 组 2 g PT-B 样品,加入 60 mL 3%的 $NaClO_2$,用冰醋酸分别调 pH 至 6、4 和 3,并分别在 75 ℃水浴中加热 30 min。加热结束后,水洗至中性,得到漂白后的烟草秸秆纤维素样品,并对得到的烟草秸秆纤维素样品进行压片和拍照,未经过漂白处理的 PT-B 样品作为对照组(Con),结果如图 7-11 所示。在 pH 为 6 或 4,75 ℃条件下加热 30 min 进行漂白时,烟草秸秆纤维素相较于对照组的颜色略有变淡,样品漂白效果不佳,只有当 pH 下降

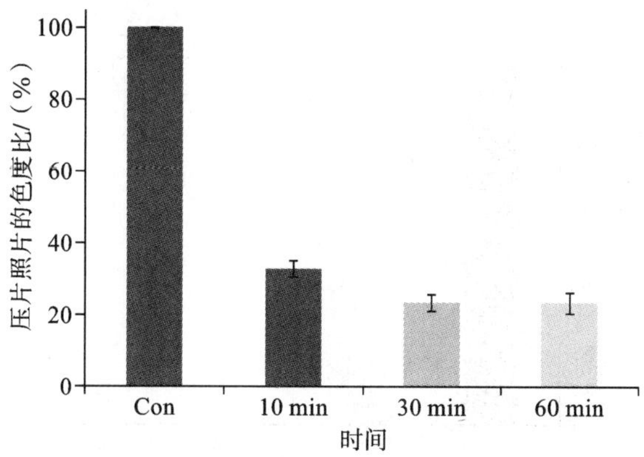

图 7-9　不同漂白加热时间中烟草秸秆纤维素压片照片的色度比

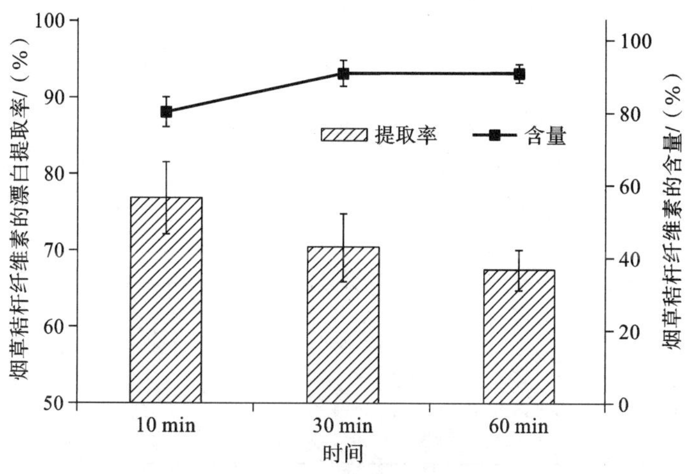

图 7-10　不同漂白加热时间中烟草秸秆纤维素的漂白提取率和含量的变化

图 7-11　不同 pH 溶液中烟草秸秆纤维素的压片照片

到 3 时，样品的图片已看不到黄色，趋近于白色，达到漂白效果，这说明漂白溶液的 pH 对烟草秸秆纤维素样品的漂白效果影响很大。推测是在强酸性条件下，高浓度的 H^+ 可能会破坏烟草秸秆纤维素的次价键力如范德华力、氢键和离子键。为了尽量不破坏烟草秸秆纤维素的微观结构，本实验不再调低 pH，选取 pH=3 的漂白溶液为最佳。

将烟草秸秆纤维素压片的图片在 Image J 色度分析软件上进行分析处理，分析处理结果如图 7-12 所示。以对照组 PT-B 样品的色度比为 100%作为参照，随着漂白溶液 pH 的降低，烟草秸秆纤维素压片照片的色度比逐渐下降，当 pH=3 时样品色度比最小，为 15.02%，而更低的酸值不利于保持烟草秸秆纤维素原有的结构，因此在本实验中选定 pH=3 的漂白溶液为最佳。不同 pH 条件下烟草秸秆纤维素的提取率和含量变化如图 7-13 所示，结果发

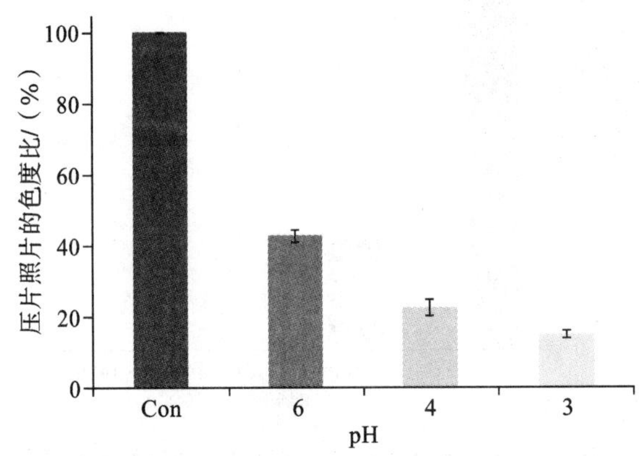

图 7-12　不同 pH 溶液中烟草秸秆纤维素压片照片的色度比

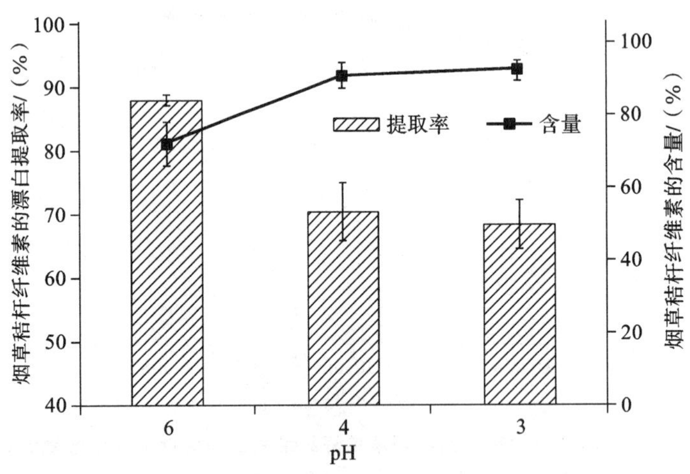

图 7-13　不同 pH 溶液中烟草秸秆纤维素的漂白提取率和含量的变化

现，pH 对烟草秸秆纤维素的漂白提取率影响较大，烟草秸秆纤维素的漂白提取率从 pH=6 的 87.95%下降到 pH=3 的 68.35%。由此推测溶液酸值由 pH=6 调到 pH=3 时，烟草秸秆纤维素中的大部分木质素被除去，烟草秸秆纤维素的漂白提取率的下降伴随着烟草秸秆纤维素含量的大幅上升，从 pH=6 的 72.04%上升到 pH=3 的 92.23%。

（4）漂白次数对漂白效果的影响。

称取 3 g PT-B 烟草秸秆纤维素，加入 90 mL 3%的 $NaClO_2$，用冰醋酸调 pH 为 3，并在 75 ℃水浴中加热 30 min。加热结束后，水洗至中性，得到漂白后的烟草秸秆纤维素样品，采用相同方法重复以上实验 3 次，并分别对每次得到的烟草秸秆纤维素样品进行压片和拍照，未经过漂白处理的 PT-B 样品作为对照组(Con)，结果如图 7-14 所示。结果发现，在进行第 1 次漂白实验后，与对照组相比，烟草秸秆纤维素的颜色已经很白了，再经过第 2 次和第 3 次漂白之后，样品漂白效果变化不大。

将烟草秸秆纤维素压片的图片在 Image J 色度分析软件上进行分析处理，分析处理结果如图 7-15 所示。以对照组 PT-B 样品的色度比为 100%作为参照，随着漂白次数的增加，烟

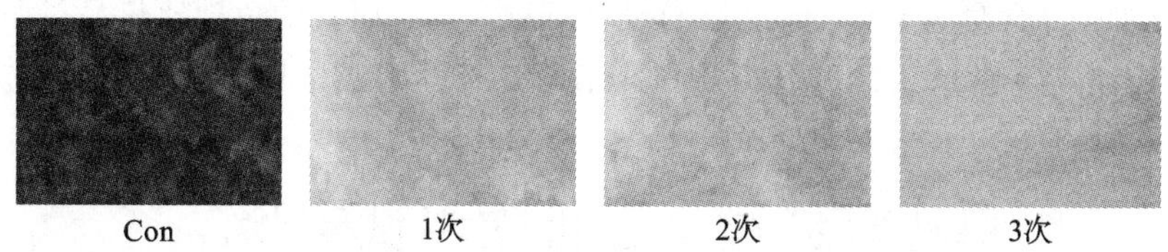

图 7-14　在不同漂白次数中烟草秸秆纤维素的压片照片

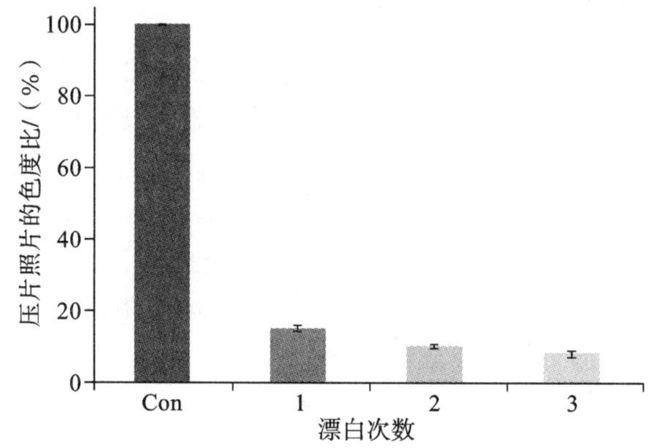

图 7-15　在不同漂白次数中烟草秸秆纤维素压片照片的色度比

草秸秆纤维素压片照片的色度比逐渐下降，漂白 2 次和漂白 3 次后其样品照片色度比分别是 9.97%和 8.13%，相差不大，因此在本实验中选定漂白 2 次即可达到最佳漂白效果。经过 3 次漂白烟草秸秆纤维素的漂白提取率和含量变化如图 7-16 所示，从图 7-16 可知，烟草秸秆纤维素的漂白提取率在 63.11%～68.35%之间，而含量在 92.24%～93.25%之间。

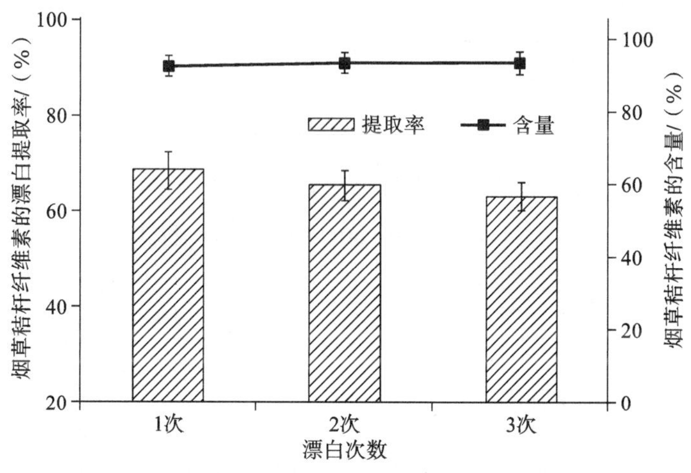

图 7-16　在不同漂白次数中烟草秸秆纤维素的漂白提取率和含量的变化

综上所述，为了从烟叶中提取到纯度较高的烟草秸秆纤维素，本研究以烟草秸秆为起始原料，经过水洗、提醇、碱解和漂白等步骤，获得烟草秸秆纤维素。在优化烟草秸秆纤维素漂白工艺时，采用 Image J 色度分析软件对烟草秸秆纤维素压片照片的色度比进行定量分析，实验结果表明烟草秸秆纤维素的最佳漂白工艺是：2 g PT-B 烟草秸秆纤维素，加入 60 mL pH＝3 的 3% $NaClO_2$ 漂白溶液，75 ℃水浴 30 min，重复 2 次，得到的烟草秸秆纤维素漂白提取率为65.32%，含量为93.25%。烟草秸秆纤维素压片照片的色度比仅是对照组(Con)的9.97%。综上所述，Image J色度分析软件对烟草秸秆纤维素压片照片的色度比定量分析结果有效且可行。

7.2.3 烟草秸秆纤维素三批次中试实验

一、烟草秸秆纤维素提取工艺流程

基于以上得到的最优烟草秸秆纤维提取工艺以及最优漂白工艺，对烟草秸秆纤维素的提取工艺放大10倍之后进一步进行3批次中试规模实验，实验流程如图7-17所示。准确称取1000 g PT，加水20 L，在70 ℃条件下磁力搅拌器搅拌，过滤除去水溶性杂质。60 ℃烘干后，用5 L无水乙醇抽提6 h，去除脂溶性杂质。加入20 L 10% NaOH水溶液，80 ℃条件下600 r/min磁力搅拌反应2 h，除去半纤维素。用水洗至中性，60 ℃条件下烘8 h至近干，即得烟草秸秆纤维素粗提物(PT-B)。该烟草秸秆纤维素粗提物(PT-B)直接作为原料进行下一步漂白工艺。以上所得的PT-B烟草秸秆纤维素，加入6 L pH=3的3% $NaClO_2$漂白溶液，75 ℃水浴30 min，重复漂白2次，水洗至中性，低温冷冻干燥得到的泡沫状白色烟草秸秆纤维素纯品，可作为之后结构表征和标准物质研究的原料。

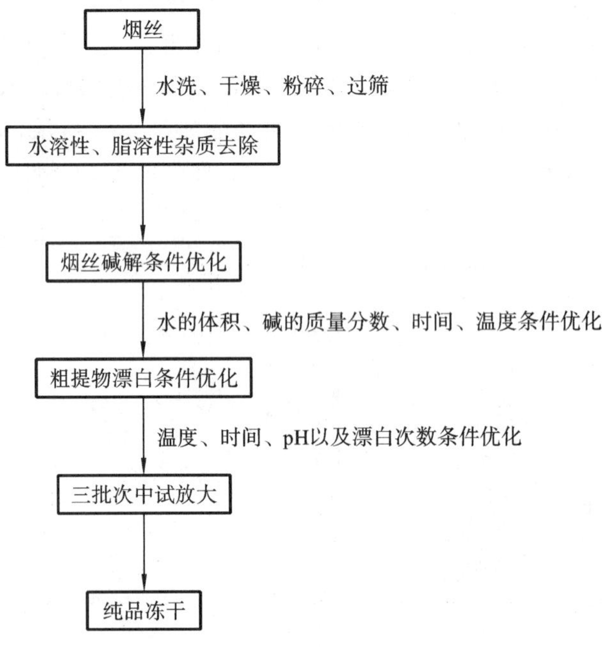

图7-17 烟草秸秆纤维素提取工艺流程图

二、三批次中试实验过程及结果

图7-18～图7-22记录了烟草秸秆从粉碎，60目过筛，水洗除去水溶性杂质，索式提取器以乙醇为溶媒去除烟草秸秆中的脂溶性杂质，再经过10% NaOH溶液80 ℃碱解，然后再以10%的$NaClO_2$溶液漂白2次，最后水洗至中性，烘箱烘干的整个烟草秸秆纤维素提取过程。

重复以上中试实验3次，其实验结果如表7-1所示。

图 7-18　烟草秸秆在 70 ℃热水中洗去烟碱等，烘干，粉碎

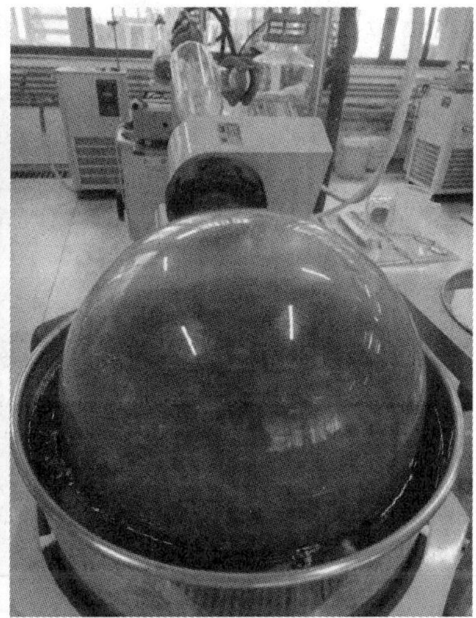

图 7-19　索式提取器以乙醇为溶媒去除烟草秸秆的脂溶性杂质

图 7-20　碱解(10%碱液 80 ℃搅拌 2 h)

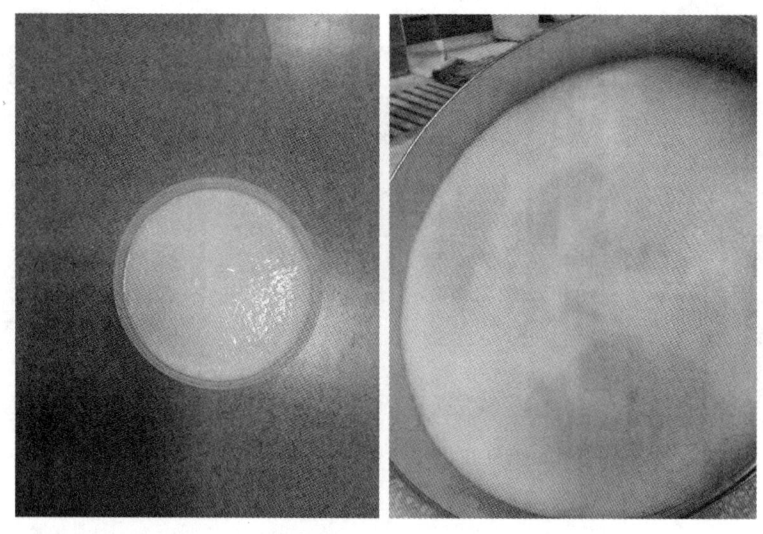

图 7-21　烟草秸秆纤维素漂白(10% $NaClO_2$,75 ℃,30 min 漂白 2 次)

图 7-22　烟草秸秆纤维纯品冻干

表 7-1　三批次中试实验结果

批次	投料质量	烟草秸秆纤维素	提取率	烟草秸秆纤维素含量
1	1000 g	89.0 g	8.90%	90.78%
2	1000 g	92.8 g	9.28%	92.14%
3	1000 g	93.5 g	9.35%	91.22%

表 7-1 给出了 3 批次 1000 g PT 中试实验的结果,从表中可以看出,3 批次中试实验的烟草秸秆纤维素提取率在 8.90%～9.35%,烟草秸秆纤维素的含量在 90.78%～92.14%。

7.3　结构鉴定

7.3.1　核磁共振波谱

对烟草纤维素进行^{13}C 核磁谱图(图 7-23)分析，其中化学位移为 60～70 的区域为主羟基上的 C6，70～81 之间的共振束归属于不与糖苷键链接的环碳 C2、C3 和 C5，81～93 之间的区域属于 C4，而 102～108 之间的区域属于 C1。纤维素中存在 I_{α}、I_{β}和次晶三种晶型，由于所提取的纤维素样品在 105 处有一个显著的共振峰，说明其晶体中 I_{β}占主体。纤维素的结构示意图如图 7-24 所示。

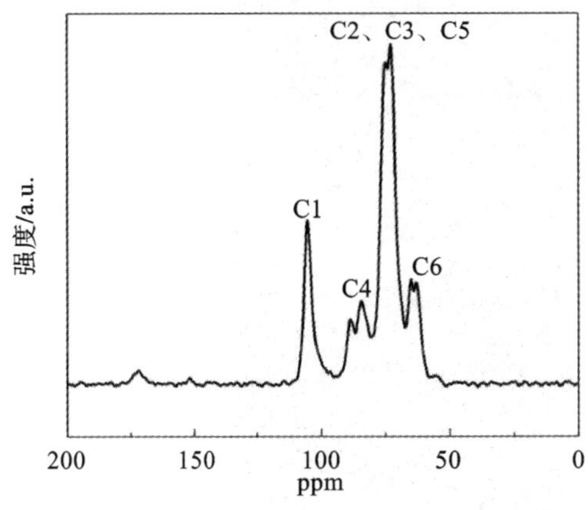

图 7-23　烟草纤维素^{13}C 核磁谱图

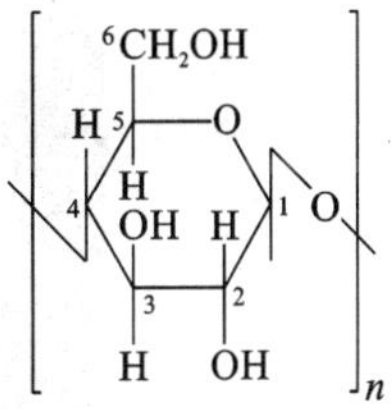

图 7-24　纤维素的结构示意图

7.3.2　XRD 衍射

烟草纤维素的 XRD 谱图如图 7-25 所示。

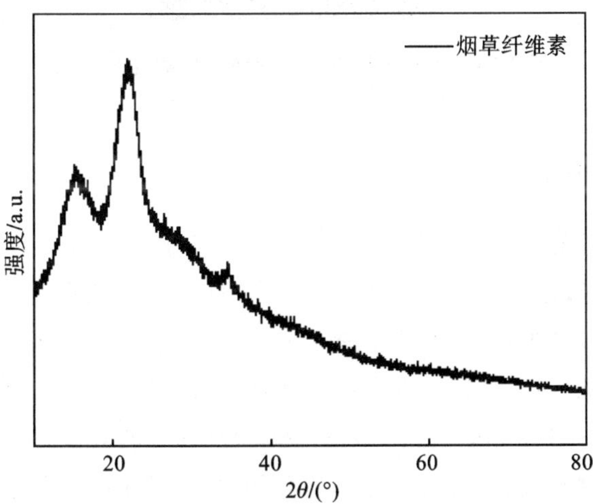

图 7-25　烟草纤维素的 XRD 谱图

烟草纤维素的 XRD 衍射谱图有 3 个主要的衍射峰，分别在衍射角为 15.8°、22.2°、34.6°处。通过分析发现，15.8°和 34.6°处是两个低强度峰，22.2°是一个尖锐的高强度峰。说明在提取纤维素时并未改变纤维素的晶型，依然保持纤维素Ⅰ型结构。

7.3.3 电镜扫描分析

图 7-26(a)显示烟草纤维素的大小和形貌均不均匀，纤维素颗粒大小在几百微米到几十微米之间。图 7-26(b)～(e)中显示烟草纤维素主要呈块状，在图 7-26(b)中可以发现部分块状样品表面存在多孔结构，说明提取过程中部分纤维素保留了烟草的结构。图 7-26(c)～(e)的电镜扫描(SEM)显示块状样品由多层的纤维素薄片任意卷曲而成，其表面存在大孔结构。

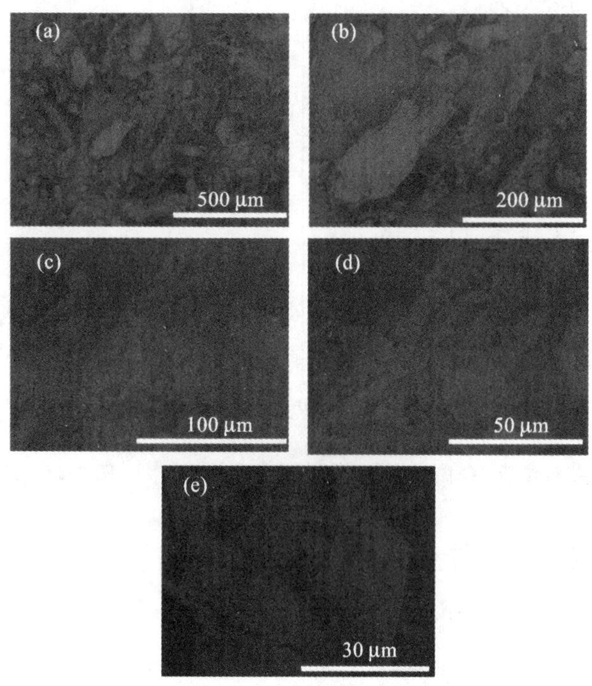

图 7-26 烟草纤维素在不同放大倍数的 SEM 图

7.3.4 红外光谱

烟草纤维素经红外光谱分析仪检测(图 7-27)在 1734 cm^{-1}处有吸收峰，对应为乙酰基团中 C=O 的伸缩振动峰，在 1512 cm^{-1}和 1256 cm^{-1}处没有检测出分别归属为木质素中苯环碳骨架伸缩振动吸收峰和半纤维素/木质素中芳基醚类化合物中的 C=O 伸缩振动，说明样品中木质素和纤维素被脱除完全。烟草纤维素样品在 3410 cm^{-1}、2901 cm^{-1}、1639 cm^{-1}、1430 cm^{-1}、1163 cm^{-1}、1110 cm^{-1}、1060 cm^{-1}和 892 cm^{-1}的吸收峰说明纳米纤维素保留了纤维素的基本结构，分别归属于纤维素分子和分子内、分子中的羟基 O—H 的伸缩振动吸收峰，—CH_2和 C—H 伸缩振动峰，纤维素中羟基吸附环境中水分产生的吸收峰，—CH_2的弯曲振动峰，C—C 骨架伸缩振动，纤维素分子环内 C—O 伸缩振动，C—O 伸缩振动和 β-1,4

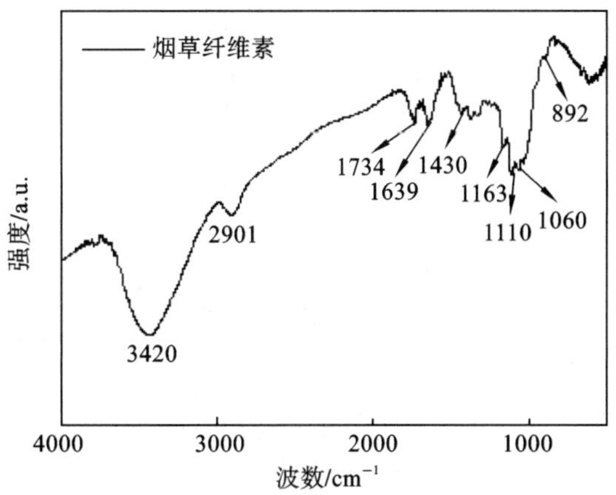

图 7-27　烟草纤维素的 FT-IR 谱图

糖苷键摇摆振动吸收峰。其中在 1430 cm^{-1}、1163 cm^{-1}、1110 cm^{-1}和 892 cm^{-1}处出现的吸收峰是纤维素 I_β的特征吸收峰，说明制备得到的纤维素为 I 型结构。

7.3.5　热稳定研究

在氮气气氛下测定烟草纤维素样品的热失重(图 7-28)，样品的失重温度区间可分为 4 个，室温至 100 ℃内的失重为吸附在烟草纤维素表面的水分蒸发导致的；100 ℃～200 ℃内有较少的质量损失，这是由于样品中小分子逸出所致；200 ℃～400 ℃内是样品热解的主要温度区间，主要为纤维素 β-1,4 糖苷键和 C=O、C—C 的断裂最终生成小分子的气体产物和焦油，在这一温度区间内出现最大热解失重峰，所对应温度为 320 ℃；400 ℃～600 ℃内的失重主要为热解剩余的半焦油进一步生成部分碳和灰分所致。热解剩余的质量为 43wt%。

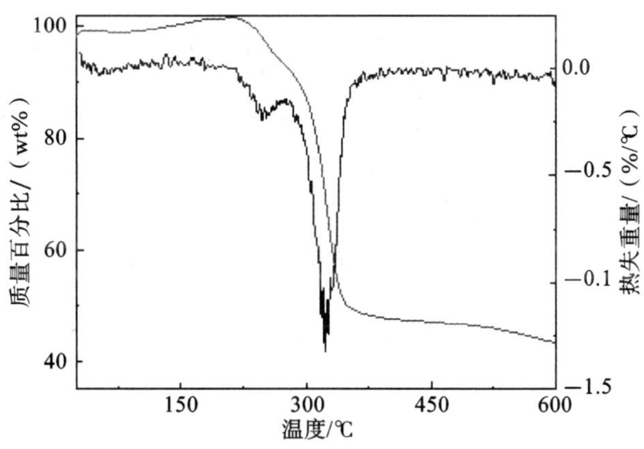

图 7-28　烟草纤维素样品在氮气气氛下的热失重曲线

7.3.6　热解分析

考察了烟草纤维素热解产物，如图 7-29 和表 7-3 所示。

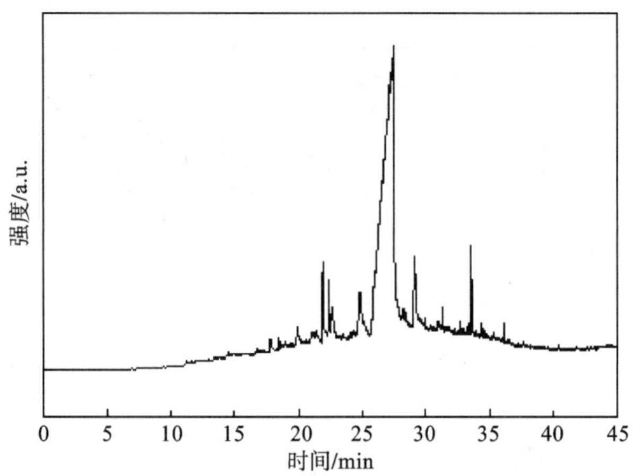

图 7-29 烟草纤维素热解产物气相色谱图

表 7-2 烟草纤维素热解前 10 种产物

编号	RT	峰面积总和/(%)	分子式	化合物
1	21.924	1.79	$C_{10}H_{14}N_2$	Pyridine,3-(1-methyl-2-pyrrolidinyl)-,(S)-
2	22.376	1.17	$C_{10}H_{14}N_2$	Pyridine,2-(1-methyl-2-pyrrolidinyl)-
3	22.633	1.45	$C_{10}H_{14}N_2$	Nicotine
4	24.819	2.58	$C_6H_{12}O_6$	D-Allose
5	27.457	87.09	$C_6H_{10}O_5$	β-D-Glucopyranose,1,6-anhydro-
6	29.173	3.82	$C_8H_{16}N_2O_7$	β-D-Glucosyloxyazoxymethane
7	31.291	0.42	$C_{17}H_{34}O_2$	3,7,11-Trimethyldodecylacetate
8	33.591	1.2	$C_{20}H_{33}$	Neophytadiene
9	34.421	0.24	$C_{20}H_{38}O_2$	Butyl 9-hexadecenoate
10	36.166	0.25	$C_{19}H_{28}O_4$	Phthalic acid,butyl hept-4-yl ester

通过与 NIST 普库进行对比,可以发现可鉴别的热解产物主要有 145 种,主要包括致香成分:酚类、醇类、烯烃、薄荷醇等;随着热解温度的升高,尼古丁含量先增加后急剧减少,这说明尼古丁在较高的热解温度下容易发生二次反应生成小分子产物;热解温度的升高也导致甲苯、环戊二烯、戊二酮、乙酸等小分子含量增多,说明较高的热解温度有利于芳烃类物质的生成。

参考文献

[1] 张力田.碳水化合物化学[M].北京:轻工业出版社,1988,66.

[2] 王瑞新.烟草化学[M].北京:中国农业出版社,2003.

[3] 于建军.卷烟工艺学[M].北京:中国农业出版社,2003,13-23.

[4] 左天觉.烟草的生产、生理和生物化学[M].朱尊权,等.译.上海:上海远东出版社,1993:371-373.

[5] 李兴波,阎克玉,丁海燕,等.河南烤烟(40 级)细胞壁物质含量及规律性研究[J].郑州轻工业学院学报,1999,14(3):27-30.

[6] 阎克玉,阎洪洋,李兴波,等.烤烟烟叶细胞壁物质的对比分析[J].烟草科技,2005,(10):6-11.

[7] 蒲俊,刘彦岭.烤烟纤维素含量与烟叶品质的相关性研究[J].中国农业文摘,2019,31(2):67-70.

[8] 刘晓冰,孟霖,梁盟,等.武陵山区烤烟上部叶片纤维素、木质素含量与质量指标间相关性研究[J].中国农学通报,2015,31(7):235-240.

[9] 张槐苓,葛翠英,穆怀静,等.烟草分析与检验[M].郑州:河南科学技术出版社,1994:103-111.

[10] 郭小义,戴云辉,郭紫明,等.应用纤维素测定仪测定烟草中的纤维素[J].烟草科技,2009,(1):43-46.

[11] 廖臻,王岚,蒋次清,等.烟草中总细胞壁物质含量的测定方法[P].中国:CN 102221512 A,2011-10-19.

[12] 杨蕾,陶自伟,潘纯祥,等.超声和酶解除杂质法测定烟草中总细胞壁物质含量[J].中国烟草学报,2016,22(2):108-114.

[13] 尚军,吕祥敏,王鹏,等.流动分析法测定烟草中的纤维素[J].烟草科技,2012(7):40-42.

[14] 张红漫,郑荣平,陈敬文,等.NREL 法测定木质纤维素原料组分的含量[J].分析实验室,2010,29(11):15-18.

[15] 张文博,贺建龙,蒋浩,等.木质纤维物质中纤维素和半纤维素含量的测定[J].江苏农业科学,2017,45(5):281-284.

[16] 刘永刚,冉宜骏,高铭泽,等.桑叶中纤维素和木质素含量的测定[J].2019,42(7):58-60.

[17] 王倩,宋晓霞,周帅,等.食用菌栽培基质中木质纤维素组分测定方法的建立[J].食用菌学报,2019,26(4):100-106.

[18] 全国烟草标准化技术委员会.烟草及烟草制品 中性洗涤纤维、酸性洗涤纤维、酸洗木质素的测定 洗涤剂法:YC/T 347—2010[S].北京:中国标准出版社,2023.

[19] 王瑞,田耀旗,谢正军.玉米淀粉在DMSO/水体系中溶解性与精细结构变化[J].食品与机械,2017,33(3):27-30.

[20] 全国烟草标准化技术委员会.烟草及烟草制品 淀粉的测定 连续流动法:YC/T 216—2013[S].北京:中国标准出版社,2023.

[21] 郭小义,戴云辉,郭紫明,等.应用纤维素测定仪测定烟草中的纤维素[J].烟草科技,2009(1):43-46.

[22] 全国造纸工业标准化技术委员会.纸浆 酸不溶木素的测定:GB/T 747—2003[S].北京:中国标准出版社,2023.

[23] 孔浩辉,李秀丽,黄翼飞,等.NaOH/尿素低温溶解法测定烟梗木质素含量的研究[J].中国烟草学报,2014(3):9-15.

[24] 农业农村部科技教育司.农业生物质原料 纤维素、半纤维素、木质素测定:NY/T 3494—2019[S].北京:中国农业出版社,2017.

[25] 全国造纸工业标准化技术委员会.造纸原料和纸浆 酸溶木素的测定法:GB/T 10337—2008[S].北京:中国标准出版社,2023.

[26] 吴胜芳,王树英,陶冠军,等.离子色谱法测定多糖水解液中的半乳糖醛酸和葡萄糖醛酸[J].食品与生物技术学报,2005,24(4):86-88.

[27] 白晓莉,侯英,张朗,等.基于响应面分析法对烟叶中果胶测定方法的优化[J].中国烟草科学,2015,36(5):85-89.

[28] 吴玉萍,杨光宇,王东丹.高效液相色谱法测定烟草中的果胶含量[J].光谱实验室,2004,21(1):183-185.

[29] 王淑华,李苓,彭丽娟,等.高效液相色谱法测定烟草中的淀粉含量[J].烟草科技,2004(7):31-33.

[30] 全国烟草标准化技术委员会.烟草和烟草制品 总蛋白质含量的测定:YC/T 166—2003[S].北京:中国标准出版社,2023.

[31] 汪长国,戴亚,方力,等.烟草中蛋白质测定方法的改进[J].烟草科技,2004(1):19-20,35.

[32] 全国烟草标准化技术委员会.烟草及烟草制品 蛋白质的测定 连续流动法:YC/T 249—2008[S].北京:中国标准出版社,2023.

[33] 瞿先中,程涛,蒋士盛,等.连续流动分析法测定烟草中的蛋白质[J].烟草科技,2006(1):41-42,53.

[34] 孔浩辉,郭文,张心颖,等.连续流动法测定烟草中的蛋白质含量[J].烟草科技,2009(11):44-46.

[35] 李志江.考马斯亮蓝G250染色法测定啤酒中蛋白质含量[J].酿酒,2008,35(1):70-72.

[36] 黄婉玉,曹炜,李菁,等.考马斯亮蓝法测定果汁中蛋白质的含量[J].食品与发酵工

业,2009,35(5):160-162.

[37] Giummarella N,Pu Y,Ragauskas A J,et al. A Critical Review on the Analysis of Lignin Carbohydrate Bonds[J]. Green Chemistry,2019,21(7):1573-1595.

[38] Cheng K,Sorek H,Zimmermann H,et al. Solution-State 2D NMR Spectroscopy of Plant Cell Walls Enabled by A Dimethylsulfoxide-d6/1-Ethyl-3-methylimidazolium Acetate Solvent[J]. Analytical Chemistry,2013,85(6):3213-3221.

[39] 中华人民共和国农业部. NY/T 2016—2011. 水果及其制品中果胶含量的测定 分光光度法[S].

[40] Sievers C,Marzialetti T,Hoskins T J,et al. Quantitative solid state NMR analysis of residues from acid hydrolysis of loblolly pine wood[J]. Bioresource technology, 2009,100,4758-4765.

[41] Alesiani M,Proietti F,Capuani S,et al. ^{13}C CP/MAS NMR spectroscopic analysis applied to wood characterization [J]. Applied Magnetic Resonance, 2005, 29, 177-184.

[42] Davies L M,Harris P J,Newman R H,et al. Molecular ordering of cellulose after extraction of polysaccharides from primary cell walls of *Arabidopsisthaliana*: a solid-state CP/MAS ^{13}C NMR study[J]. Carbohydrate Research, 2002, 337 (7): 587-593.

[43] 万金泉,肖青,王艳. 固体核磁共振和原子力显微镜分析不同半纤维素含量植物纤维的微观结构[J]. 分析化学,2010,38(1):347-351.

[44] Ben-Shem A,Frolow F,Nelson N. Crystal structure of plant photosystem I[J]. Nature,2003,426(6967):630-635.

[45] Hargrove M S,Brucker E A,Stec B,et al. Crystal structure of a nonsymbiotic plant hemoglobin[J]. Structure,2000,8(9):1005-1014.

[46] Henniges U, Kostic M, Borgards A, et al. Dissolution Behavior of Different Celluloses[J]. Biomacromolecules 2011,12(4):871-879.

[47] 张景强,林鹿,孙勇,等. 纤维素结构与解结晶的研究进展[J]. 林产化学与工业,2008, 28(6):109-114.

[48] Mori T, Chikayama E, Tsuboi Y, et al. Exploring the conformational space of amorphous cellulose using NMR chemical shifts[J]. Carbohydrate Polymers,2012, 90(3):1197-1203.

[49] 肖青,万金泉,王艳,等. CP/MAS ^{13}C-NMR 技术对桉木浆纤维微观结构的研究[J]. 化学学报,2009,67:2629-2634.

[50] Wickholm K, Larsson P T, Iversen T. Assignment of non-crystalline forms in cellulose I by CP/MAS ^{13}C NMR spectroscopy[J]. Carbohydrate Research,1998, 312(3):123-129.

[51] 马晓娟,黄六莲,陈礼辉,等. 纤维素结晶度的测定方法[J]. 造纸科学与技术,2012,31(02),75-78.

［52］ Mori T, Chikayama E, Tsuboi Y, et al. Exploring the conformational space of amorphous cellulose using NMR chemical shifts[J]. Carbohydrate Polymers, 2012, 90(3):1197-1203.

［53］ Wang T, Park Y B, Cosgrove D J, et al. Cellulose-Pectin Spatial Contacts Are Inherent to Never-Dried Arabidopsis Primary Cell Walls: Evidence from Solid-State Nuclear Magnetic Resonance[J]. Plant Physiology, 2015, 168(3):871-884.

［54］ Bahloul A, Kassab Z, B M E, et al. Micro- and nano-structures of cellulose from eggplant plant (*Solanum melongena L*) agricultural residue[J]. Carbohydrate Polymers, 2021, 253:117311.

［55］ Purushotham P, Ho R, Zimmer J. Architecture of a catalytically active homotrimeric plant cellulose synthase complex[J]. Science, 2020, 369(6507):1089-1094.

［56］ Biswal A K, Atmodjo M A, Li M, et al. Sugar release and growth of biofuel crops are improved by downregulation of pectin biosynthesis[J]. Nature Biotechnology, 2018, 36(3):249-+.

［57］ Zhu X, Dai Y, Wang C, et al. Quantitative and Structure Analysis of Cellulose in Tobacco by 13C CP/MAS NMR Spectroscopy[J]. Beiträge zur Tabakforschung International/Contributions to Tobacco Research, 2016, 27(3):126-135.

［58］ Wang W W, Cai J B, Xu Z Y, et al. Structural characteristics of plant cell wall elucidated by solution-state 2D NMR spectroscopy with an optimized procedure[J]. Green Processing And Synthesis, 2020, 9(1):650-663.

［59］ Kang X, Kirui A, Widanage M C D, et al. Lignin-polysaccharide interactions in plant secondary cell walls revealed by solid-state NMR[J]. Nature Communications, 2019, 10:9.

［60］ Poulhazan A, Widanage M C D, Muszynprimeski A, et al. Identification and Quantification of Glycans in Whole Cells: Architecture of Microalgal Polysaccharides Described by Solid-State Nuclear Magnetic Resonance[J]. Journal Of the American Chemical Society, 2021, 143(46):19374-19388.

［61］ Bernardinelli O D, Lima M A, Rezende C A, et al. Quantitative 13C MultiCP solid-state NMR as a tool for evaluation of cellulose crystallinity index measured directly inside sugarcane biomass[J]. Biotechnology for Biofuels, 2015, 8(1).

［62］ King C, Stein R S, Shamshina J L, et al. Measuring the Purity of Chitin with a Clean, Quantitative Solid-State NMR Method[J]. ACS Sustainable Chemistry & Engineering, 2017, 5(9):8011-8016.

［63］ Yoo C G, Pu Y, Li M, et al. Elucidating Structural Characteristics of Biomass using Solution-State 2 D NMR with a Mixture of Deuterated Dimethylsulfoxide and Hexamethylphosphoramide[J]. ChemSusChem, 2016, 9(10):1090-1095.

［64］ Uryupin A B, Peregudov A S. Application of NMR techniques to the determination of the composition of tobacco, coffee, and tea products[J]. Journal of Analytical Chemistry,2013,68(12):1021-1032.

[65] 孟冬玲,刘彬,邹琳,等.烟草秸秆纤维素纳米晶的制备及表征分析[J].云南大学学报:自然科学版,2021,43(2):9.